新起点电脑教程

C 语言程序设计基础入门与实战
(微课版)

文杰书院　编著

清華大學出版社
北　京

内 容 简 介

C 语言是一门面向过程的计算机程序设计语言，同时具有高级语言和汇编语言两者的特点，既可以编写系统程序，又可以编写应用程序，还可以应用到单片机及嵌入式系统的开发中，目前广泛用于底层开发。

本书共 13 章，分别介绍了 C 语言概述、数据类型、运算符、表达式、顺序结构、选择结构、循环结构、地址与指针、一维数组、二维数组、字符数组与字符串、函数、结构体与共用体、位运算、文件等内容。每章有要点、主要内容、思考与练习模块，方便读者的使用。

本书结构合理，逻辑性强，由浅入深，面向学习编程语言的初中级用户，适合没有基础的 C 语言入门新手阅读；既适合于高等院校的学生专业课教材，也可作为社会培训机构的培训教材。

图书在版编目(CIP)数据

C 语言程序设计基础入门与实战(微课版)/文杰书院编著. —北京：清华大学出版社，2020.1
新起点电脑教程
ISBN 978-7-302-54087-8

Ⅰ. ①C… Ⅱ. ①文… Ⅲ. ①C 语言—程序设计—教材 Ⅳ. ①TP312.8

中国版本图书馆 CIP 数据核字(2019)第 239163 号

责任编辑：魏 莹 刘秀青
封面设计：杨玉兰
责任校对：王明明
责任印制：沈 露
出版发行：清华大学出版社
网 址：http://www.tup.com.cn, http://www.wqbook.com
地 址：北京清华大学学研大厦 A 座 邮 编：100084
社 总 机：010-62770175 邮 购：010-62786544
投稿与读者服务：010-62776969, c-service@tup.tsinghua.edu.cn
质量反馈：010-62772015, zhiliang@tup.tsinghua.edu.cn
课件下载：http://www.tup.com.cn, 010-62791865
印 装 者：清华大学印刷厂
经 销：全国新华书店
开 本：185mm×260mm **印 张**：20.75 **字 数**：510 千字
版 次：2020 年 1 月第 1 版 **印 次**：2020 年 1 月第 1 次印刷
定 价：69.00 元

产品编号：079823-01

前 言

C 语言是使用最多的计算机高级语言之一，既可用于编写系统软件，又可用于编写应用软件。它是每一位程序员都应该掌握的基础语言，是微软.NET 编程中使用的 C#语言的基础，也是 Objective-C 语言的基础；C 语言是在很多环境中被广泛使用的 C 语言的基础，学习 C 语言可以给编程职业生涯提供牢固的基础，也有助于更好地理解更为现代的语言。

购买本书能学到什么

本书主要讲解了使用 C 编程的格式、规范，C 程序的编写方法。本书内容由浅入深，章节合理、脉络清晰，大量地运用例题进行实例讲解，使读者学起来轻松，易懂。

本书共 13 章，包含以下内容。

第 1 章，介绍了 C 语言的发展历程，Turbo C 2.0 及 Visual C++两种开发环境，C 语言程序的组成及格式。

第 2 章，介绍 C 语言的数据类型，常量与变量的意义，C 语言的关键字与标识符，C 语言运算符与优先级。

第 3 章～第 5 章，介绍了结构化编程的思想及 C 语言的三种程序结构：顺序结构、选择结构、循环结构。

第 6 章～第 9 章，主要介绍指针与数组。指针是 C 语言的特色功能，通过调用指针可以直接读写内存。指针与数组的关系非常密切，数组的首地址是一个指针常量，可以通过移动指针来读写数组元素。

第 10 章，主要介绍函数。函数是 C 语言程序的组成单位，C 语言通过编写函数来实现各种功能，编写好的函数可以被不同的用户调用。C 语言还提供丰富的库函数可以供用户调用。主调函数与被调函数间形参与实参的数据传递是使用函数的关键。

第 11 章，结构体与共用体、枚举类型是 C 语言中特殊的数据类型，它们由标准的数据类型组成，可以解决复杂的数据结构的问题。

第 12 章，位运算。C 语言不仅能按字节来进行数据处理，还可以按位来处理数据，因此对内存的使用更加节约、高效。

第 13 章，文件。C 语言的数据处理单位还可以是文件，C 语言提供很多库函数用于直接对文件进行打开、关闭、读、写等操作。

如何获取本书的学习资源

为帮助读者高效、快捷地学习本书的知识点，我们不但为读者准备了与本书知识点有关的配套素材文件，而且设计并制作了精品视频教学课程，还为教师准备了 PPT 课件资源。购买本书的读者，可以通过以下途径获取相关的配套学习资源。

1. 扫描书中二维码获取在线学习视频

读者在学习本书的过程中，可以使用微信的扫一扫功能，扫描本书标题左下角的二维码，在打开的视频播放页面中可以在线观看视频课程。这些课程读者也可以下载并保存到手机或电脑中离线观看。

2. 登录网站获取更多学习资源

本书配套素材和 PPT 课件资源，读者可登录网址 http://www.tup.com.cn(清华大学出版社官方网站)下载相关学习资料，也可关注“文杰书院”微信公众号获取更多的学习资源。

本书由文杰书院组织编写，李博任主编，王颖、于复胜任副主编。其中第 1～3 章由王颖编写；第 4～10 章由李博编写；第 11～12 章由于复胜编写，第 13 章由国网辽宁经济技术研究院陈国龙编写，另外郑宏、李润荣、孙晓妍、李军、袁帅、文雪、李强、高桂华、冯臣、宋艳辉等也参与了本书的编写工作。

我们真切希望读者在阅读本书之后，可以开拓视野，增长实践操作技能，并从中学习和总结操作的经验和规律，达到灵活运用的水平。鉴于编者水平有限，书中疏漏和考虑不周之处在所难免，热忱欢迎读者予以批评、指正，以便我们日后能为您编写更好的图书。

编　者

新起点 电脑教程

目 录

第 1 章

C 语言概述

本章要点

- 了解 C 语言的发展与特点
- 熟悉 C 语言开发环境
- 通过实例了解 C 程序的组成与格式

本章主要内容

C 语言是目前世界上最为流行的计算机高级程序设计语言之一。它设计精巧、功能齐全，既适合于编写应用软件，又适合于编写系统软件、目前广泛应用于底层开发。据统计，PC 机领域许多著名的系统软件和应用软件，都是运用 C 语言加上汇编语言子程序编写而成的。

1.1 C语言的发展

C语言是一种面向过程的语言，它介于低级语言和高级语言之间，同时且有高级语言和汇编语言的优点，可以广泛地应用于不同的操作系统，是目前应用最广泛的计算机语言之一。

↑扫码看视频

1.1.1 C语言的历史

早期的计算机，都是用机器语言和汇编语言来编写程序代码。

1960 年开发的 ALGOL-60，对以后的高级语言的发展起到了很好的作用，但是语言过于抽象，没有得到推广。

1963 年，英国剑桥大学推出了 CPL(Combined Programming Language)语言。它比 ALGOL-60 更接近于硬件，但其规模较大，难以实现和学习。

1967 年，剑桥大学的 Martin Richards 对 CPL 语言进行了简化，于是产生了 BCPL(Basic Combined Programming Language)语言。

1970 年，美国贝尔实验室的 Ken Thompson 以 BCPL 语言为基础，设计出很简单且很接近硬件的 B 语言(取 BCPL 的首字母)，并且他用 B 语言写了第一个 UNIX 操作系统。

1972 年，美国贝尔实验室的 D. M. Ritchie 在 B 语言的基础上最终设计出了一种新的语言，他取了 BCPL 的第二个字母作为这种语言的名字，这就是 C 语言。

1973 年初，C 语言的主体完成。K. Thompson 和 D. M. Ritchie 两人合作，把原来用汇编语言编写的 UNIX 操作系统中 90%以上的代码用 C 语言来重写，即 UNIX 5。

随着 UNIX 的发展，C 语言自身也在不断地完善。直到今天，各种版本的 UNIX 内核和周边工具仍然使用 C 语言作为最主要的开发语言，其中还有不少继承于 Thompson 和 Ritchie 之手的代码。

1977 年，D. M. Ritchie 发表了不依赖于具体机器系统的 C 语言编译文本《可移植的 C 语言编译程序》。

1978 年，BrianW. Kernighan 和 D.M.Ritchie(合称 K&R)合著了影响深远的 *The C Programming Language* 一书。该书中介绍的 C 语言被称为标准 C。

1982 年，美国国家标准协会成立了 C 标准委员会，用来建立 C 语言的标准。

1983 年，在参考 C 语言的各种版本的基础上，制定了新的标准，成为 ANSI C。

1988 年，K&R 按照 ANSI C 标准重写了 *The C Programming Language* 一书。

1989 年，ANSI 发布了第一个完整的 C 语言标准——ANSI X3.159-1989，简称 C89，人

们仍习惯称其为 ANSI C。

1990 年，国际标准化组织 ISO(International Standard Organization)接受了 C89 为 ISO C 的标准。ISO 官方给予的名称为 ISO/IEC 9899，简称 C90。 目前流行的 C 编译系统都是以它为基础的。

1999 年，在做了一些必要的修正和完善后，ISO 发布了新的 C 语言标准，命名为 ISO/IEC 9899:1999，简称 C99。

2011 年 12 月 8 日，ISO 又正式发布了新的标准，称为 ISO/IEC9899: 2011，简称 C11。它是 C 语言的第三个官方标准，也是 C 语言的最新标准，该标准更好地支持了汉字函数名和汉字标识符，一定程度上实现了汉字编程。

高级语言发展至今，面向对象的程序设计语言越来越受到人们的青睐，比如 Visual Basic(VB)、Visual C++(VC++)、C++、Java、C#等。其中，功能比较强大的还是 C++语言，它以 C 语言为基础，在很多方面两者兼容。因此，掌握了 C 语言，对进一步学习 C++或其他面向对象的程序设计语言如 Java、C#等会有非常大的帮助。

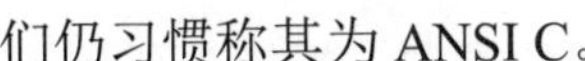

1.1.2　C 语言的特点

C 语言不仅有易学易用的优点，而且具有面向过程、结构化、可移植性强及集成开发环境先进等特点。而且，C 语言还具有很强的绘图能力、数据处理能力，同样适合于二维、三维图形和动画的开发。

C 语言之所以能够在众多的高级语言竞争中脱颖而出，成为高级语言中的佼佼者，主要是因为与普通高级语言相比，它具有以下特点。

1. 是一个特殊的高级语言

C 语言把高级语言的基本结构和语句与低级语言的实用性结合起来，允许直接访问物理地址，对硬件进行操作。因此 C 语言既具有高级语言的功能，又具有低级语言的功能，能够像汇编语言一样对位、字节和地址进行操作，而这三者是计算机最基本的工作单元，因此可用来编写系统软件。因此也有人把 C 语言称为中级语言。

2. C 语言简洁紧凑，使用方便灵活

C 语言一共只有 32 个关键字，9 种控制语句，压缩了一切不必要的成分。程序书写形式自由，主要用小写字母表示。

3. 运算符丰富，表达能力强

C 语言中有 44 个运算符。除了算术、关系、逻辑等常规运算符之外，还含有指针、地址、位、自增自减、条件、复合赋值运算符，甚至连圆括号、方括号、逗号、小数点都能够作为运算符。由于 C 语言的运算符、表达式类型极为丰富多样，所以能够实现各种各样的高级和低级的、其他高级语言难以实现的运算。

4. 数据类型丰富

C 语言数据类型包括整型、实型、字符型、枚举类型，结构体、共用体、数组和文件类

型，指针类型，空类型。其中，整型、实型、字符型中还有多种小的类型。指针类型是C语言中最具特点的一种数据类型。它使用起来非常灵活，把C语言的功能特点发挥得淋漓尽致。

5. C语言语法限制不太严格，程序设计自由度大

比如，数组下标不做超界检查，整型、字符型、逻辑型可以通用。这些程序设计的灵活性在一定程度上降低了安全性，所以也对程序设计人员提出了更高的要求。

6. 生成的目标代码质量高

C语言简洁、紧凑，程序执行速度快，可读性好，易于调试、修改和移植。它比一般的高级语言生成的目标代码质量高约20%，只是比汇编语言低10%～20%，在高级语言中是出类拔萃的。

7. 可移植性好

C语言在不同机器上的C编译程序，86%的代码是公共的，是通过调用系统提供的库函数来实现的，所以C语言的编译程序便于移植。在一个环境上用C语言编写的程序，不改动或稍加改动，就可移植到另一个完全不同的环境中运行。

目前，C语言在其原有应用领域的基础上，又拓展了新的应用领域，支持大型数据库开发和Internet应用以及嵌入式系统的应用。

嵌入式系统体现了目前最新科技水平，也是当前最热门、最有发展前途的IT应用领域之一。要应对嵌入式系统技能特有的挑战，就要学习C语言的程序设计，目前，最为广泛应用的是嵌入式C语言编程、Linux C语言编程等。

1.2 C语言的开发环境

C语言编程的开发环境有很多种，其中最常用的有Turbo C 2.0集成开发环境和Visual C++6.0(简称VC++)系统开发环境两种。

↑扫码看视频

1.2.1 Turbo C 2.0集成开发环境

Turbo C 2.0是Borland公司开发的一个C语言集成开发环境，以占用资源少、编译速度快、代码执行效率高而著称，也是C语言程序开发者最乐于使用的编程工具。

开发一个C语言程序的基本步骤可用图1.1描述。C语言程序经过编辑、编译、链接、

生成 exe 可执行文件，然后在计算机上执行。无论哪个阶段有错误，都要回到编辑状态修改源程序。修改后再编辑、编译、链接、执行。经过编辑保存之后的源文件，默认的扩展名是.c，经过编译之后生成的文件扩展名为.obj，经过链接之后生成的文件扩展名为.exe。执行时，使用的是生成的 exe 文件。

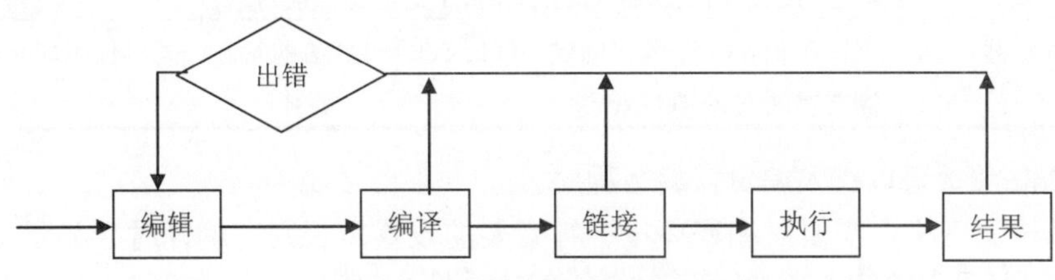

图 1.1　C 语言程序开发步骤

1. Turbo C 的界面

首先将 TC 编译程序保存在计算机磁盘的某一目录下，比如 C 盘的 TC 目录下。

双击打开文件 TC.exe，进入 Turbo C 主界面，如图 1.2 所示。如果界面不是全屏显示，可在 TC.exe 图标上右击，选择“属性”命令，再选择“屏幕”选项卡，单击“全屏幕”按钮即可把 TC 界面设为全屏。

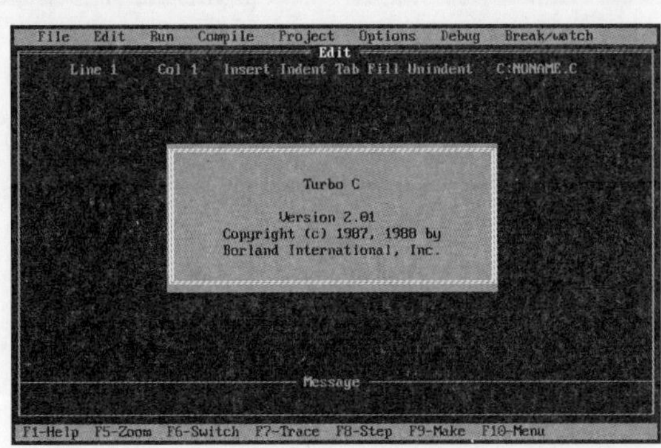

图 1.2　C 语言主界面

界面顶部是主菜单项，按 F10 键可以随时激活主菜单。按←、→光标键可以选择主菜单项，按 Enter 键可以确认选中该菜单项。除 Edit 项外，其余菜单项都有下拉子菜单。有些菜单项存在着三级菜单。对于下拉子菜单，可以使用↑、↓光标键来选择。

其中 File 菜单是使用最多的一个菜单。File 菜单中各命令的功能说明如表 1.1 所示。

表 1.1　File 菜单中各命令的功能说明

命　令	功能说明
Load 或 F3 键	载入文件。提示输入一个文件名(可以是新文件)，把文件载入到编辑窗口
Pick 或 Alt+F3 键	选取文件。显示一个子菜单，列有编辑器最后装入过的 8 个文件名
New	新建一个文件。默认的文件名为 NONAME.C
Save 或 F2 键	保存文件。如果文件未命名，系统将等待输入一个新的文件名。再次保存将覆盖原来的文件内容

续表

命　令	功能说明
Write to	将文件更名存盘。系统将要求输入一个新的文件名，不会更改原来的文件内容
Directory	显示目录及所需文件列表(按 Enter 键选择当前目录)
Quit 或 Alt+X 键	退出 Turbo C 系统，回到 DOS 或进入 TC 前的状态。若再使用 Turbo C 系统，需要重新双击 TC.exe 进入

选择 Edit 菜单可以进入编辑窗编写程序。

用户第一次上机，需要对编程环境进行必要的设置。否则，编译时会显示语法错误。进入 Options 菜单中的第 4 项 Directories 命令，如图 1.3 所示。

图 1.3　Options 选项

- 将 Include directories 项修改为 C:\TC\INCLUDE。
- 将 Library director 项修改为 C: \TC\LIB。
- 将 Output directory 项修改为 C: \TC。
- 将 Turbo C directory 项修改为 C: \TC。
- 修改完成后，按 Esc 键返回上一级目录，再选择 Save Options 命令保存修改。

2. Turbo C 的编辑操作

按 Alt+E 快捷键进入编辑状态，首行会提示正在进行编辑操作的信息：Line、Col 表示当前光标所在的行、列；Insert 表示编辑处于插入状态，可用 Insert 键切换；Indent 表示齿形自动缩进，可提高程序的可读性，按 Ctrl+O+I 快捷键可切换为 Unindent 不缩进状态；Tab 表示可插入制表符，可以用 Ctrl+O+T 快捷键切换。

编辑状态时可用←、→、↑、↓光标键上下左右移动光标，并在光标处进行插入、删除、修改等操作。

3. 最常用到的命令和快捷键

- F10：激活主菜单。
- F2：保存文件。
- F3：在编辑器中载入一个文件。
- Ctrl+F9：运行当前程序。
- Alt+F5：查看运行结果。即切换到用户屏幕，按任意键返回编辑窗口。
- F6：信息显示窗口与代码编辑窗口切换。

- F5：可使编辑窗口或信息窗口扩大到整个屏幕，按 F5 键可切换回来。
- F9：编译多个源文件构成的程序。
- Alt+X：退出 TC 环境，返回 DOS 状态。
- Esc：退出本级菜单，返回上级菜单。

熟练使用这些常用的功能键，可以提高程序的编辑与操作速度。

4. Turbo C 上机操作实例

下面以运行一个简单的 C 程序为例，演示上机操作过程。

启动 TC，进入 TC 环境，系统默认新建的文件名为 NONAME.C。按 Esc 键后，在编辑窗口中出现闪烁的编辑光标，就可以输入源程序的代码。

【**例 1-1**】输入下面的程序代码，每个语句结束后按 Enter 键。注意字母的大小写，标点符号用英文半角。

程序代码：

```
#include <stdio.h>
 main()
{
   printf( "Hello World!\n");
}
```

输入中若出现错误，可以用↑、↓、←、→键移动光标到错误文字符位置处进行修改。

输入结束后按 Ctrl+F9 快捷键，编译源程序并生成可执行文件。如程序没有错误，编译成功，则直接显示运行结果。按 Enter 键可返回编辑界面，如图 1.4 所示。

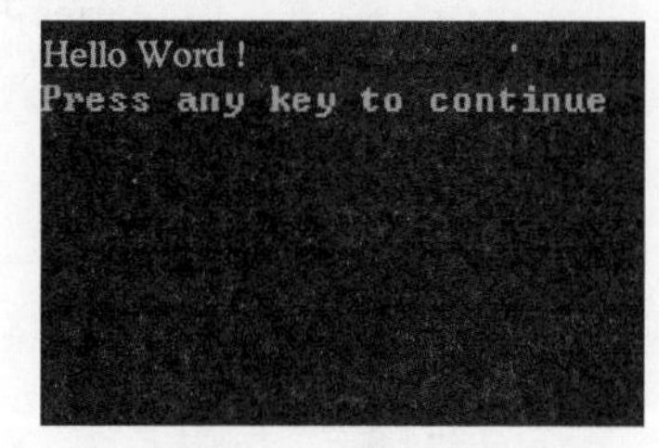

图 1.4　运行结果

如果当某行有语法错误时，编译将不会继续，系统会将该行白亮显示，并用一个竖的线条标出错误所在。可按 F6 键在代码编辑窗口和信息显示窗口之间进行切换，根据语法规则和错误提示进行修改，修改后重新按 Ctrl+F9 快捷键编译程序。

在编写源文件的过程中，可随时按 Alt+F5 快捷键查看运行结果。

1.2.2　Visual C++ 6.0 开发环境

Visual C++ 6.0 是一个功能强大的可视化软件开发工具，它将程序的代码编辑、程序编译、链接和调试功能集于一体。Visual C++ 6.0 集成环境运行于 Windows 平台，具有图形窗口界面，对于习惯使用鼠标的用户来说会感觉比较容易操作。

1. 安装与启动 Visual C++ 6.0

运行 Visual Studio 软件中的 setup.exe 程序，选择“安装 Visual C++ 6.0”，然后按照安装程序的向导，完成安装过程。

安装完成后，在“开始”菜单的“程序”中，选择“Microsoft Visual Studio 6.0”下的

“Microsoft Visual C++ 6.0”即可运行。也可以在 Windows 桌面建立一个快捷方式，双击即可进入 Visual C++ 6.0 运行环境。

2. 用 Visual C++ 6.0 建立并运行 C 语言应用程序

第 1 步 创建项目

用 Visual C++ 6.0 建立 C 语言应用程序，首先要创建一个工程(project)，用来存放 C 语言程序的所有信息。

进入 Visual C++ 6.0 环境后，选择主菜单“文件”中的“新建”命令，在弹出的对话框中打开“工程”选项卡，在列表框中选择 Win32 Console Application 工程类型，在“工程”文本框填写工程名，比如 exp，在“位置”文本框填写工程路径(即工程文件存放的位置，本例是在 C 盘建立一个名为 VC 的文件夹)，如图 1.5 所示。

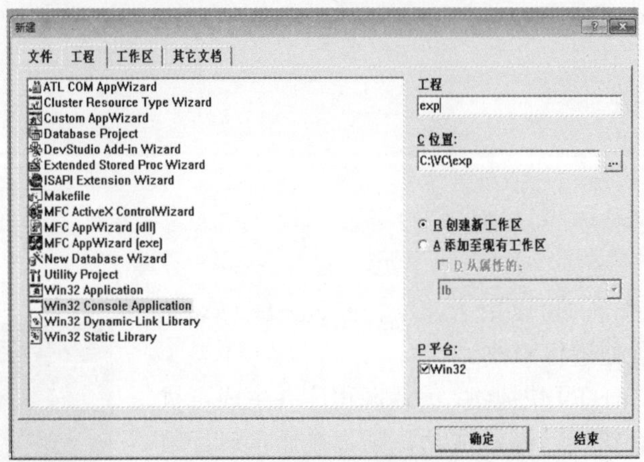

图 1.5　建立工程文件

单击“确定”按钮之后，在弹出的 Win32 Console Application 窗口中默认选择 An empty project 选项，单击“确定”按钮，如图 1.6 所示。

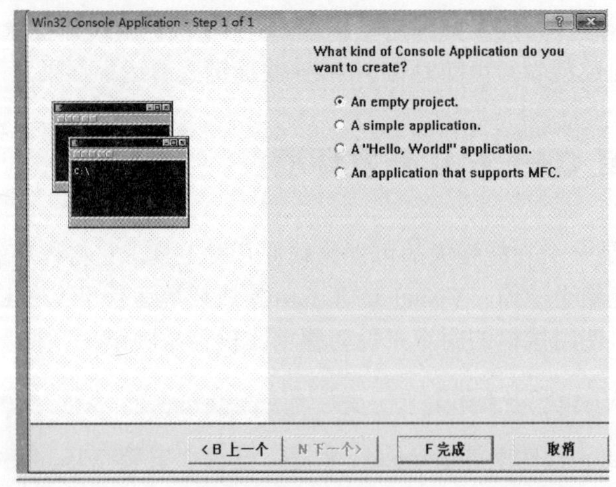

图 1.6　Win32 Console Application 窗口

在弹出的“新建工程信息”窗口中，直接单击“确定”按钮，即建立了一个新的工程项目。

第 2 步 创建 C 语言源程序文件

选择主菜单“文件”中的“新建”命令，在弹出的对话框中打开“文件”选项卡，在显示窗口选择 C++ Source File 文件类型，将文件名定义为 example.cpp，单击“确定”按钮，如图 1.7 所示。

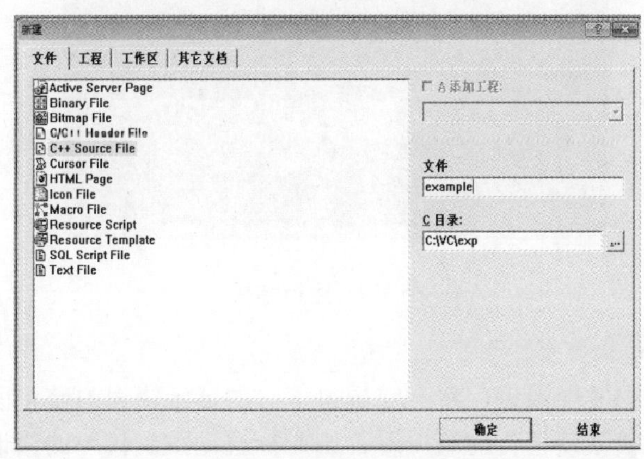

图 1.7　新建 C 源文件

第 3 步 编写代码

在弹出的编辑窗口中输入源文件：

```
#include <stdio.h>
 main()
{
   printf( "Hello World!\n");
}
```

如图 1.8 所示。

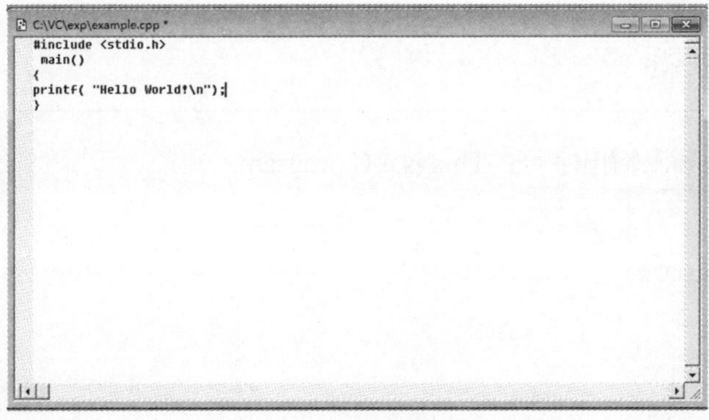

图 1.8　C 语言源文件

第 4 步 编译、链接和运行 C 语言源程序

C 语言源程序编辑完成后，选择主菜单“编译”中的“执行”命令，或单击工具栏上的

图标。

如果程序没有错误，将出现程序运行结果，如图 1.9 所示。

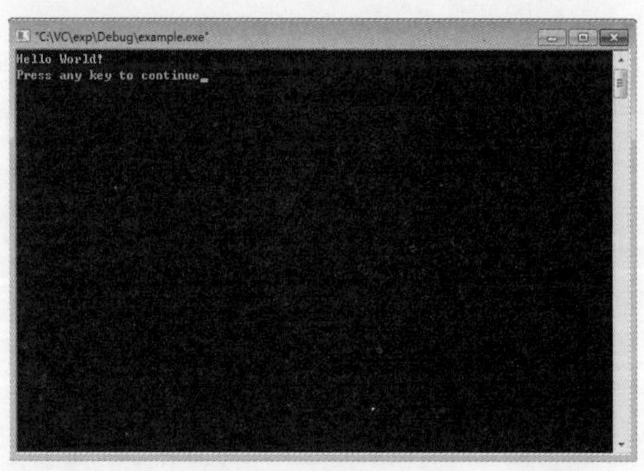

图 1.9　运行结果

第 5 步 检错

如果在编译过程中发现错误，将会在屏幕下方的显示错误与警告区域，显示所有的错误和警告信息。双击错误或警告的第一行，则光标自动跳到代码的错误行；修改错误后，重新进行编译，直到没有错误和警告信息为止。

1.3　简单 C 程序的组成和格式

本节将通过几个简单的例子，介绍 C 程序的一些基本概念，如函数、主函数、库函数等，并介绍 C 程序的基本编写要求。

↑扫码看视频

【例 1-2】在屏幕上输出字符：This is a C program.

程序代码：

```
#include <stdio.h>
 main()
{
   printf(" This is a C program.\n");                /*屏幕输出*/
}
```

运行结果：

```
This is a C program.
```

说明：(1)　main 是主函数的函数名，表示这是一个主函数。每一个 C 源程序都必须有且只有一个主函数。函数中的语句放在一对花括号｛｝内，花括号括起来的部分称为函数体。“｛”表示函数体的开始，“｝”表示函数体的结束。小括号()内是主函数的参数，主函数可以没有参数，但是小括号不能省略。

(2)　C 语言中将需要实现的功能分别编写成若干函数，所谓函数名，就是给该功能起一个名字，主函数通过调用多个函数，组成一个完整的程序。函数之间也可以互相调用。函数是组成 C 程序的最基本单位。

(3)　函数体中可以有多个语句，每个语句以分号(；)结束。

(4)　本例中函数体中只有一个语句——printf 语句，它调用了库函数中的 printf()函数。printf()是打印函数，作用是在屏幕上输出双引号内的内容。其中“\n”是换行符，它的作用是在双引号中的内容输出完毕之后，将打印机头或屏幕光标换至下一行的起始位置。

(5)　#include 命令是编译预处理命令，也简称命令行，其作用是将后面引用的文件中的内容，读入到该语句位置处。

C 语言中数据的输入、输出函数都是通过调用系统提供的库函数 scanf()和 printf()等来实现，这些函数的说明都包括在 stdio.h 文件中。C 程序经常需要调用一些库函数来实现特定的功能，因此文件头需要加一些文件包含的命令行。库函数可以用“<　>”来引用，也可以用“"　"”来引用。

(6)　用/*…*/括起来的内容是语句的注释部分，仅供阅读程序，计算机并不执行注释语句的内容。“/*”必须成对出现，“/”和“*”之间不可以有空格。注释语句可以出现在程序中的任意位置。灵活使用注释语句可以增加程序的可读性。

【例 1-3】求输入的两个数的和。

程序代码：

```
#include <stdio.h>                      /*输入、输出函数包含的头文件*/
main()                                  /*定义主函数*/
{
    int a, b, s;                        /*定义整形变量 a, b, s*/
    scanf("%d, %d", &a, &b);            /*键盘输入两个整数，放入变量 a 和 b 中*/
    s=a+b;                              /*将 a、b 求和后放入变量 s 中*)
    printf("s=%d\n", s);                /*%d 表示把 s 的值按十进制整型数据输出*/
}
```

运行结果：

```
10,20↙
s=30
```

说明：(1)　C 语言中大小写表示不同的含义，程序语句一般用小写字母书写，大写字母一般用做符号常量。

(2)　C 语言中使用的所有变量都必须先定义为某种数据类型，然后才能使用。

1.4 思考与练习

本章首先介绍了 C 语言的历史与发展、C 语言的特点及开发环境，并通过实例介绍了在 Turbo 2.0 及 Visual C++ 6.0 开发环境下如何使用 C 语言进行程序设计。通过本章的学习，读者应该能够使用 Turbo 2.0 及 Visual C++ 6.0 的开发环境编写简单的 C 语言程序。

一、简答

1. 简述 C 语言的主要特点。

2. 用 Turbo 2.0 编写，C 程序源文件的扩展名是什么？用 Visual C++ 6.0 编写，C 程序源文件的扩展名是什么？

3. C 语言程序的运行一般要经过哪几个步骤？

4. 构成 C 语言程序的基本单位是什么？它由哪几部分组成？

二、上机练习

1. 输入以下程序，得出运算结果。

```
#include<stdio.h>
main()
{
    int  x,y,s;
    x=50;
    y=300;
    s=x+y;
    printf("s=%d\n",s);
}
```

2. 输入以下程序，得出运算结果。

```
#include<stdio.h>
main()
{
    int x,y,z;
    x=10;
    y=20;
    z=x*y;
    printf("x=%d,y=%d\n",x,y);
    printf("z=%d\n",z);
}
```

三、编写程序

1. 打印如下图形。

```
*******
```

```
*****
 ***
  *
```

2. 打印出如下图形。

```
**********************
I  love  C  programs!
**********************
```

3. 给出圆的半径，计算圆的周长和面积。
4. 输入 3 个数，求它们的和。
5. 输入 2 个数，求它们的积。

第 2 章

数据类型、运算符与表达式

本章要点

- 常用的数据类型
- 常量与变量的变义
- 标识符与关键字
- 运算符与表达式

本章主要内容

C 语言提供了丰富的数据类型，通过各种不同类型的数据常量和变量，用户可以灵活地处理各种问题。C 语言的标识符界定了用户可以使用及定义的字符集的范围，用户无论是使用系统给定的关键字，还是自定义标识符，都必须遵守标识符的使用规范。

C 语言也为用户提供了丰富的运算符，用户可以进行数学运算、关系运算、逻辑运算、位运算等多种复杂运算。灵活地使用运算符才能更好地使用 C 语言进行编程。

2.1 C语言的数据类型

程序运行中处理的主要对象就是数据，解决不同的问题需要处理不同类型的数据，因此C语言中定义了多种不同的数据类型。在C语言中，数据类型可分为基本类型、构造类型、指针类型、空类型四大类。

↑扫码看视频

2.1.1 数据类型的分类

所谓数据类型，是按照被定义变量的性质、表示形式、占据存储空间的多少、构造特点等来划分的。在C语言中，数据类型可分为基本类型、构造类型、指针类型和空类型四大类。本节主要介绍基本类型及其基本运算。常用数据类型如图2.1所示。

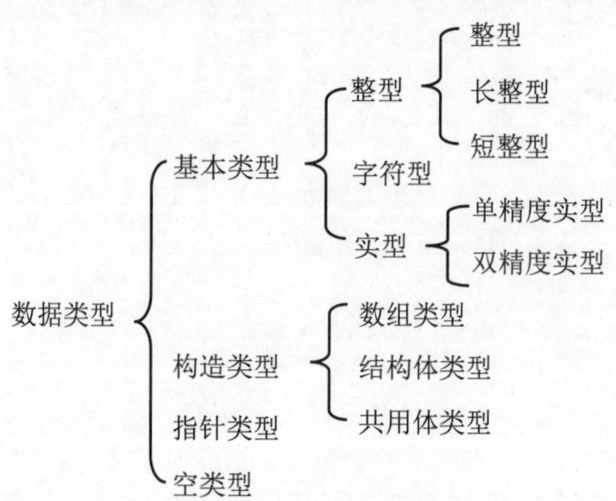

图2.1 C语言的数据类型

(1) 基本类型是C语言系统本身提供的，结构比较简单，其值不可以再分解为其他类型。

(2) 构造类型是由已定义的一个或多个基本类型构造而成。也就是说，一个构造类型的值可以分解成若干个“成员”或“元素”。每个“成员”都是一个基本数据类型或又是一个构造类型。在C语言中，构造类型有数组类型、结构体类型、共用体(联合)类型三种。

(3) 指针类型是一种重要的数据类型，其值用来表示某个变量在内存储器中的地址。可以表示复杂的数据结构，使用起来非常灵活，但是比较难理解和掌握。

(4) 在调用函数值时，通常应向调用者返回一个函数值。这个返回的函数值若具有一定的数据类型，应在函数定义及函数说明中给以说明。但是，也有一类函数调用后并不需

要向调用者返回函数值，这种函数可以定义为“空类型”，其类型说明符为 void。

2.1.2　数据类型的取值范围

不同的数据类型在内存中占用不同的存储空间，因此它们的取值范围也不同。如表 2.1 所示，为 C 语言中常用的基本数据类型所对应的字长(存储空间)和取值范围。

表 2.1　常用数据类型

类型标识符	名字	长度(字节)	取值范围
char	字符型	1	0～127
short int	短整型	2	−32768～32767
int	整型	2	−32768～32767
unsigned int	无符号整型	2	0～65535
long int	长整型	4	−2147483648～2147483647
float	单精度型	4	10^{-38}～10^{38}
double	双精度型	8	10^{-308}～10^{308}

注意：在 VC++6.0 环境中，int 型的字节长度和 long int 型的字节长度相同，都是 4 个字节。而在 TC 2.0 环境中，int 型的字节长度为 2 个字节。

2.2　常　　量

在 C 语言中，把程序运行过程中其值不能被改变的量称为常量。常量也被称为常数。常量可分为不同的类型，常用的有整型常量、实型常量、字符型常量、字符串型常量、符号型等等。

↑扫码看视频

2.2.1　整型常量

整型常量和实型常量也称为数值型常量。整型常量是由一个或多个数字组成，有正负值之分，但不能有小数点。整型常量有如下三种表示方法。

(1)　十进制整数：比如 257，458，−65，0。

(2)　八进制整数：在 C 语言中，用 0 开头的数来表示八进制数。例如 027 表示八进制数的$(27)_8$。

(3)　十六进制整数：在 C 语言中，用 0x 开头的数来表示十六进制数，例如 0xD4 表示十六进制数的$(D4)_{16}$。

【例 2-1】屏幕输出三种整型常量。

程序代码

```
#include<stdio.h>
main()
{
    int x=1246, y=01246, z=0x1246;
    printf("%d, %d, %d\n", x, y, z);    /* %d:以十进制格式输出*/
    printf("%o, %o, %o\n", x, y, z);    /* %o:以八进制格式输出*/
    printf("%x, %x, %x\n", x, y, z);    /* %x:以十六进制格式输出*/
}
```

运行结果如图 2.2 所示。

```
1246,678,4678
2336,1246,11106
4de,2a6,1246
```

图 2.2 十进制、八进制、十六进制整型常量

2.2.2 实型常量

在 C 语言中，带小数的数值被称为实数或浮点数，实型常量只使用十进制数。有以下两种表示形式。

(1) 十进制数形式：即数学中采用的实数形式，由正负号、整数部分、小数点、小数部分组成。

例如：7.68，-2.54，17.000，.123，123.，0.0。

(2) 指数形式：即数学中用到的指数形式，由正负号、整数部分、小数点、小数部分和字母 E(e)后面带正负号的整数组成。

例如：2700000 在数学中用指数可以表示为2.7×10^{6}，C 语言中则表示为 2.7e6，0.00052 用指数形式可以表示为5.2×10^{-4}，C 语言中则表示为 5.2E-4。

注意：① 字母 E(e)之前必须有数字。如 E5，E-7 是不合法的。

② 字母 E(e)之后的指数部分必须是整数。如 7e3.1 是不合法的。

③ 字母 E(e)与前后数字之间不得有空格。

2.2.3 字符型常量

字符型常量是由一对单引号括起来的单个字符。例如，‘A’，‘b’，‘,’，‘#’，‘9’等都是有效的字符型常量。

字符型常量的值是该字符集中对应的 ASCII 编码值(参见附录 I)。

注意：字符常量中的‘0’～‘9’与整型数据是不同的，例如‘9’对应的数值是 ASCII

值 57，而数值 9 对应的值是 9。

C 语言中还允许用一种特殊形式的字符常量，即以反斜杠字符‘\’开头的字符序列。前面使用过的 printf()函数中的‘\n’，代表一个“回车换行”符。这类字符称为“转义字符”，意思是将反斜杠‘\’后面的字符转换成另外的意义。常用的转义字符如表 2.2 所示。

表 2.2 常用的转义字符

转义字符	ASCII 码	字符	含义
\0	0	NULL	表示字符串结束
\n	10	NL(LF)	换行，将当前光标移到下一行的开头
\t	9	HT	水平制表
\v	11	VT	垂直制表
\b	8	BS	左退一格
\r	13	CR	回车，将当前光标移到本行的开头
\f	12	FF	换页
\'	39		单引号
\"	34		双引号
\\	92	\	反斜线
\ddd			1～3 位八进制数所代表的字符
\xhh			1～2 位十六进制数所代表的字符

2.2.4 字符串型常量

字符串型常量是由一对双引号括起来的字符序列，例如，“float”，“double”，“I ’m a Chinese”都是字符串型常量。

注意：“A”和‘A’是不同的，“A”是字符串常量，字符 a 本身 1 个字节，加上系统自动加上的串尾标记‘\0’，又占用 1 个字节，所以在内存占用 2 个字节长度。而‘A’是字符常量，内存中只有存储字符 a 的 ASCII 码值，所以只占用 1 个字节长度。

2.2.5 符号型常量

C 语言中常用一个特定的符号来代替一个常量或一个较为复杂的字符串，这个符号称为符号常量。它通常由预处理命令#define 来定义。符号常量一般用大写字母表示，以便与其他标识符相区别。

预处理#define 又称为宏定义命令，一个#define 命令只能定义一个符号常量。因为它不是语句，所以结尾不用加分号。

【例 2-2】将π设为常量，给定半径，编程求圆的周长和面积。

程序代码：

```
#include  <stdio.h>
#define PI 3.14159
main( )
{
     float r,c,s;                  /*定义圆的半径为 r，圆的周长为 c，圆的面积为 s*/
     scanf ("%f",&r);              /*键盘输入半径，放入变量 r 中*/
     c=2*PI*r;                               /*利用圆周长公式求周长 c*/
     s=PI*r*r;                               /*利用圆面积公式求面积 s*/
     printf("c=%.2f\n",c);         /*%.2f 表示把 c 的值按浮点型输出，保留两位小数*/
     printf("s=%.2f\n",s);         /*%.2f 表示把 c 的值按浮点型输出，保留两位小数*/
}
```

运行结果：

```
8↙
c=50.43
s=201.06
```

说明：用“#define PI 3.14159“来定义π为常量，C 预处理程序在程序编译时，将该程序中所有的 PI 用 3.14159 来替换，但不作语法检查。

使用符号常量的优点如下。

(1) 增强程序可读性。在程序中定义一些具有一定意义的符号常量，能起到“见名知义”的作用。

(2) 简化输入程序。使用符号常量代替一个字符串，可以减轻程序中重复书写某些字符串的工作量。

(3) 增强程序的通用性和可维护性。如果一个程序中有多处使用同一个常量，这时，可把该常量定义为一个符号常量。若需要修改该常量，则只需要在定义处修改即可。可以做到一改全改，避免出现修改不完全或遗漏等错误。

(4) 定义符号型常量，在编译时进行预处理，并不占用单独的内存空间。

2.3 变　　量

变量是指在程序运行过程中其值可以被改变的量。变量可以分为整型变量、实型变量、字符型变量、指针型变量等。

变量是 C 语言中重要的概念，学会正确定义变量是学好 C 语言的关键。

↑扫码看视频

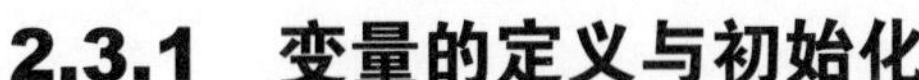

2.3.1　变量的定义与初始化

程序中每一个用到的变量都应该有一个名字作为标识，称为“用户标识符”。变量名的命名规则应遵循标识符命名的规则。标识符由字母、数字或下划线组成，由字母或下划线开头，例如 x、y、a、b、x1、sum1、sum_t1 都是合法的变量名。

C 语言规定，变量必须先定义后使用。所谓的定义变量，实际上就是为其在内存中开辟一定数量的存储单元，而给变量赋值，则是将这个数值存储到该变量所代表的内存空间中。

定义不同类型的变量，在内存中占用不同的字节。例如：char 型变量分配 1 个字节，int 型变量分配 2 个字节，float 型变量分配 4 个字节。

对变量的定义通常放在函数的开头部分，变量只有从开始定义的位置才开始有实际意义。

变量定义格式为：

```
〈数据类型〉 〈变量名表〉;
```

例如：

```
int  x;              /*定义变量 x 为 int 型，系统给 x 分配 2 个字节的内存空间*/
x=1;                 /*为变量 x 赋初值为 1 ，即把 1 存储到 x 所分配的内存空间中*/
int  x=1;            /*定义变量 x 的同时，给 x 赋初值 1*/
float  a,b;          /*定义变量 a，b 为 float 型，系统给 a，b 各分配 4 个字节的内存空间，a，
                       b 之间用，分开*/
a=0.04;
b=-4.56;
```

注意：C 语言的每个语句都以“；”号结束，因此句后的分号不能省略；同时定义两个以上变量时，中间以逗号分开。

2.3.2　整型变量

整型变量用来存放整型数据，即数学中的整数。整型变量有以下几种类型。

(1)　整型：用 int 表示(2 个字节)。

(2)　短整型：用 short int 或 short 表示(2 字节)。

(3)　长整型：用 long int 或 long 表示(4 字节)。

(4)　无符号整型：分为以下类型。

①　无符号整型：用 unsigned int 或 unsigned 表示(2 字节)。

②　无符号短整型：用 unsigned short int 或 unsigned short 表示(2 字节)。

③　无符号长整型：用 unsigned long int 或 unsigned long 表示(4 字节)。

无符号整型变量存储的是正整数，不能存放负数，因此存储单元中的全部二进制位都用来存放数据本身。而有符号整型则将首位用来存放负号。

短整型变量数值的表示范围是-32768～32767，无符号短整型数值的表示范围为 0～

65535，可以看出它们的取值范围是不同的。

【例 2-3】给定 x 值，通过函数 y=2x+1，计算 y 值。

程序代码：

```
#include "stdio.h"
main()
{
    int  x,y;
    scanf("%d",&x);
    y=2*x+1;
    printf("y=%d",y);
}
```

运行结果：

```
5↙
y=11
```

2.3.3 实型变量

实型变量又称为浮点型变量。按能够表示小数点后的精度，实型变量可分为三类。

(1) 单精度型：用 float 表示，在内存占用 4 个字节，有效数字 6～7 位。

(2) 双精度型：用 double 表示，在内存占用 8 个字节，有效数字 15～16 位。

(3) 长双精度型：用 long double 表示，在内存占用 16 个字节，有效数字 18～19 位。

单精度浮点型变量和双精度浮点型变量之间的差异体现在所能表示的数的精度上。一般单精度型数据占 4 个字节，有效位为 7 位，数值范围为 10^{-38}～10^{38}；双精度型数据占 8 个字节，有效位为 15～16 位，数值范围为 10^{-308}～10^{308}。

【例 2-4】单精度和双精度数据的输出比较。

程序代码：

```
#include <stdio.h>
main()
{
   float a;
   double b;
   a=123456.123456;
   b=123456.123456;
   printf("a=%f\nb=%lf\n",a,b);
}
```

运行结果如图 2.3 所示。

```
a=123456.125000
b=123456.123456
```

图 2.3　单精度和双精度型变量的区别

以上结果 a 为 float 型变量，只保证 7 位数据是有效的，后面的数据已经无效。而 b 为 double 型变量，可以保证 16 位数据的有效性。

2.3.4　字符型变量

一个字符型变量用来存放一个字符，在内存中占一个字节。将一个字符型常数赋值给一个字符型变量，并不是把该字符本身放到内存单元中去，而是将该字符对应的 ASCII 值(整数)存放到内存单元中。因此，字符型数据也可以像整型数据那样使用，用来表示一些特定范围内的整数并且进行计算。

【例 2-5】字符型数据与整型数据的转换。

程序代码：

```
#include <stdio.h>
main( )
{
  char c1,c2;                          /*定义 c1，c2 为字符型变量*/
  c1=97;                               /*将数值 32 赋给变量 c1*/
  c2='b';                              /*将字符 b 赋给变量 c2*/
  printf("%c,%c\n",c1,c2);             /*按字符格式输出 c1，c2 对应的字符*/
  printf("%d,%d\n",c1,c2);             /*按十进制输出 c1，c2 对应的 ASCII 码值*/
}
```

运行结果：

```
a, b
97, 98
```

说明：可以从本例中看出，字符 a 的 ASCII 值是 97，字符 b 的 ASCII 值是 98，赋值的时候，无论是按字符型赋给变量一个字符值，还是按整型赋给变量一个整数值，都是将字符的 ASCII 值存入已开辟的内存单元中。输出的时候，按整型输出，则输出变量的 ASCII 值，如果按字符型输出，则输出变量的 ASCII 值所代表的字符。ASCII 值和字符可以很容易地互相转换。

【例 2-6】字符数据进行算术运算。

程序代码：

```
#include <stdio.h>
main( )
{
    char c1,c2;
    c1='A';
    c2='D';
    c1=c1+2;
    c2=c2-2;
    printf("%c,%c\n",c1,c2);         /*将 c1，c2 按所对应的字符格式输出*/
    printf("%d,%d\n",c1,c2);         /*将 c1，c2 按所对应的 ASCII 值输出*/
}
```

运行结果：

```
C，B
67，66
```

说明：A 的 ASCII 值为 65，A+2 的值为 67，如果按字符格式输出，结果为 C，按数值格式输出，结果为 67；D 的 ASCII 值为 68，D-2 值为 66，如果按字符格式输出，结果为 B，按数值格式输出，结果为 66。

2.3.5 定义不可变变量

C 语言提供了一个关键字 const 用来定义不可变变量，称为限定符或修饰符。例如：

```
const  float  PI=3.14;
      const  int  a=7;
```

const 可以在类型名前，也可以在类型名后，如果不写类型名，则默认为 int 型。因为定义的是不可变变量，在定义的时候必须赋初值。它们和正常变量一样，占有固定的内存空间，但内存空间的值是不可以改变的。它们和#define 定义的常量不同，常量不占用内存空间，没有类型问题，只是在编译的时候用字符简单代替而已。用 const 定义的变量严谨、明确，不会引起不必要的混乱，但是需要占用内存空间。

2.4 标识符与关键字

字符集是构成 C 语言的基本元素。用 C 语言编写程序时，所用的语句都是由字符集中的字符构成。C 语言的标识符都选自于 C 语言的字符集。

↑扫码看视频

2.4.1 标识符

C 语言中的标识符是用来标识变量名、常量名、函数名、数组名、类型名等程序对象的有效字符序列。C 语言对标识符有如下规定。

(1) 标识符只能由英文字母((A～Z，a～z)、数字(0～9)和下划线三种字符组成，且第一个字符必须为字母或下划线。

例如：a，x，x1，abc，memu_1，list_abc，al_2 等，都是合法的标识符。而 2a，x y，

a/b，x+y，a.b 等，则是不合法的标识符。

(2) 大小写字符代表不同的标识符。

例如：abc 与 ABC 是两个不同的标识符。一般变量名常用小写，符号常量名用大写。

(3) 不能使用 C 语言的关键字作为标识符。

(4) 对于标识符的长度，ANSI C 没有限制。但是，各个编译系统都有自己的规定和限制，Turbo C 2.0 限制为 8 个字符，超出的部分将被系统忽略。Visual C++ 6.0 基本没有限制，但是若标识符太长会影响输入速度。

2.4.2　关键字

C 语言规定的一些具有特定含义的、专门用来说明 C 语言的特定成分的标识符称为关键字。C 语言的关键字都是用小写字母来表示的。由于关键字具有特定的含义和用途，所以不能随便用于其他场合。否则，就会产生编译，虽然能通过，但是运行结果却错误的现象。以下列出常用的 C 语言的关键字：

auto	break	case	char	const	continue	default	do
double	else	enum	extern	float	for	goto	if
int	long	register	return	short	signed	sizeof	static
struct	switch	typedef	unsigned	union	void	volatile	while

2.4.3　预定义标识符与用户标识符

1. 预定义标识符

C 语言中还有一些预定义标识符也具有特殊的含义，尽量不要另作他用。比如编译预处理命令 define 等，或是库函数的名字 printf 等。从 C 语言的语法上，这些标识符可以另作他用，但是这将使这类标识符失去系统规定的原意，因此，为了避免误解，建议用户不要将其另作他用，以免带来不必要的麻烦。

2. 用户标识符

由用户根据需要自行定义的标识符称为用户标识符，一般用来给变量、常量、数组、函数或文件等命名。

用户标识符要遵循标识符的命名规则，尽量做到“见名知义”，选取具有正确含义的英文单词，增加程序的可读性。

用户标识符不能与关键字相同，如果相同，程序在编译时会给出出错信息。

用户标识符也尽量不要与预定义标识符相同，如果相同，程序不会报错，但是会使预定义标识符失去原定含义，也可能使程序出现错误的结果。

2.4.4　ASCII 码字符集

计算机中，所有的信息都用二进制代码表示。二进制编码的方式较多，应用最为广泛的是 ASCII 码。我们使用的字符，在计算机中就是以 ASCII 码方式存储的。

ASCII 码是美国标准信息交换码(American Standard Code for Information Interchange)的缩写。它被国际标准化组织(ISO)认定为国际标准，详见附录 I。

ASCII 码分为标准 ASCII 码和扩展 ASCII 码。标准 ASCII 码在内存中占用一个字节，字节中的低 7 位用于编码，因此，可以表示 128 个符号。其控制符的编码值为 0～31，基本字符 0～9、A～Z、a～z 等编码值为 32～127(控制符用于计算机向外部设备输出一些特殊的命令，如控制打印机换行、换页等)。扩展 ASCII 码也称 8 位码，定义了 128～255 这 128 个数字所代表的字符。

2.5 运算符与表达式

C 语言的运算符非常丰富，本节主要介绍算术运算符、关系运算符、逻辑运算符等。C 语言的表达式是常量、变量、函数调用等用运算符连接起来的式子。凡是表达式都有一个值，即表达式的结果。

↑扫码看视频

2.5.1 C 语言的运算符

C 语言中一共有 44 个运算符，常用的运算符有以下几类。

(1) 算术运算符：+，-，*，/，%，++，--。

(2) 关系运算符：<，<=，>，>=，==，!=。

(3) 逻辑运算符：&&，||，!。

(4) 赋值运算符：=，+=，-=，*=，/=，%=。

(5) 指针运算符：*，&。

(6) 条件运算符：?，: 。

(7) 逗号运算符：， 。

(8) 位运算符：&，|，～，^，<<，>>。

(9) 求字节运算符：sizeof。

(10) 特殊运算符：()，[ ]，->等。

(11) 分量运算符：. ，-> 。

(12) 下标运算符：[ ]。

(13) 其他：如函数调用运算符等。

以上不同的运算符可以产生不同的表达式，这些表达式可以完成多种复杂的计算操作。

运算符根据参与运算操作数的个数可分为：单目运算符、双目运算符、三目运算符。

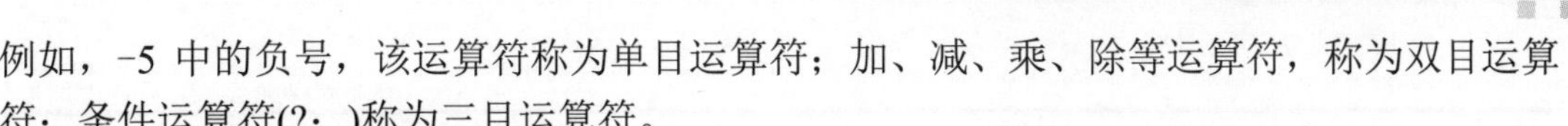

例如，-5 中的负号，该运算符称为单目运算符；加、减、乘、除等运算符，称为双目运算符；条件运算符(?：)称为三目运算符。

2.5.2　运算符的优先级

由于 C 语言的运算符非常多，因此使用时变化也非常复杂，所以，C 语言规定了运算符的优先级和结合性。

当一个表达式中有多个运算符参加运算时，将按不同的先后次序进行运算。这种计算的先后次序称为运算符的优先级。

运算符的结合性，是指当一个操作数两侧的运算符具有相同优先级时，该操作数是先与左边还是先与右边的运算符相结合进行运算。从左向右的结合方向称为左结合性，从右向左的结合方向称为右结合性。

结合性是 C 语言的独有概念。除单目运算符、赋值运算符和条件运算符是右结合性外，其他运算符都是左结合性。 运算符的优先级与结合性如表 2.3 所示。

表 2.3　运算符的优先级和结合性

优先级	运算符	含　义	运算对象个数	结合方向
(高) 1	( ) [ ] -> .	括号 下标运算符 指向结构体成员运算符 结构体成员运算符		自左向右
2	! ～ ++ -- - (类型) * & sizeof	逻辑非运算符 按位取反运算符 自增运算符 自减运算符 负号运算符 类型转换运算符 指针运算符 取地址运算符 取长度运算符	单目运算符	自右向左
3	* / %	乘法运算符 除法运算符 求余运算符	双目运算符	自左向右
4	+ -	加法运算符 减法运算符	双目运算符	自左向右
5	<< >>	左移运算符 右移运算符	双目运算符	自左向右
6	<，<=，>，>=	关系运算符	双目运算符	自左向右

续表

优先级	运算符	含　义	运算对象个数	结合方向
7	= = !=	等于运算符 不等于运算符	双目运算符	自左向右
8	&	按位与运算符	双目运算符	自左向右
9	^	按位异或运算符	双目运算符	自左向右
10	|	按位或运算符	双目运算符	自左向右
11	&&	逻辑与运算符	双目运算符	自左向右
12	||	逻辑或运算符	双目运算符	自左向右
13	?　:	条件运算符	三目运算符	自右向左
14	=，+=，-= *=，/=，%= >>=，<<= &=，∧=，|=	赋值运算符	双目运算符	自右向左
15(低)	，	逗号运算符		自左向右

2.5.3　算术运算与算术表达式

1．基本算术运算符

基本的算术运算符有 5 个，全部是双目运算符，分别是：

- +：加法运算符，如 13+6，15+x。
- −：减法运算符，如 a−b，36−7。
- *：乘法运算符，如 a*b，6*12。
- /：除法运算符，如 a/b，x/7。
- %：取余运算符(又称模运算)。如 a%b，6%2。

说明：(1)　+、−、∗/ 运算量可以是整数，也可以是实数。两个整数进行除法运算时，结果为整数，舍去小数部分，如 9/6 的，结果为 1。当参加运算的两个数中有一个为 float 型时，运算结果为 double 型，因为 C 语言对所有实数是按 double 型进行计算的，如 60.0/100=0.6。

(2)　取余(%)运算只能用于两个整型常量或整型变量，其运算结果为两整数整除后所得的余数。

(3)　当两个整数相除，除数或被除数有一个为负时，商为负；进行求余运算时，商的符号与被除数相同，如−5%3=−2，5%−3=2。

2．负号运算符

“−”也可用作单目运算符，称为负号运算符，如−5，−3.7。

3．自增(++)与自减(−−)运算符

自增(++)与自减(−−)运算符是 C 语言中两个最有特色的单目运算符。自增或自减运算的

作用是使变量的值增 1 或减 1，所以也称为增 1 或减 1 运算。如 i++相当于 i=i+1，i--相当于 i=i-1。

说明：(1) 自增运算符(++)与自减运算符(--)只能用于变量，不能用于常量或表达式。如 4++，(x+y)++都是不合法的。

(2) ++，--是单目运算符，结合方向自右向左，其优先级和负号运算符(-)一样。

例如：-a++。-和++是同一优先级，正常情况下，同一级别的运算符，运算时应从左向右运算，但是由于单目运算符的结合方向是自右向左，因此++先和运算量计算，所以上式应该等同于-(a++)。

(3) ++，--既可作为前置运算符，也可作为后置运算符，如 i++，i--，--i，++i 都是合法的表达式。无论作为前置运算符还是后置运算符，它们都有相同的作用，都是使变量加 1 或是减 1，但是作为表达式，却有不同的值。

例如：

```
int i=5;int x;
x=++i;      /* i 的值增 1，为 6，表达式的值为 6，x=6*/
x=- - i;    /* i 的值减 1，为 4，表达式的值为 4，x=4*/
x=i++;      /* i 的值增 1，为 6，表达式的值为 5，x=5*/
x=i - - ;   /* i 的值减 1，为 4，表达式的值为 5，x=5*/
```

【例 2-7】写出程序的运行结果。

程序代码：

```
#include  <stdio.h>
main( )
{
    int x=100;
    printf("x=%d\n",x++);   /* x++是后置运算，所以先输出 100 后加 1，x=101 */
    printf("x=%d\n",++x);   /* ++x 是前置运算，所以 x 先加 1 后输出，x=102  */
    printf("x=%d\n",x--);   /* x--是后置运算，所以先输出 102，后 x 减 1，x=101 */
    printf("x=%d\n",--x);   /* --x 是前置运算，所以 x 先减 1 后输出，x=100  */
}
```

运行结果：

```
x=100
x=102
x=102
x=100
```

【例 2-8】写出程序的运行结果。

程序代码：

```
#include  <stdio.h>
main()
{
    int i=3,x=0;               /*赋初值 i=3，x=0*/
```

```
    x=(++i)+(++i)+(++i);    /*因为++前置，先对 i 自加 3 次后 i=6,再 x=i+i+i=18*/
    printf("i=%d, x=%d\n",i,x);                         /*打印 i=6,x=18*/
    i=3;x=0;                                        /*重新对变量赋初值 i=3, x=0*/
    x=(i++)+(i++)+(i++);
                /*++为后置，i=3 先求和运算，x= i+i+i =9， i 再自加 3 次后 i=6*/
    printf("i=%d, x=%d\n",i,x);  /*打印 i=6,x=9 */
}
```

运行结果：

```
i=6, x=16
i=6, x=9
```

4. 算术表达式

用算术运算符和括号将运算对象如常量、变量和函数等连接起来的式子称为算术表达式。例如：a*b+c，x%2+y/2，4*sqrt(4c)，等，都是合法的算术表达式，其中 sqrt( )为开平方函数。

算术表达式书写规则如下。

(1) 所有字符必须写在同一水平线。

(2) 相乘的地方必须写上“*”符号，不能省略，也不能用“·”代替。

(3) 算术表达式中出现的括号一律用小括号，且一定要成对。

例如：求一元二次方程的根的公式：

$$x = \frac{-b \pm \sqrt{b^2 - 4ax}}{2a}$$

写成 C 语言的表达式如下：

x1=(-b+sqrt(b*b-4*a*c))/(2*a)

x2=(-b-sqrt(b*b-4*a*c))/(2*a)

5. 强制类型转换

算术表达式中，双目运算符两边的操作数类型一致才能进行运算，所得结果的类型也与运算数的类型相同。不同类型的数据在进行混合运算时，必须先转换成同一类型，然后才能进行运算。不同类型的数据转换有两种方式：一种是自动类型转换，也称为隐式转换；另一种是强制类型转换，称为显式转换。

在整型、单精度型、双精度型数据之间进行混合运算时，将不同类型的数据由低向高转换成同一类型，然后进行运算。

例如：int a=7；float b=3.5；那么执行 a+b 时，按照 7.0+3.5 来计算。

【例 2-9】写出下面程序的运行结果。

程序代码：

```
#include  <stdio.h>
main( )
{
    int a,b;
```

```
    float c=45,d=7.18; /* 定义单精度型 c=45,实际上是 45.000000*/
    a=6.3;             /* 定义整型数 a=6.3，但实际上 a 只能取 6*/
    b=a+c+d;           /* a+c+d 的值是 58.45，但是由于 b 是整型变量，因此只能取 58*/
    printf("b=%d\n",b);
}
```

运行结果：

```
b=58
```

从上例可以看出，a，b，c，d 的数据类型不完全一样，因此，要根据定义的数据类型进行赋值，在计算时遵循由低到高转换的方法进行计算。这样虽然也能计算出一个结果，但是由于精度的丢失，结果的准确率大幅降低。因此，有时我们需要将操作数的类型强制转换为另一种类型进行计算。

转换格式如下：

```
(强制转换的类型名称) (操作数)
```

作用是把操作数强制转换为指定的类型。例如：(int)(a+b)，将 a+b 的结果强制转换成 int 型；又如：(float)a/b，将 a 强制转换成 float 型后，再进行除法运算，结果为 float 型。

【**例 2-10**】写出下面程序的运行结果。

程序代码：

```
#include <stdio.h>
main()
{
    float x=8.35;          /* 定义变量 x 为实型数据  */
    int a=5,b;
    b=( int)x %a;          /*实型数据不能取余运算，所以对变量 x 强制转换为 int 型 */
    printf("b=%d\n",b);  /*7%5=2，所以打印 b=2 */
    printf("x=%x\n",x);  /*x 的类型及值没有变，仍为 8.350000 */
}
```

运行结果：

```
b=2
x=8.350000
```

可以看到，变量经强制转换后，得到的是一个所需类型的中间变量，原来变量的类型并没有发生变化。

注意：自动(隐式)转换是计算机系统自动完成的转换，而强制转换是用户根据需要自己来进行的类型转换。

2.5.4　赋值运算符与赋值表达式

所谓赋值运算，是指将一个数据存储到某个变量对应的内存存储单元的过程。赋值运算符有两种类型：基本赋值运算符和复合赋值运算符。

1. 基本赋值运算符

C 语言的赋值运算符是“=”，它的作用是将赋值运算符右边表达式的值赋给其左边的变量。

例如：i=1，i=i+5 都是合法的赋值运算。

注意：如果“=”两侧的类型不一致，在赋值时需要进行自动转换。

2. 复合赋值运算符

C 语言允许在赋值运算符“=”之前加上其他运算符，构成其复合运算符。复合运算符多数为双目运算符。在 C 语言中，可以使用的复合赋值运算符有 10 个：+=、-=、*=、^=、%=、&=、^=、|=、<<=、>>=。

例如，a+=1，执行过程为：先对赋值运算符左右两侧进行运算，然后再把结果赋值给左边的变量。即相当于：a=a+1。

```
例如：x-=2;          /*等价于 x=x-2*/
      x/=5 ;         /*等价于 x=x/5*/
      x*=y+10;       /*等价于 x=x*(y+10) */
```

赋值运算符的结合方向是自右向左。C 语言采用复合赋值运算符，是为了使程序简练，提高编译效率。

注意：在书写复合赋值运算符时，两个运算符之间不能有空格，否则会出现语法错误。

3. 赋值表达式

由赋值运算符组成的表达式称为赋值表达式，例如 x=1。赋值表达式可以嵌套使用，例如 a=(b=4)，赋值表达式中的“表达式”，又是一个赋值表达式。

由于赋值运算符的结合方向是自右向左，因此，b=4 的括号可以不要，即 a=b=4，都是先求 b=4，然后载赋值给 a。

例如，a=10，表达式 a+=a-=a*a 的值为-180。因为，赋值运算符的结合方向是自右向左，所以运算顺序为：先进行计算 a-=a*a，即 a=a-a*a=10-10*10=-90。求出 a=-90 后，再计算 a=a+(a)=-90-90=-180。

4. 赋值语句

当在一个赋值表达式后面加上分号，就可以构成赋值语句。

```
例如：a=1       (赋值表达式)
      a=1;      (赋值语句)
      i++       (赋值表达式)
      i++;      (赋值语句)
```

2.5.5 逗号运算符与逗号表达式

逗号运算符为“，”。逗号表达式是用逗号运算符把两个表达式组合成的一个表达式。

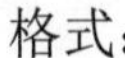

格式：

```
〈表达式 1〉,〈表达式 2〉
```

说明：(1)　逗号表达式的执行过程是：先求“表达式 1”的值，再求“表达式 2”的值，“表达式 2”的值就是整个逗号表达式的值。例如：

```
a=8,a+10;
```

先对 a=8 进行赋值，然后计算 a+10，因此上述表达式执行完后，a 的值为 8，而整个表达式的值为 18。

(2)　一个逗号表达式可以与另一个表达式构成一个新的逗号表达式。例如：

```
(a=3*7,a*57),a+57;
```

构成一个逗号表达式，先计算 a=3*7 的值，a=21，然后计算 a*57 为值 1197，所以(a=3*7，a*57)的值为 1197。再计算第二个逗号表达式 a+57，此时 a 的值是 21，所以 a+57=78，那么逗号表达式“(a=3*7，a*57)，a+57”的值为 78。

(3)　逗号运算符是所有运算符中级别最低的。

【例 2-11】写出下面程序的运行结果。

程序代码：

```
#include <stdio.h>
main( )
{
    int x,y;
    x=7;
    y=(x-=10,x/5);    /* x 的初值为 7，减 10 后为-3，再除以 5，所以 y=0 */
    printf("y=%d\n",y);
}
```

运行结果：

```
y=0
```

2.6　思考与练习

本章详细介绍了 C 语言中常用的数据类型，C 语言中的标识符与关键字，运算符及优先级，C 语言的表达式，常量和变量的概念。C 语言丰富的运算符可以帮助读者轻松地解决各类问题，同时对于运算符的熟练运用，也是编写 C 语言程序的关键。

一、简答

1. C 语言中的数据类型主要有哪几类？
2. C 语言中有哪几种标识符？请举例说明。
3. 在 C 语言中，如何定义整型变量？如何定义实型变量？如何给变量赋初值？

4. 浮点变量有哪些表示形式？它们的数值范围都是什么？精度有什么区别？

5. 在C程序中，如何定义不可变的变量？它与一般变量有什么相同和不同之处？

6. 在C程序中，不可变变量与用 define 定义的常量在本质上有何不同之处？

7. C 语言中有哪些用于算术运算的运算符？请按它们的优先级别依次列出。

8. 下面的数据中哪些是C语言实型数的正确表示

(1)6.000　(2)5E+2　(3)0.3e1　(4).5　(5).e4　(6)1.234 e−4

(7)−0.0　(8)E−2　(9)6.　(10)6.0E+2.0　(11)7.e+0

9. 下列标识符中哪些可合法地用作用户标识符？

SADE　A#c　void　a*b　{g}　define　MAIN　b−a

ZZAP　i\xy　_6n　1456de　dele　$7　sin　int　s6a　_float

10. 下面哪些是不合法的常量？说明不合法的理由。

456，3.1415926，0662，‘P’，‘\n’，0xtty，0.897E−2，“Good”，2.6e-6.34

11. 下面对变量定义的语句哪些不正确？为什么？请改正。

(1)char c1，int a1;　(2)INT a，b; FLOAT x，y;　(3)a，b: char;

(4)char if;　(5)int x，y　(6)Int a: b: c;

(7)int a，b; float b，c;

12. 表达式 11/4 的结果是多少？表达式 11%4 的结果是多少？

13. 若有定义 int a=1,b=3; 则表达式(a++)*(−−b)执行后，a、b 及表达式的值各是多少？

14. 若有定义 int a=5,b; 则执行 b=(a+=7,a/2)后，变量 a 和 b 的值分别为多少？

15. 请将下列代数式改写成 C 语言的表达式。

(1) −3ab+d−7ac　(2) 6x+8x−2x+89

(3) $\dfrac{5xy}{-x+\dfrac{1}{y+2(x+1)}}$　(4) $\dfrac{-(a-b)}{\dfrac{(a-b)-(a+b+1)}{2a}}$

16. 根据以下变量的定义，写出下列表达式的值。

int i=3，j=6，x=2，y=0; float m=2.7，n=5.0;

(1)x=j++　(2)(int)m+0.78*2　(3)n−−　(4)x=(x=4,y=6,x+y)

(5)n+=−8　(6)m−=n+2　(7)m=−−j　(8)m++,n+m,n++

(9)i/=−j−3　(10)i*=6,i+2*j　(11)++m　(12)y−=x+=(x=2,y=5)

(13)x = (j−−)　(14)2% − 4 + −6%2　(15)j + (float)i + (int)(m++)

17. 下面的说法哪些是正确的？哪些是不正确的？

(1) 在C语言中，“;”只是语句之间的分隔符，所以在每个句中都不能省略。

(2) 在C程序中，所用的变量都必须先定义后使用。

(3) 在C程序中，Printf 与 printf 是相同的，都表示 C 标准库提供的输出函数名字，scanf 和 Scanf 也是相同的，都表示 C 标准库提供的输入函数名。

(4) 程序中的变量 w 代表内存中的一个存储单元，所以经过 w = 6 的运算后，也就是把 w 放入了这个存储单元中。

(5) 在C程序中，用 const 定义的变量，其值可以根据需要随时修改。

18. 若 i 为 int 类型，且有值 9，写出执行以下赋值运算后，i 和 k 中的值。

(1)k=++i　(2)k=--i　(3)k=i--　(4)k=i++

19. 若 x = 8，y = 4，经过以下运算，x 和 y 的值各是多少？

```
x=y;
y=x;
x=((x=y+7)-(y=x-3));
```

二、上机练习

1. 求以下程序的运行结果________。

```
main()
{
    int i,j;
    i=10;
    printf("%d,%d", i++,i--);
}
```

2. 求以下程序的运行结果________。

```
#include <stdio.h>
main()
{
    int a=35,n=7;
    a%=(n%=2);
    printf("a=%d\n", a);
}
```

3. 求以下程序的运行结果________。

```
#include <stdio.h>
main()
{
    char a='W',b='e',c='l',d='l';
    a=a-16;
    b=b+10;
    c=c+3;
    d=d+2;
    printf("%c%c%c%c\n",a,b,c,d);
}
```

4. 求以下程序的运行结果________。

```
#include <stdio.h>
main()
{
    int x;
    x=-7+2*75-9;
    printf("x1=%d\n",x);
    x=8+9%7-3;
```

```
    printf("x2=%d\n",x);
    x=-7*9%-3;
    printf("x3=%d\n",x);
}
```

5. 求以下程序的运行结果________。

```
#include <stdio.h>
main()
{
    printf("%d,%c\n",57,57);
    printf("%d,%c,%o\n",47+10,47+10,47+10);
}
```

6. 求以下程序的运行结果________。

```
#include <stdio.h>
main()
{
    int x=2;
    x+=x-=x*x;
    printf("x=%d\n",x);
}
```

7. 求以下程序的运行结果________。

```
#include <stdio.h>
main()
{
    int a=5;
    a+=a-(a*=a);
    printf("a=%d\n",a);
}
```

8. 在以下程序中定义#define N 1000，求程序的运行结果________。

```
#include <stdio.h>
#define N 1000
main()
{
    int a,b;
    a=N+67;
    b=N-46;
    printf("a=%d,b=%d\n",a,b);
}
```

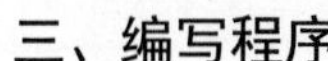

三、编写程序

1. 已知边长 a 的值为 5，求立方体的体积。
2. 键盘输入三角形的两个内角角度，求另一个内角角度。
3. 已知梯形的上下边长及高，求梯形面积。

第 3 章

顺序结构程序设计

本章要点

- 结构化编程的思想
- 程序设计的三种基本结构
- 常见的输入输出函数

本章主要内容

C 语言是一种面向过程的编程语言，采用结构化编程的思想，从上至下，逐步细化；清晰第一，效率第二；书写规范，缩进格式；由基本结构组合而成。

本章主要举例介绍顺序结构的程序设计，并详细讲解了常用的数据输入输出函数格式。

3.1 结构化程序设计思想

结构化编程采用以下简单的有层次的程式流程架构：顺序结构、选择结构、循环结构，程序明晰、代码简洁，并支持子程序、程式码区块概念，成为一种编程典范，被广泛用于各种编程语言中。

↑扫码看视频

3.1.1 程序化设计的三种基本结构

结构化的程序设计方法采用三种基本的程序结构来编写程序，它们是顺序结构、选择结构、循环结构，如图 3.1 所示。

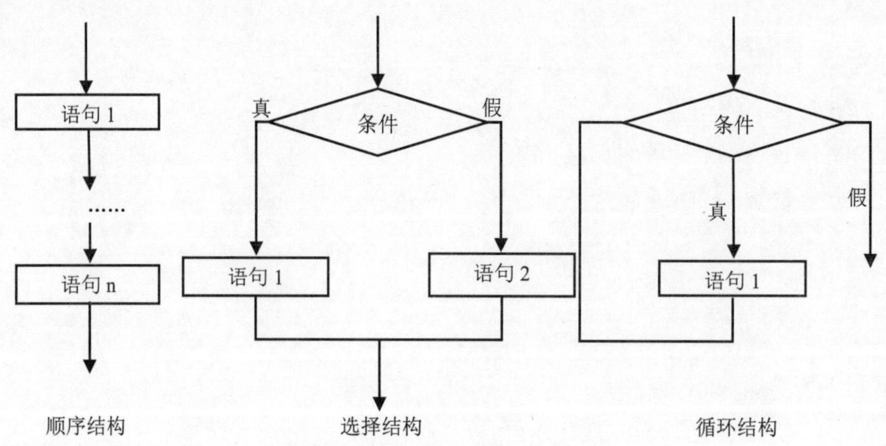

图 3.1 程序化程序设计的三种结构

1. 顺序结构

在顺序结构中，程序由上向下依次执行程序中的每一条语句，直到所有的语句都执行完成，程序结束运行。

2. 选择结构

选择结构也叫分支结构，程序执行到选择结构时，先根据条件来判断，根据判断结果来选择其中一部分语句执行。执行结束后，转移到选择结构的出口。

3. 循环结构

程序执行到循环结构时，根据条件来判断，是否重复执行某些语句。采用循环结构，

可以用较短的语句来完成大量的工作，从而简化程序的结构。在执行循环结构时，要注意设置结构循环的条件，以免使程序进入死循环。

三种类型的结构，都只有一个程序流程的入口和一个程序流程的出口。

3.1.2　语句

语句是程序的基本组成部分。C 语言的语句分为表达式语句、函数调用语句、控制语句、复合语句、空语句等几类

1．表达式语句

表达式语句是以表达式加上分号(；)组成。如：a+b；(x+y)*2+z。

2．函数调用语句

函数调用语句是由一个函数调用加上分号(；)组成。如 printf("hello world! ")。

3．控制语句

C 语言有 9 种控制语句：if else、for、while、do while、continue、break、switch、goto、return，我们在后续章节会逐渐学到。

4．复合语句

将多条语句用花括号{}括起来的语句，称为复合语句。如：

```
{
  x=3;
  y=5;
  z=x+y;
}
```

复合语句可以没有语句体，只有一对花括号。在程序中，复合语句被看成是单条语句，而不是多条语句。复合语句内的各条语句都必须以分号(；)结尾，在花括号(}）外不能加分号。

5．空语句

只有分号(；)的语句称为空语句，空语句不执行任何任务。在程序中空语句可用来作空循环体。如：

```
while(getchar()!='\n')
;
```

本语句的功能是：只要从键盘输入的字符不是回车则继续输入。这里的循环体为空语句。

3.2 常用的数据输入输出函数

↑扫码看视频

C 语言中，所有的数据输入/输出都是由库函数完成的。在使用库函数时，要用预编译命令#include 将有关的“头文件”包括到源文件中，使用标准输入输出库函数时要用到 stdio.h 文件，因此源文件开头应有以下命令：#include<stdio.h>。

3.2.1 格式输出函数 printf( )

格式输出函数 printf()的功能是按用户指定的格式，把指定的数据显示到显示器屏幕上。在前面的例题中我们已多次使用过这个函数。

格式：

```
printf("格式控制字符串", 输出列表);
```

说明：(1) printf()函数是一个标准库函数，它的函数原型在头文件 stdio.h 中。但作为一个特例，不要求在使用 printf 函数之前必须包含 stdio.h 文件。

(2) 格式控制字符串用于指定输出格式。其中格式控制串有格式字符串和非格式字符串两种形式。格式字符串是以%开头的字符串，在%后面是各种格式字符，以说明输出数据的类型、形式、长度、小数位数，如“%d”“%f”“%c”等。非格式字符串在输出时原样照印，在显示中起提示作用。常用的格式字符如表 3.1 所示。

(3) 输出列表中给出了各个输出项，要求格式字符串和各输出项在数量和类型上应该一一对应。

表 3.1 常用格式字符

格式字符	说明
d	以十进制形式输出带符号整数
o	以八进制形式输出无符号整数
x，X	以十六进制形式输出无符号整数
u	以十进制形式输出无符号整数
f	以小数形式输出单、双精度实数
e，E	以指数形式输出单、双精度实数
g，G	以%f 或%e 中较短的输出宽度输出单、双精度实数
c	输出单个字符
s	输出字符串

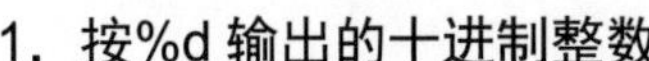

1. 按%d 输出的十进制整数

(1) 按%d 输出的十进制整数以整数的实际长度输出。

【例 3-1】 %d 的使用。

程序代码：

```
#include<stdio.h>
main()
{
   int a=666,b=8899;
   printf("%d %d\n",a,b);
}
```

运行结果：

```
666 8899
```

说明：在输出的结果中，printf()的格式控制字符串除%代表的格式字符用变量来代替之外，其他字符一律原样打出。

上例中两个%d 之间有一个空格，因此在输出结果中，两个变量之间也有一个空格。

如果上例改为 printf("%d，%d\n",a,b); 那么输出结果显示为：

```
666,8899
```

如果上例改为 printf("a=%d,b=%d\n",a,b); 那么输出结果显示为

```
a=666,b=8899
```

(2) 按%ld 输出长整型数据。

【例 3-2】 %ld 的使用

程序代码：

```
#include<stdio.h>
main()
{
   long  a=123456;
   printf("%ld %d\n",a,a);
}
```

运行结果：

```
123456 -56548
```

说明：由于%d 无法正确显示长整型数据，因此这里显示乱码。

(3) 按%md 输出整型数据。m 显示数据的宽度，如果数据位数小于 m，则左端补空格；如果数据位数大于 m，则 m 不起作用，按实际位数输出。

【例 3-3】 %md 的使用。

程序代码：

```
#include<stdio.h>
```

```
main()
{
    int  a=1,b=123,c=123456;
    printf("%3d %3d %3d \n",a,b,c);
}
```

运行结果：

```
1 123 123456
```

说明：a 为 1 位数，输出的时候按 3 位数输出，前面补了两个空格，b 为 3 位数正常输出，c 为 5 位数，大于要求的 3 位输出，因此按实际位数输出。

2. 按%c 输出的字符型数据

【例 3-4】 %c 的使用。

程序代码：

```
#include<stdio.h>
main()
{
    char a='A';
    printf("%c %d \n",a,a);
}
```

运行结果：

```
A 65
```

说明：字符型数据既可以按字符型输出，也可以按整型输出，输出的是它的 ASCII 值。

3. 按%s 输出的字符串数据

【例 3-5】 %s 的使用。

程序代码：

```
#include<stdio.h>
main()
{
    printf("%s\n","hello");
}
```

运行结果：

```
hello
```

【例 3-6】 %ms 的使用。

程序代码：

```
#include<stdio.h>
main()
```

```
{
   printf("%2s,%8s,%-8s,%.3s\n","hello", "hello","hello","hello");
}
```

运行结果：

```
hello,   hello,hello   ,hel
```

说明：如果 m 的值大于字符串的宽度，那么+m，字符串前面空格，如果-m，字符串后面空格，如果．m，只输出 m 位。如果 m 的值小于字符串的宽度，那么不受限制，字符串原样输出。

4．按%f 输出的整型数据

(1) 按%f 输出的带有小数形式的十进制数据。

(2) 按%lf 输出的带有小数形式的双精度十进制数据。

(3) 按%m.mf 输出的带有小数形式的十进制数据，其中数据共占 m 列，小数占 n 位，若数据总长度小于 m，+m 则左端补空格，-m 则右端补空格。

【例 3-7】 %mf 的使用。

程序代码：

```
#include <stdio.h>
main()
{
   float a=12345.67;
   double b=1234.56789;
   printf("%f,%lf,%8.2f,%-8.2f,%3.2f ",a,b,b,b,b);
}
```

运行结果：

```
12345.669922，1234.567890， 1234.57，1234.57 ，12345.567
```

说明：(1) %f 用来输出单精度型变量 a，由于 a 的有效位数只有 7 位，因此第 8 位开始显示乱码。

(2) %lf 用来输出双精度型变量 b，由于 b 的有效位数可以达到 15 位，因此能完全正确显示。

(3) %-8.2f 用来输出双精度型变量 b，控制显示位数为 8 位，小数保留 2 位，因此变量 b 进行了四舍五入，显示 1234.57，共 7 位，左侧空 1 位。

(4) %8.2f 用来输出双精度型变量 b，右侧空 1 位。

(5) %3.2f 用来输出双精度型变量 b，由于 3 小于 b 的实际位数，因此无效，b 保留 2 位小数，小数点前原样输出。

5．按%o 输出的整型数据

按无符号八进制形式输出整数，如果有符号，也会作为数值部分输出。

6. 按%x 输出的整型数据

按无符号十六进制形式输出整数，如果有符号，也会作为数值部分输出。

7. 按%u 输出的整型数据

按无符号十进制形式输出整数，如果有符号，也会作为数值部分输出。

【例 3-8】 %o，%x，%u 的使用。

程序代码：

```
#include <stdio.h>
main()
{
    int a=12345;
    int  b=-1;
    printf("%d,%o,%x, %u\n",a,a,a,a);
    printf("%d,%o,%x, %u\n",b,b,b,b);
}
```

运行结果：

```
12345, 30071, 3039, 12345
-1, 37777777777, ffffffff, 42949667295
```

说明：(1) -1 在内存中以补码的形式存放，因此-1 的八进制为 37777777777。

(2) -1 的十六进制的表示为 ffffffff。

(3) 一个无符号的整数用%d 和%u 输出，没有任何区别；如果带有负号，那么则完全不同。-1 的无符号输出结果是 42949667295。

8. 按%e 输出的指数型数据

(1) 按%e 输出，系统自动给定 6 位小数，指数部分占 5 位，其中 e 占 1 位，符号占 1 位，指数占 3 位。

(2) 按%m.ne 输出。其中 m 限定宽度，如果数据长度小于 m，左面补空格，-m 右面补空格，n 限定小数位数。

【例 3-9】 %e 的使用。

程序代码：

```
#include <stdio.h>
main()
{
    float a=12345;
    printf("%e,%10e,%.2e, %-10.2e\n",a,a,a,a);
}
```

运行结果：

```
1.234500e+004, 1.234500e+004, 1.23e+004,  1.23e+004
```

9．按%g 输出的指数型数据

根据哪个宽度较小来自动选择 f 格式或 e 格式输出数据，并不输出无意义的零。

【例 3-10】%g 的使用。

程序代码：

```
#include <stdio.h>
main()
{
    float a=123.45;
    float a=654321.23;
    printf("%f,%e,%g\n",a,a,a);
    printf("%f,%e,%g\n",b,b,b);
}
```

运行结果：

```
123.450000，1.234500e+002，123.45
```

【例 3-11】写出下列程序的运行结果。

程序代码：

```
#include<stdio.h>
main()
{
    int a=125,b=32;
    float x=12.3456,y=-987.654;
    char c='A';
    long n=2222222;
    unsigned u=65535;
    printf("(1) %d,%d\n",a,b);
    printf("(2) %5d%5d\n",a,b);
    printf("(3) %f,%f\n",x,y);
    printf("(4) %-10f,%-10f\n",x,y);
    printf("(5) %8.2f,%8.2f,%4f,%4f,%.3f,%.3f\n",x,y,x,y,x,y);
    printf("(6) %e,%10.2e\n",x,y);
    printf("(7) %c,%d,%o,%x\n",c,c,c,c);
    printf("(8) %ld,%o,%x\n",n,n,n);
    printf("(9) %u,%o,%x,%d\n",u,u,u,u);
    printf("(10) %s,%5.3s\n\n","ABCDEFG","ABCDEFG");
}
```

运行结果如图 3.2 所示。

```
(1) 125,32
(2)   125   32
(3) 12.345600,-987.653992
(4) 12.345600 ,-987.653992
(5)    12.35, -987.65,12.345600,-987.653992,12.346,-987.654
(6) 1.234560e+001,-9.88e+002
(7) A,65,101,41
(8) 2222222,10364216,21e88e
(9) 65535,177777,ffff,65535
(10) ABCDEFG,  ABC
```

图 3.2　显示结果

10．printf 函数输出列表的求值顺序

使用 printf 函数时还要注意一个问题，那就是输出列表中的求值顺序。不同的编译系统不一定相同，有的从左到右，也有的从右到左，如 Turbo C 就是从右到左进行的。请看下面两个例子。

【例 3-12】写出下列程序的运行结果。

程序代码：

```
#include<stdio.h>
main()
{
  int i=10;
  printf("%d,%d,%d,%d,%d,%d\n",++i,--i,i++,i--,-i++,-i--);
}
```

运行结果：

```
10，9，10，10，-10，-10
```

【例 3-13】写出下列程序的运行结果。

程序代码：

```
#include<stdio.h>
main()
{
  int i=10;
  printf("%d,",++i);
  printf("%d,",--i);
  printf("%d,",i++);
  printf("%d,",i--);
  printf("%d,",-i++);
  printf("%d\n",-i--);
}
```

运行结果：

```
11，10，10，11，-10，-11
```

说明：这两个程序的区别是用一个 printf()语句和多个 printf()语句输出，从结果可以看出是不同的。这是因为 printf 函数对输出表中各量求值的顺序是自右向左进行的。求值顺序虽是自右向左，但是输出顺序还是从左至右，因此得到的结果是上述输出结果。

3.2.2 格式输入函数 scanf( )

格式输入函数 scanf()是按用户指定的格式从键盘上把数据输入到指定的变量之中。

格式：

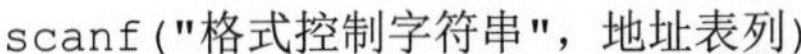
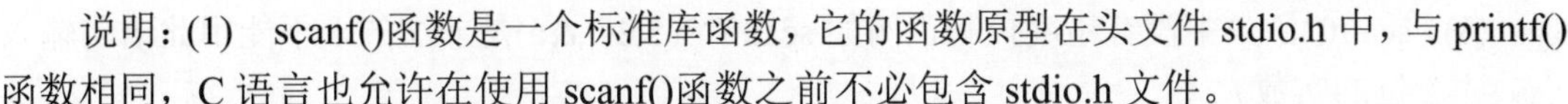


```
scanf("格式控制字符串", 地址表列)
```

说明：(1)　scanf()函数是一个标准库函数，它的函数原型在头文件 stdio.h 中，与 printf()函数相同，C 语言也允许在使用 scanf()函数之前不必包含 stdio.h 文件。

(2)　格式控制字符串的作用与 printf()函数相同，但不能显示非格式字符串，也就是不能显示提示字符串。常用格式控制字符如表 3.2 所示。

表 3.2　常用格式控制字符

格式	字符意义
d	输入十进制整数
o	输入八进制整数
x	输入十六进制整数
u	输入无符号十进制整数
f 或 e	输入实型数(用小数形式或指数形式)
c	输入单个字符
s	输入字符串

(3)　地址表列中给出各变量的地址。地址是由地址运算符“&”后跟变量名组成的。例如&a，&b，分别表示变量 a 和变量 b 的地址。scanf()函数通过读取变量的地址，将变量的值存入到相应的变量中去。

(4)　每个格式控制字符都必须在地址表列中有一个变量与之对应，格式控制字符与相应的变量类型要一致。例如：scanf("%d%f%c",&a,&b,&c)，则%d 对应的是变量 a，%f 对应的是变量 b，%c 对应的是变量 c。

(5)　格式控制字符之间如果没有任何字符，则输入的两个数据之间要用空格、Tab 键或回车符作间隔；如果格式控制字符之间有其他字符，则输入的两个数据之间要用与这些字符相同的字符做间隔。例如：

```
scanf("%d%d%d",&a,&b,&c);             //输入5 6 7
scanf("%d, %d, %d",&a,&b,&c);         //输入5, 6, 7
scanf("%d  %d  %d",&a,&b,&c);         //输入5  6  7
scanf("a=%d,b=%d,c=%d",&a,&b,&c);     //输入 a=5,b=6,c=7
```

(6)　为内存变量赋值时，可以通过%*跳过某个变量，先不进行赋值。例如：

```
scanf("%d, %*d, %d",&a,&b);
```

当输入为：1，2，3 时，把 1 赋予 a，2 被跳过，3 赋予 b。

(7)　当用十进制整型数值为变量赋值时，可以指定宽度。例如：

```
scanf("%5d",&a);
```

输入：12345678，只把 12345 赋予变量 a，其余部分被截去。又如：

```
scanf("%4d%4d",&a,&b);
```

输入：12345678，将把1234赋予a，而把5678赋予b。

(8) scanf()函数中没有精度控制，例如scanf("%5.2f",&a)是非法的，不能用此语句输入小数为2位的实数。

(9) 在输入字符数据时，若格式控制字符中无非格式字符，则认为所有输入的字符均为有效字符。例如：

```
scanf("%c%c%c",&a,&b,&c);
```

输入为：a b c，则把“a”赋予a，空格赋予b，“b”赋予c。

只有当输入为：abc时，才能把“a” 赋于a，“b”赋予b，“c”赋予c。

如果在格式控制中加入空格作为间隔，例如：

```
scanf ("%c %c %c",&a,&b,&c);
```

则输入：a b c，才能把“a”赋予a，“b”赋予b，“c”赋予c。

【例3-14】输入三个小写字母，输出其ASCII码和对应的大写字母。

程序代码：

```
#include <stdio.h>
main()
{
    char a,b,c;
    printf("please input character a,b,c\n");
    scanf("%c %c %c",&a,&b,&c);
    printf("%d,%d,%d\n%c,%c,%c\n",a,b,c,a-32,b-32,c-32);
}
```

运行结果：

```
please input character a,b,c
a b c↙
97, 98, 99
A, B, C
```

【例3-15】一个直角三角形，给出它的两条直角边，求它的斜边。

程序代码：

```
#include <math.h>
#include <stdio.h>
main()
{
    float a,b,c;
    printf("please input  a,b\n");
    scanf("%f %f",&a,&b);
    c=sqrt(a*a+b*b);
    printf("%f,%f,%f\n",a,b,c);
}
```

运行结果：

```
please input  a,b
3 4↙
3.000000 4.000000 5.000000
```

3.2.3　字符输出函数 putchar( )

字符输出函数 putchar()的功能是在显示器上输出一个字符。

格式

```
putchar(c);
```

说明：c 可以是一个变量或是常量，类型为字符型或整型。

例如：

```
putchar('A');        //输出大写字母 A
putchar(x);          //输出字符变量 x 的值
putchar('\101');     //输出转义字符 A
putchar('\n');       //换行
```

使用本函数前必须要用文件包含命令：#include<stdio.h>或#include "stdio.h"。

【例 3-16】用 putchar()函数在屏幕上输出字符。

程序代码：

```
#include<stdio.h>
main()
{
    char a='c',b='o',c='l';
    putchar(a);putchar(b);putchar(b);putchar(c);putchar('\t');
    putchar(a);putchar(b); putchar(a);putchar(b);
    putchar('\n');
    putchar('y');putchar('e');putchar('s');
}
```

运行结果：

```
cool        coco
yes
```

3.2.4　字符输入函数 getchar( )

字符输入函数 getchar()的功能是从键盘上输入一个字符。

格式：

```
getchar();
```

说明：getchar()函数把键盘输入的字符作为它的返回值，可以赋值给一个字符变量或整型变量。

例如：

```
char c;
c=getchar();
```

使用本函数前必须要用文件包含命令：#include<stdio.h>或#include "stdio.h"。

【例 3-17】用 getchar()函数输入一个大写字母，显示出它的小写字母。

分析：在 ASCII 表中，大写字母与小写字母的关系是大写字母+32 为相应的小写字母。

程序代码：

```
#include<stdio.h>
main()
{
    char c;
    printf("please input a character:\n");
    c=getchar();
    putchar(c+32);
}
```

运行结果：

```
put a character:
K↙
k
```

3.3　程序设计举例

通过本章的学习，读者基本可以掌握 C 语言程序化设计的思想及语句的概念，并通过常用的输入输出函数来进行顺序结构的程序设计。本节将通过几个例子进一步讲解如何进行 C 语言程序设计。

↑扫码看视频

【例 3-18】输入三角形的三边长，求三角形面积。

分析：已知三角形的三边长 a，b，c，则该三角形的面积公式为：

$$area=\sqrt{s(s-a)(s-b)(s-c)}，其中\ s=(a+b+c)/2$$

程序代码：

```
#include<stdio.h>
#include<math.h>
main()
```

```
{
    float a,b,c,s,area;
    scanf("%f,%f,%f",&a,&b,&c);
    s=1.0/2*(a+b+c);
    area=sqrt(s*(s-a)*(s-b)*(s-c));
    printf("a=%.2f,b=%.2f,c=%.2f,s=%.2f\n",a,b,c,s);
    printf("area=%.2f\n",area);
}
```

运行结果：

```
3，4，5↙
a=3.00，b=4.00，c=5.00，s=6.00
area=6.00
```

【例 3-19】求 $ax^2+bx+c=0$ 方程的根，设 $b^2-4ac>0$，a、b、c 由键盘输入。

分析：求根公式为

$$x=\frac{-b\pm\sqrt{b^2-4ac}}{2a}$$

设 $p=-\frac{b}{2a}$， $q=\frac{1}{2a}\sqrt{b^2-4ac}$，则 $x_1=p+q$，$x_2=p-q$。

程序代码：

```
#include<stdio.h>
#include<math.h>
main()
{
    float a,b,c,d,x1,x2,p,q;
    scanf("%f,%f,%f",&a,&b,&c);
    d=b*b-4*a*c;
    p=-b/(2*a);
    q=sqrt(d)/(2*a);
    x1=p+q;
    x2=p-q;
    printf("\nx1=%5.2f\nx2=%5.2f\n",x1,x2);
}
```

运行结果：

```
1，4，3↙
x1=-1.00
x2=-3.00
```

【例 3-20】求温度中的摄氏和华氏之间的转换。

分析：华氏温度与摄氏温度之间的公式为 c=5/9*(f−32)，只要输入华氏温度，就可以求出摄氏温度。

程序代码：

```
#include <stdio.h>
main()
{
   int f;
   float c;
   printf("\n please input the F:");
   scanf("%d",&f);
   c=5.0/9*(f-32);                        /*不能写成5/9，因为5/9的值为0*/
   printf("the C.temperature is %.2f",c); /*输出格式为%.2f ，保留2位小数 */
}
```

运行结果：

```
please input the F:
100↙
the C.temperature is 37.78
```

3.4 思考与练习

本章主要介绍了程序化的设计思想，介绍了常用的输入输出函数及格式。在顺序程序设计中，要求熟练使用常用的输入输出函数，牢记它们的使用规范。

一、简答

1. C语言程序有哪三种基本结构？
2. C语言的语句有哪几类？表达式语句与表达式有什么不同？
3. 符号“&”是什么运算符？&a是指什么？
4. C语言中的空语句是什么？
5. Scanf函数中的“格式字符”后面应该是什么？
6. 若想输出字符%，则应该在“格式字符”的字符串中用什么表示？“
7. int x=5; 执行x+=x-=x+x;，后x的值是什么？
8. int x=10，y=20; 执行x+=y;y=x-y;x- =y; 之后，x，y的值是什么？

二、上机练习

1. 求以下程序的执行结果。

```
#include <stdio.h>
main()
{
    double d=5.7;
    int x,y;
    x=6.2;
    y=(x+1.4)/3.0;
```

```
    printf("%d\n",d*y);
}
```

2. 求以下程序的执行结果。

```
#include <stdio.h>
main()
{
    double a;
    float b;
    long c;
    int d;
    a=b=c=d=20/3;
    printf("%d %ld %f %f\n",a,b,c,d);
}
```

3. 求以下程序的执行结果。

```
#include <stdio.h>
main()
{
    int k=23;
    printf("%d,%o,%x\n",k,k,k);
}
```

4. 求以下程序的执行结果。

```
#include <stdio.h>
main()
{
    char a,b,c,d;
    a='A',b='B',c='C',d='D';
    printf("%1c\n",a);
    printf("%2c\n",b);
    printf("%3c\n",c);
    printf("%4c\n",d);
}
```

5. 求以下程序的执行结果。

```
#include <stdio.h>
main()
{
    char c1,c2;
    scanf("%c%c",&c1,&c2);
    printf("c1=%c,c2=%c,c3=%d,c4=%d",c1++,--c2,c1,c2);
}
```

6. 求以下程序的执行结果。

```
#include <stdio.h>
main()
{
    char c1,c2;
    scanf("%c,%c",&c1,&c2);
    ++c1;
```

```
    --c2;
    printf("c1=%c,c2=%c\n",c1,c2);
}
```

7. 求以下程序的执行结果。

```
#include <stdio.h>
main()
{
    char ch='a';
    int a=100;
    unsigned b=1000;
    long c=123456789;
    float x=3.14;
    double y=1.2345678;
    printf("(1)a=%d,a=%c,ch=%d,ch=%c\n",a,a,ch,ch);
    printf("(2)b=%u\n",b);
    printf("(3)c=%ld\n",c);
    printf("(4)x=%f,y=%f\n",x,y);
    printf("(5)x=%e,y=%e\n",x,y);
    printf("(6)y=%-10.2f\n",y);
}
```

8. 求以下程序的执行结果。

```
#include<stdio.h>
main()
{
    int a,b;
    float x;
    scanf("%d,%d",&a,&b);
    x=a/b;
    printf("\nx=%f\n",x);
}
```

9. 当输入 12345，a 时，给出程序的运行结果。

```
#include<stdio.h>
main()
{
    int a;
    char c;
    scanf("%3d,%c",&a,&c);
    printf("\n%d,%d\n",a,c);
}
```

三、编写程序

1. 从键盘上输入两个实型数，求两数的和、差、积、商，结果保留两位小数。
2. 输入长方体的长宽高，求长方体的体积、表面积、对角线长。
3. 编写程序，将输入的英里转换为公里。

第 4 章

选择结构程序设计

本章要点

- 条件表达式
- if else 语句
- Switch 语句
- 选择结构程序设计

本章主要内容

顺序结构的程序自上而下执行，程序中的每一个语句都被执行一行，而且只能执行一次。但是有些情况下要根据判断的结果选择不同的处理方法，怎样用计算机来解决这样的问题呢？C 语言提供了可以进行逻辑判断的选择结构语句，也叫分支结构，就是让程序“拐弯”，有选择性地执行代码。选择结构用于判断给定的条件，根据判断的结果来控制程序的流程。

4.1 关系运算与逻辑运算

↑扫码看视频

所谓“关系运算”实际上就是“比较运算”，即将两个数据进行比较，判定两个数据是否符合给定的关系，其运算结果是一个逻辑值。在C语言中没有专门的逻辑值，而是用非0来表示真，用0来表示假。因此，对于任意一个表达式，如果值为0时，就代表为一个假值；只要值是非0，那么，无论是正是负，这个值都代表一个真值。

4.1.1 关系运算符和表达式

在程序中经常需要比较两个量的大小关系，以决定程序下一步的工作。比较两个量的运算符称为关系运算符。

1. 关系运算符

关系运算符均为二目运算符，共有以下6种

>(大于)　<(小于)　>=(大于或等于)　<=(小于或等于)　= =(等于)　!=(不等于)

注意：由两个字符组成的运算符之间不可以加空格。另外，在C语言中，等于运算是双等于号“==”，而不是单等于号“=”，单等于号是赋值运算符。

2. 关系运算符的优先级

在关系运算符中，前4个优先级相同，后2个相同，且前4个高于后2个，结合方向均为自左至右。

关系运算符的优先级低于算术运算符，但高于赋值运算符。

3. 关系表达式

关系表达式是指用关系运算符将1个或多个表达式连接起来进行关系运算的式子。例如，下面的关系表达式都是合法的。

```
a+b>c+d;
(a-3)<=(b+5);
'a'>='b';
(a>b)==(c>d);
```

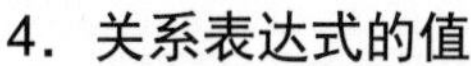

4．关系表达式的值

关系表达式的值是一个逻辑值，用“真”或“假”表示。例如：假设 a=3，b=4，c=5，则 a>b 为假，值为 0。计算(a>b)!=c 的值，a>b 为假，c 的值是 5 为真，则 a>b 为假，不等于真，所以这个表达式的条件成立，值为真。

4.1.2　逻辑运算符和表达式

在数学上，关系式 0<x<1 表示 x 的值应在大于 0 小于 1 的范围内，用计算机语言来说，x 的值满足既大于 0 又小于 1 的条件时，应当得到真值，否则得到假值。但是在 C 语言中不能用 0<x<1 这样的关系表达式来表示，所以需要用逻辑运算来实现。

1．逻辑运算符

C 语言提供 3 种逻辑运算符。

- &&：逻辑与。
- ‖：逻辑或。
- !：逻辑非。

其中&&和‖是双目运算符，结合方向为自右向左，！是单目运算符，仅对右边的操作数进行运算。

2．逻辑运算符的优先级

(1)　在逻辑运算符中，逻辑非(！)的优先级最高，逻辑与(&&)次之，逻辑或(‖)最低。

(2)　与其他种类运算符的优先关系如下。

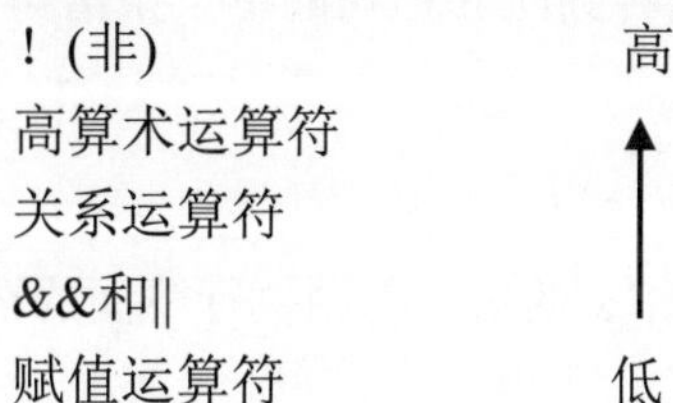

3．逻辑表达式

逻辑表达式是指用逻辑运算符将 1 个或多个表达式连接起来，进行逻辑运算的式子。

在 C 语言中，可以用逻辑表达式表示多个条件的组合。例如，下面的逻辑表达式都是合法的。

```
(a+b)&&(c<=0)
a>b && c>d
!b==c||d<a
a+b>c&&x+y<b
```

4．逻辑表达式的值

逻辑表达式的值也是一个逻辑值，用“真”或“假”表示。

例如：

```
5>0 && 4>2
```

由于 5>0 为真，4>2 也为真，相与的结果也为真。

4.2 if 语句

↑扫码看视频

if 语句是条件选择语句，它通过给定的条件来进行判断，从而决定要执行的操作。if 语句可以分为单分支 if 语句、双分支 if 语句、多分支 if 语句三种形式。

4.2.1 单分支 if 语句

格式：

```
if(表达式)〈语句〉;
```

功能：首先计算表达式的值。若表达式的值为“真”(非 0)，则执行语句；若表达式的值为“假”(为 0)，则直接转到此 if 语句的下一条语句去执行。其流程图如图 4.1(a)所示。

例如：

```
if(x>y)printf("%d", x);
```

如果 x>y 为真，则打印 x 的值，否则执行下面的语句。

4.2.2 双分支 if 语句

格式：

```
if(表达式) 〈语句 1〉;
else 〈语句 2〉;
```

功能：首先判断表达式的值，若表达式的值为“真”(非 0)，则执行语句 1；否则，执行语句 2。其流程图如图 4.1(b)所示。

例如：

```
if(x>y)printf("%d", x);
else  printf("%d", y);
```

如果如果 x>y 为真，则打印 x 的值，否则 x>y 为假，执行 else 语句，打印 y 值。

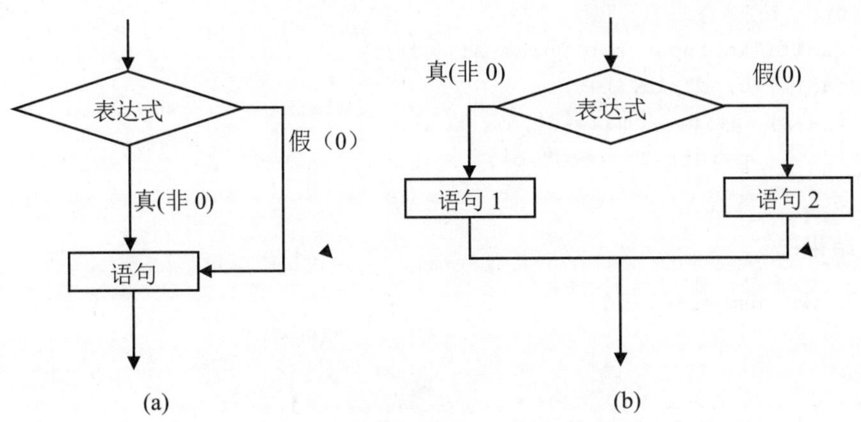

图 4.1　单分支与双分支 if 语句流程图

【例 4-1】从键盘输入一个整数，判断它是偶数还是奇数，并输出结果。

分析：一个数如果能被 2 整除，则是偶数，否则是奇数。我们用对 2 取余的方法来验证这个是否为偶数：若 n%2 余数为 0，说明 n 是一个偶数；或 n%2 余数不为 0，则 n 是一个奇数。

程序代码：

```
#include  "stdio.h"
main()
{
   int n;
   printf("input a number:");                /*提示输入一个数 */
   scanf("%d",&n);
   if (n%2==0)                               /*若 n%2 余数=0，则说明数 n 是一个偶数 */
      printf("The number is even!\n"); /*打印数 n 是一个偶数  */
   else
      printf("The number is odd!\n");  /*否则，打印数 n 是一个奇数 */
}
```

运行结果：

```
input a number:
4↙
The number is even!
```

【例 4-2】从键盘输入两个整数，判断其中的大数，并输出结果。

分析：将键盘输入的两个数，赋值给 a 和 b，判断 a>b 的值为真还是假：如果为真，则输出数 a；如果为假，则输出数 b。

程序代码：

```
#include  "stdio.h"
main()
```

```
{
    int a,b;
    printf("\n input two numbers:  ");
    scanf("%d,%d",&a,&b);
    if(a>b) printf("max=%d",a);
    else    printf("max=%d",b);
}
```

运行结果：

```
input two numbers:
2,8↙
max=8
```

4.2.3 多分支 if 语句

if 和 else 后的语句可以是任意合法的 C 语句，也可以是 if 语句，它也称为嵌套的 if 语句。嵌套的 if 语句可以嵌套在 if 子句中，也可以嵌套在 else 子句中。

1. 在 if 子句中嵌套 if 语句

格式：

```
if(表达式 1)
{ if(表达式 2) 〈语句 1〉;}
else   〈语句 2〉;
```

功能：从“表达式 1”的值开始进行判断，如果为真，则执行“表达式 2”，如果“表达式 2”的值为真，则执行“语句 1”，如果“表达式 2”的值为假，则跳出 if 语句，什么都不执行；如果“表达式 1”的值为假，则执行“语句 2”。流程图如图 4.2 所示。

注意：在 if 子句中的一对花括号不可缺少，因为 C 语言中规定，else 子句总是与前面最近的 if 相结合，与书写格式无关。因此，如果缺少花括号，上面语句则等价于：

```
if(表达式 1)
    if(表达式 2) 〈语句 1〉;
else            〈语句 2〉;
```

【例 4-3】有一个函数：

$$y=\begin{cases} x & (0\leqslant x\leqslant 10) \\ x+10 & (x>10) \\ x-10 & (x<0) \end{cases}$$

编写程序，输入一个 x 值，计算出 y 值。

分析：输入一个 x 值，首先赋值给 y，然后判断 x 的值，如果 x 的值大于等于 0，则判断它是否大于等于 10，如果大于等于 10，则执行 y=x+10 语句，否则不进行操作；如果它小于 0，则执行 y=x-10 语句，最后打印 y 值。

程序代码：

```
#include  "stdio.h"
main()
{
    int x,y;
    printf("\n Please input x:   ");
    scanf("%d",&x);
    y=x;
if(x>=0)
 {if(x>=10)  y=x+10;}
else   y=x-10;
printf("y=%d",y);
}
```

运行结果：

```
Please input x:
15↙
y=25
```

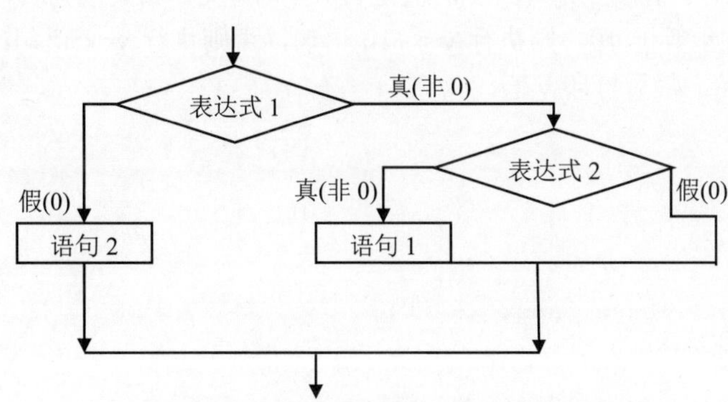

图 4.2　在 if 子句中嵌套 if 语句流程图

2. 在 if 子句中嵌套 if else 语句

格式：

```
if(表达式 1)
if(表达式 2) 〈语句 1〉;
else         〈语句 2〉;
else   〈语句 3〉;
```

功能：从“表达式 1”的值开始进行判断，如果为真，则执行“表达式 2”，如果“表达式 2”的值为真，则执行“语句 1”，如果“表达式 2”的值为假，则执行“语句 2”；如果“表达式 1”的值为假，则执行“语句 3”。流程图如图 4.3 所示。

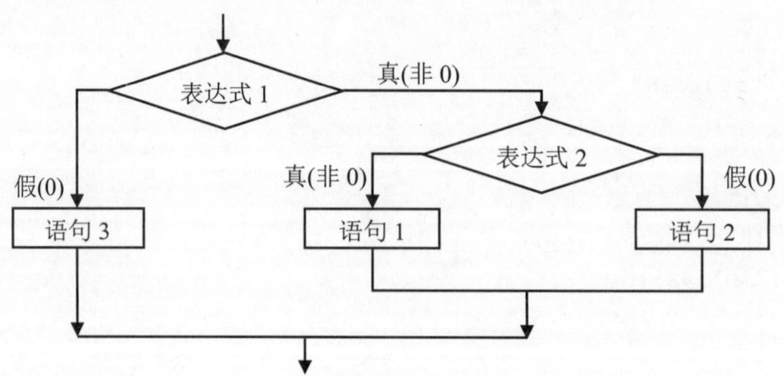

图 4.3　在 if 子句中嵌套 if else 语句流程图

【**例 4-4**】有一个函数：

$$y=\begin{cases} x & (0\leqslant x\leqslant 10) \\ x+10 & (x>10) \\ x-10 & (x<0) \end{cases}$$

编写程序，输入一个 x 值，计算出 y 值。

分析：输入一个 x 值，首先判断 x 的值是否大于等于 0，如果值为真，则判断它是否大于等于 10，如果大于等于 10，则执行 y=x+10 语句，否则执行 y=x 语句；如果它小于 0，则执行 y=x−10 语句，最后打印 y 值。

程序代码：

```
#include  "stdio.h"
main()
{
    int x,y;
    printf("\n Please input x:   ");
    scanf("%d",&x);
    if(x>=0)
        if(x>=10)  y=x+10;
        else y=x;
    else   y=x-10;
    printf("y=%d",y);
}
```

运行结果：

```
Please input x:
5↙
y=5
```

3. 在 else 子句中嵌套 if else 语句

格式：

```
if(表达式 1)           〈语句 1〉;
else   if(表达式 2)  〈语句 2〉;
     else             〈语句 3〉;
```

功能：从“表达式 1”的值开始进行判断，如果为真，则执行“语句 1”，否则执行 else 语句，判断“表达式 2”的值是否为真，如果为真，则执行“语句 2”；如果为假，则执行

“语句 3”。流程图如图 4.4 所示。

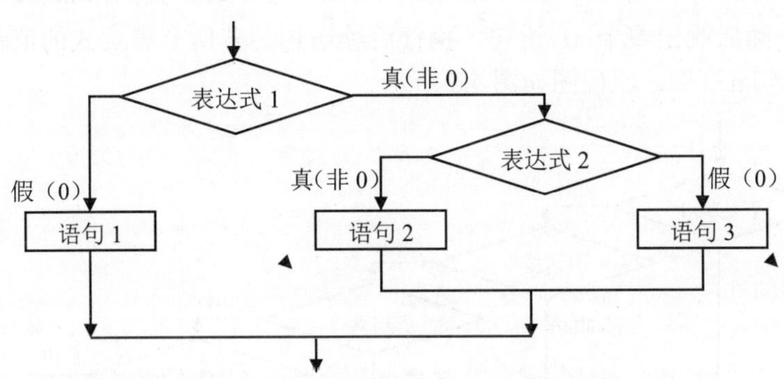

图 4.4　在 else 子句中嵌套 if else 语句流程图

【例 4-5】有一个函数：

$$y=\begin{cases} x & (0\leqslant x\leqslant 10) \\ x+10 & (x>10) \\ x-10 & (x<0) \end{cases}$$

编写程序，输入一个 x 值，计算出 y 值。

分析：输入一个 x 值，首先判断 x 的值是否小于 0，如果值为真，则判断它是否大于等于 10，如果大于等于 10，则执行 y=x+10 语句，否则执行 y=x 语句；如果它小于 0，则执行 y=x−10 语句，最后打印 y 值。

程序代码：

```
#include  "stdio.h"
main()
{
   int x,y;
   printf("\n Please input x:   ");
   scanf("%d",&x);
   if(x<0)y=x-10;
   else  if(x>=10)  y=x+10;
          else y=x;
   printf("y=%d",y);
}
```

运行结果：

```
Please input x:
-5↙
y=-15
```

4．多重嵌套

格式：

```
if(表达式 1) 〈语句 1〉；
else  if(表达式 2)〈语句 2〉；
   …
      else   if(表达式 n)〈语句 n〉；
        else 〈语句 n+1〉；
```

功能：从“表达式 1”的值开始进行判断，当出现某个表达式的值为真时，则执行其对应分支的语句，然后跳出整个 if 语句，执行后续语句。若所有表达式的值都为“假”(为 0)，则执行“语句 n+1”，流程图如图 4.5 所示。

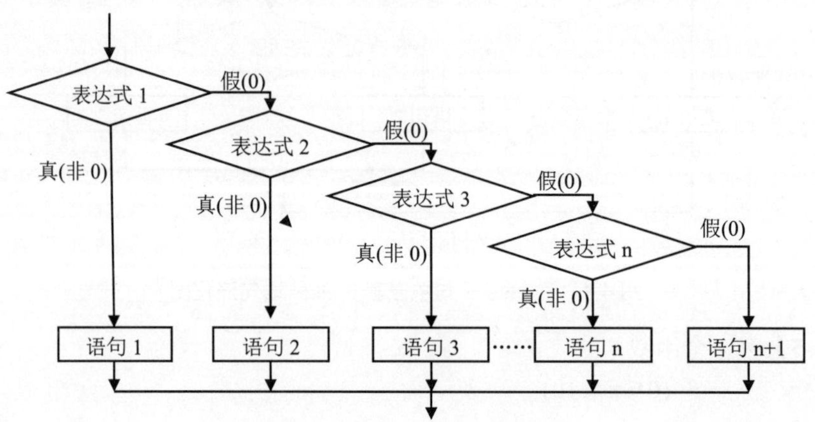

图 4.5　多重嵌套 if 语句流程图

【例 4-6】将学生的成绩划分为 4 个等级，其中 90～100 分为 A 级，75～89 分为 B 级，60～74 分为 C 级，60 分以下为 D 级。编写程序，将输入的学生分数转换为等级。

分析：输入一个 n 值，判断 n>89 是否为真，如果为真，则执行 printf("grade=A")语句，如果为假，则判断 n>74 是否为真，如果为真，则执行 printf("grade=B")语句，如果为假，则判断 n>59 是否为真，如果为真，则执行 printf("grade=C")语句，如果为假，则执行 printf("grade=D")语句。

程序代码：

```
#include <stdio.h>
main()
{
   int n;                                          /*定义变量 n，用来存放学生成绩*/
   printf("\n please input  grade :");            /*提示输入成绩*/
   scanf("%d",&n);                                 /*输入成绩*/
        if(n>89) printf("grade=A");                /*大于 89 分，等级为 A*/
        else if (n>74) printf("grade=B");          /*大于 74 分，等级为 B*/
              else if (n>59) printf("grade=C");    /*大于 59 分，等级为 C*/
                    else  printf("grade=D");       /*小于 60 分，等级为 D*/
}
```

运行结果：

```
please input  grade:
75↙
grade=B
```

5. 多重嵌套的其他形式

if 语句的嵌套，除了以上几种形式之外，还可以根据实际需要进行互相嵌套，比如以下

形式：

```
if(表达式 1)
   if(表达式 2)      〈语句 1〉；
   else              〈语句 2〉；
else
   if(表达式 3)      〈语句 3〉；
   else              〈语句 4〉；
```

说明：C 语言的书写格式比较自由，但是过于自由的程序书写格式，往往使人很难读懂，因此，在编写分支语句程序的时候，一定要注意以下几点。

(1) 多分支语句中，出现多个 if 和 else 语句，其中 else 不能单独使用，它总是与离它最近的、尚未与其他 if 配对的 if 语句配对。

(2) if 与 else 的个数最好相同，从内层到外层一一对应，以免出错。

(3) if 与 else 后面可以只含有一个语句，也可以含有复合语句，复合语句要用花括号{}括起来。

(4) 如果 if 与 else 的个数不同，可以用花括号来确定配对关系。

4.3 条件运算符

条件运算符(? :)是 C 语言中的唯一的一个三目运算符。它可以通过简单的运算符实现双分支 if 语句的功能。

↑扫码看视频

1. 条件运算符的格式

格式：

变量=〈表达式 1〉?〈表达式 2〉:〈表达式 3〉；

功能：判断“表达式 1”值的真假，当“表达式 1”的值为真时，将“表达式 2”的值赋给变量；当“表达式 1”的值为假时，将“表达式 3”的值赋给变量。

因此无论“表达式 1”为真还是为假，都将执行一个赋值语句并给变量赋值。可以看出，用条件运算符“? :”的功能，可以实现 if 语句的第 2 种格式。

说明：(1) 条件运算符是三目运算符。

(2) 条件运算符的优先级高于赋值运算符，但低于关系运算符和算术运算符。

(3) 结合方向为自右向左。

(4) 式中的“表达式 1”“表达式 2”“表达式 3”都可以嵌套使用。

2．条件运算符的使用

【例 4-7】求 x=d>a?d:b<c?b:c 的值。输入 a=2，b=3，c=4，d=1。

分析：本题中有两个条件运算符，由于条件表达式结合性为自右向左，因此应该先计算右边的表达式：b<c?b:c。因为 b<c 的值为真，因此表达式的值取 b 的值，为 3。接着计算 x=d>a?d:3，由于 d> a 的结果为假，因此取 3 给 x 赋值，最后 x 的值为 3。

【例 4-8】输入三个数，求其中的最大值。

分析：输入三个数，并定义一个中间变量 x，将 a 和 b 中的最大值赋给 x，将 x 和 c 比较，两者中的最大值即为三个值中的最大值。

程序代码：

```
#include <stdio.h>
main()
{
int  a,b,c,x,max;
    printf( "please input a b c :  " ) ;
    scanf("%d,%d,%d",&a,&b,&c);                /*输入 a,b,c 的值*/
    x=a>b?a:b;                                 /* 将 a 和 b 中的最大值赋值给变量 x*/
    max=x>c?x:c;                               /*将 x 和 c 中的最大值赋值给 max*/
printf("max=%d",max);
}
```

运行结果：

```
please input  a b c:
28,34,65↙
max=65
```

4.4 switch 语句

if 语句一般适用于两个分支，即在两个分支中选择其中一个执行。尽管可以通过 if 语句的嵌套形式来实现多个分支选择的目的，但嵌套层次太多的 if 语句会大大降低程序的可读性。而 C 语言中的 switch 语句可以更方便地进行多分支选择的功能。

↑扫码看视频

switch 语句格式如下：

```
switch(表达式)
{
    case 〈常量表达式 1〉:〈语句 1〉; [break;]
    case 〈常量表达式 2〉:〈语句 2〉; [break;]
    …
    case 〈常量表达式 n〉:〈语句 n〉; [break;]
```

```
    default:〈语句 n+1〉;
}
```

功能：首先计算 switch 后面“表达式”的值，若此值等于某个 case 后面的常量表达式的值，则执行该 case 后面的语句；若“表达式”的值不等于任何 case 后面的常量表达式的值，则执行 default 后面的语句；如果没有 default 部分，则将不执行 switch 语句中的任何语句，直接转到 switch 语句后面的语句去执行。其流程图如图 4.6 所示。

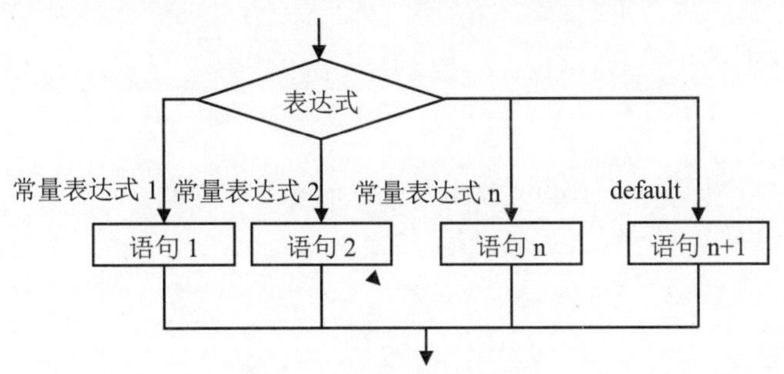

图 4.6　switch 语句流程图

【例 4-9】将学生的成绩划分为 5 个等级，其中 90～100 分为 A 级，80～89 分为 B 级，70～79 分为 C 级，60～69 分为 D 级，60 分以下为 E 级。用 switch 语句编写程序，将输入的学生分数转换为等级。

分析：输入一个数值，将这个数除以 10，得到一个整数，比如输入 85，85/10 得到 8，8 依次与 case 后的常量进行比较，碰到相同的常量 8，则执行该 case 后面的语句，执行完通过 break 跳出 switch 语句。

程序代码：

```
#include <stdio.h>
main()
{
    int n;
    printf("\n please input  grade :");
    scanf("%d",&n);
    switch(n/10)
    {
      case  10:
      case  9:   printf("grade=A");break;
      case  8:   printf("grade=B");break;
      case  7:   printf("grade=C");break;
      case  6:   printf("grade=D");break;
      default : printf("grade=E");break;
    }
}
```

运行结果：

```
please input  grade:
85↙
grade=B
```

【例 4-10】输入某年某月，计算出该月的天数。

分析：一年之中，1、3、5、7、8、10、12 月是 31 天，4、6、9、11 月是 30 天，如果是闰年，2 月为 29 天，平年 2 月则为 28 天。判断闰年的条件是：该年能被 4 整除、不能被 100 整除，但是可以被 400 整除，写成条件表达式为：(y%4==0 && y%100!=0)|| y%400==0，该式为真，则该年为闰年，该式为假，则该年为平年。

程序代码：

```
#include <stdio.h>
main()
{
    int y,m,d;
    printf("\n please input year and month :");
    scanf("%d,%d",&y,&m);
    switch(m)
    {
        case  1:
        case  3:
        case  5:
        case  7:
        case  8:
        case  10:
        case  12:d=31;break;    /*当m=1,3,5,7,8,10,12 时执行本语句*/
        case  4:
        case  6:
        case  9:
        case  11:d=30;break;   /*当m =4,6,9,11 时执行本语句：*/
        case  2: if((y%4==0&& y%100!=0)||(y%400==0)){d=29; break;}
                else  {d=28;break;}           /*闰年 2 月 29 天，平年 2 月 28 天*/
        default : printf("input error !");    /* 当输入 m 值非 1~12，提示出错*/
    }
    printf("\n%d year %d month days =%d\n", y,m ,d);
}
```

运行结果：

```
please input year and month :
2008，2↙
2008  year  2  month  days =29
```

4.5 程序设计举例

↑扫码看视频

选择结构的程序设计可以解决实际应用中的分支问题，if 语句、switch 语句和条件运算符(? ：)各有其适用范围，在应用中要根据实际情况来选择适当语句或运算符。本节将通过几个例子来演示说明。

【例 4-11】小明想要发快件。中通快递 1kg 以内运费 12 元，每加 1kg 运费加 5 元；韵达快递 1kg 以内运费 10 元，每加 1kg 运费加 8 元。编写程序，计算出小明发送不同重量的快件时，用哪个公司更合算。

分析：中通快递的资费为 12+(a−1)*5，韵达快递的资费为 10+(a−1)*8，通过判断给定重量的运费，判断哪个价钱低，即用哪个快递。

程序代码：

```
#include <stdio.h>
main()
{
    int a,x,y;
    printf("\nplease input weight: ");
    scanf("%d",&a);                          /*输入重量*/
    x=12+(a-1)*5;                            /*计算中通快递费用*/
    y=10+(a-1)*8;                            /*计算韵达快递费用*/
    printf ("zhongtong: %d\n",x);
    printf ("yunda: %d\n",y);
    if (x<y)                                  /*进行条件判断 */
        printf("%d kg please use zhongtong\n",a);
    else printf("%d kg please use \n",a);
}
```

运行结果：

```
please input weight:
3↙
zhongtong:22
yunda:26
3kg please use zhongtong
```

【例 4-12】某地不同型号的出租车 3 公里的起步价和计费各有不同：A 车 7 元/公里，3 公里以外 2.1 元/公里；B 车 8 元/公里，3 公里以外 2.4 元/公里；C 车 9 元/公里，3 公里以外 2.7 元/公里。编写程序，根据车型及行车公里数，输出应付车资。

分析：可设三个变量，分别表示出租车的车型、行车公里数和应付车资，根据乘车的车型和行车公里数，计算出应付的车资。

程序代码：

```
#include <stdio.h>
main( )
{
    int  mark;                  /*定义车型变量 mark*/
    float  kilo,money;          /*定义行车公里数变量 kilo、应付车资变量 money*/
    printf("\nthree kind taxi you can choose\n");
    printf("\t1-A\n \t2-B\n \t3-C\n");
    printf("\nplease choose taxi(1-3):  ");
    scanf("%d",&mark);
```

```
    printf("\nplease input the kilometres: ");
    scanf("%f",&kilo);
    switch(mark)
    {
        case  1: if(kilo <=3) money =7.0;
                 else  money =7+(kilo-3)*2.1 ;break;
        case  2:  if(kilo <=3) money =8.0;
                 else  money =8+( kilo -3)*2.4 ;break;
        case  3:  if(kilo <=3) money =9.0;
                 else  money =9+( kilo-3)*2.7 ; break;
    }
    printf("\nplease pay:  %.1f\n",money);
}
```

运行结果：

```
three kind taxi you can choose
1-A
2-B
3-C
please choose taxi(1-3):
3↙
please input the kilometres:
5↙
please pay:  14.4
```

【例 4-13】 某校按学分收取听课费：本校本科生不收费；本校专科生 12 学分以下收 200 元，每增加一学分加收 20 元；外校学生选课 12 学分以下收 600 元，每增加一学分收 60 元，编程计算课学生应付的听课费。

分析：本校本科生 cost=0；

本校专科生 n<=12，cost=200；n>12，cost=200+(n−12)*20

外校学生　 n<=12，cost=600；n>12，cost=600+(n−12)*60

程序代码：

```
#include <stdio.h>
main()
{
    int n,cost,p;              /*定义学分变量n，听课费变量cost，学生类别变量p*/
    printf("\n1-undergraduate \n2-junior college \n3-other student");
    printf("\nplease input the kind of student(1~3):");
    scanf("%d",&p);
    printf("\nplease input credit:");
    scanf("%d",&n);
    if(p==1)cost=0;
    else  if(p==2)
            if(n<=12) cost=200;
```

```
            else cost=200+(n-12)*20;
        else
            if(n<=12)cost=600;
            else cost=600+(n-12)*60;
    printf("\nthe cost is :%d",cost);
}
```

运行结果：

```
1-undergraduate
2-junior college
3-other student
please input the kind of student(1～3):
3↙
please input credit:
15↙
the cost is :780
```

4.6　思考与练习

本章主要介绍了选择结构程序设计中用到的 if 语句、条件运算符(？：)和 switch 语句，只有熟练地使用它们才能更好地进行 C 语言的编程。

一、简答

1. 关系表达式和逻辑表达式的值“真”与“假”在 C 语言中怎么表示？
2. 按优先级写出 C 语言中的关系运算符和逻辑运算符。
3. 条件语句中 if 与 else 的配对关系是如何来确定的？
4. 简述 switch()语句的执行过程。
5. 已知 a = 1，b = 3，c = 2，求以下表达式的值:

(1) a＋b＞c＆＆b＝＝(a＋c)

(2) (a＞c)&&b || 1*3

(3) !(a＋b)*c－1&&b＋c/2

二、上机练习

1. 求以下程序的执行结果。

```
#include  <stdio.h>
main()
{
    int a=7, b=9, c=4, d=2, e=5;
    int min;
    min=(a<b)? a:b;
    min=(min<c)? min:c;
```

```
    min=(min<d)? min:d;
    min=(min<e)? min:e;
    printf("Min is%d\n", min);
}
```

2. 若输入 5，7，下列程序运行的运行结果是什么？若输入 7，5，下列程序运行的运行结果是什么？

```
#include<stdio.h>
main()
{
    int  a,b,c;
    printf("please input a, b: ");
    scanf("%d,%d",&a,&b);
    if(a>=b)
    {
        c=a*b;
        printf("%d*%d=%d\n",a,b,c);
    }
    else
    {
        c=a*a+b*b;
        printf("%d/%d=%d\n",a,b,c);
    }
}
```

3. 求以下程序的执行结果。

```
#include <stdio.h>
main()
{
    int  x=1,y=0,s=0,t=0;
    switch(x)
    {
        case 1:
            switch(y)
            {
                case 0:s++;  break;
                case 1: t++;  break;
            }
        case 2:  s++; t++;  break;
    }
    printf("s=%d,t=%d\n",s,t);
}
```

4. 当输入-1,-2 时，求以下程序的执行结果。

```
#include<stdio.h>
main()
```

```
{
    int  x,y,s,t;
    scanf("%d,%d",&x,&y);
    s=1;t=1;
    if(x>0) s=s+1;
    if(x<y) t=2*s;
    else  if(x==y)t=5;
    else  t=s+t;
    printf("s=%d,t=%d\n",s,t);
}
```

5. 当输入 23456 时，求以下程序的执行结果。

```
#include<stdio.h>
main()
{
    int  a;
    while((a=getchar())!='\n')
    {
        switch(a-'2')
        {
            case 0:
            case 1:putchar(a+4);
            case 2:putchar(a+4);break;
            case 3:putchar(a+3);
            default: putchar(a+2);break;
        }
    }
printf("\n");
}
```

三、编写程序

1. 编写程序，判断从键盘上输入的年份 year 是闰年还是平年。
2. 键盘输入两个加数，再输入答案，如果正确，显示 right，否则显示 error。
3. 用条件运算符(? ：)编程，从键盘输入三个整数，求其中的最小值。
4. 编写程序，将输入的三个数按由小到大进行排序输出。
5. 有一个函数:

$$y=\begin{cases}3x+1 & (x>0)\\ x & (x=0)\\ 3x-1 & (x<0)\end{cases}$$

编写程序，输入一个 x 值，求 y 值。

6. 从键盘上输入 1～7，显示出对应星期的英文名称。
7. 从键盘输入 1～12，显示出对应月份的英文名称。
8. 用分支语句，求方程 $ax^2 + bx + c = 0$ 的根。

第 5 章

循环结构程序设计

本章要点

- While 语句
- Do while 语句
- For 语句
- Continue、break、goto 语句
- 循环结构程序设计

本章主要内容

在程序设计中，有些重复执行的操作要采用循环结构来完成。循环结构是程序中一种很重要的结构。其特点是，在给定条件成立时，反复执行某程序段，直到条件不成立为止。给定的条件称为循环条件，反复执行的程序段称为循环体。C 语言提供了多种循环语句，可以组成各种形式的循环结构。

5.1 while 语句

while 语句是 C 语言中循环语句的一种，它的作用是先判断 while 后的表达式是否成立，如果成立则循环执行循环体内的语句。

↑扫码看视频

while 语句格式如下：

```
while(表达式)
{
〈语句〉 }
```

功能：当“表达式”的值为真(非 0)时，循环执行 while 循环体中的“语句”，直到“表达式”的值为假时，跳出循环体。执行流程图如图 5.1 所示。

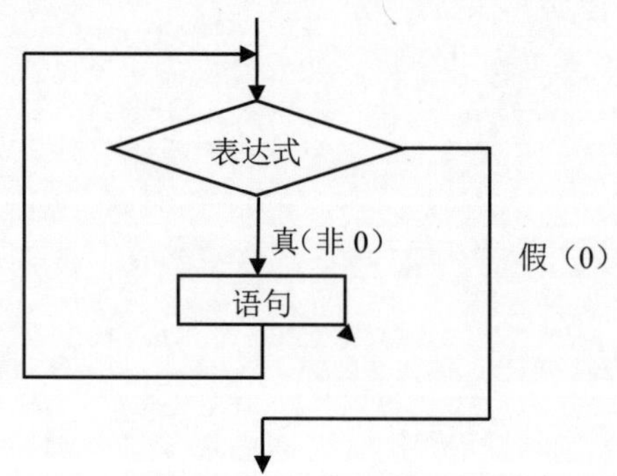

图 5.1　while 语句流程图

【例 5-1】编写程序，求 s=1+2+3+⋯+100 的值。

分析：这是一个等差数列求和的问题，步长为 1，因此变量的增加可以用 i=i+1 来表示；起始值为 1，用 i=1 表示；终止值是 100，用 i<=100 表示。

程序代码：

```
#include <stdio.h>
main()
{
    int i=1,s=0;              /*为变量赋初值*/
    while(i<=100)             /*先进行循环条件判断，值为“真”则执行循环语句体*/
    {
```

```
        s=s+i;                  /*将求和的结果赋给变量 s*/
        i=i+1;                  /*i 为步长，每次都+1，i 的值为从 1 到 100 进行循环*/
    }
    printf("s=%d",s);           /*当 i 的值=101 时，条件为假，结束循环，打印结果*/
}
```

运行结果：

```
s=5050
```

说明：(1) 循环体如果有两条或两条语句，必须用花括号括起来，形成复合语句，否则循环语句只会执行到 while 后的第一个分号结束。

(2) 循环语句中必须有使循环趋于结束的语句，即使 while 后的表达式为假的语句，否则会使循环语句陷入死循环。

(3) while 语句，又称为“当”型循环语句，其特点是先判断表达式的值，然后再执行循环体，如果表达式的值开始就为假，那么循环语句不会执行。

【例 5-2】 用公式 $\frac{\pi}{4}=1-\frac{1}{3}+\frac{1}{5}-\frac{1}{7}+\frac{1}{9}\text{L L}$ 求 π 近似值，直到最后一项的绝对值小于 10^{-6} 为止。

分析：循环语句的初始值为 1，结束值为 10^{-6}，数列的每一项为前一项的 $-\frac{1}{n+2}$。

程序代码：

```
#include <math.h>
#include <stdio.h>
main()
{
    int s;
    float n,t,pi;
    t=1;pi=0;n=1;s=1;
    while(fabs(t)>1e-6)
    {
        pi=pi+t;
        n=n+2;
        s=-s;
        t=s/n;
    }
    pi=pi*4;
    printf("pi=%10.6f\n",pi);
}
```

运行结果：

```
pi=3.141594
```

5.2 do while 语句

do while 语句是执行一次循环体内的语句，然后再判断 while 后的表达式是否为真，如果为真，则循环执行循环体内的语句。

↑扫码看视频

do while 语句格式如下：

```
do
{
  〈语句〉
}
while(表达式);
```

功能：先执行“语句”，然后判断“表达式”的值。如果“表达式”的值为真，则循环执行“语句”，直到“表达式”为假，跳出循环。结构流程图如图 5.2 所示。

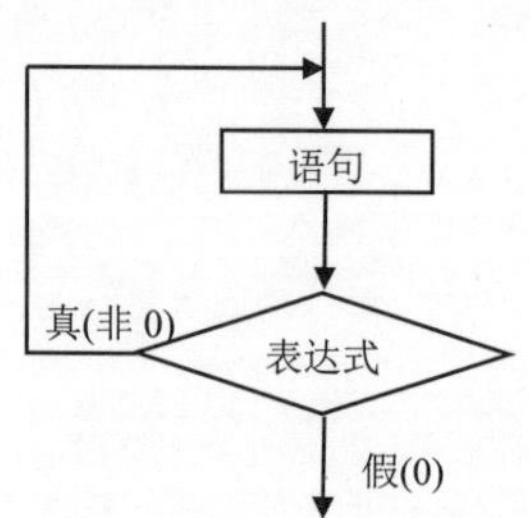

图 5.2 do while 语句流程图

说明：(1) 循环体“语句”如果有两条或两条语句，必须用花括号括起来，形成复合语句。

(2) do while 语句，又称为“直到”型循环语句，其特点是先执行一次“语句”，然后再判断“表达式”的值是否为真，它比 while 语句要多执行一次。

【例 5-3】 用 do while 语句编写程序，求 s=1+2+3+…+100 的值。

分析：首先给循环变量 i 赋初值为 1，和变量 s 赋初值为 0，执行 do 后的语句，先进行第一次循环，然后根据 while 后的条件 i<=100 来判断是否进行下一次循环。

程序代码：

```
#include <stdio.h>
main()
{
    int i=1,s=0;
```

```
    do
    {    s=s+i;                /* 先进行求和计算*/
         i++;                  /*使循环变量依次加 1*/
    }
    while(i<=100);             /*进行循环判断，若结果为"真"则继续循环*/
    printf("s=%d",s);
}
```

运行结果：

```
s=5050
```

5.3 for 语句

for 语句是 C 语言中最常用的一种循环语句，它不仅能在循环次数已知的情况下使用，还能在循环次数不确定而只给出循环结束条件的情况下使用，十分灵活方便。

↑扫码看视频

for 语句格式如下：

```
for(表达式 1;表达式 2;表达式 3)
〈语句〉;
```

功能：“表达式 1”为循环变量的初始值，“表达式 2”为判断是否能进行循环的条件，“表达式 3”为循环变量的增加。程序运行时，先用“表达式 1”给循环变量赋初值，然后根据“表达式 2”值的真假来判断是否可以循环，如果“表达式 2”为真，那么执行“表达式 3”，进行循环。如果“表达式 2”为假，则跳出循环。结构流程图如图 5.3 所示。

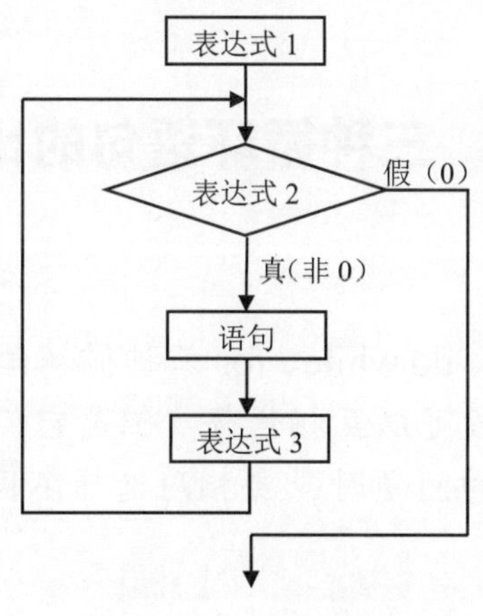

图 5.3 for 语句流程图

【例 5-4】用 for 语句编写程序，求 s=1+2+3+…+100 的值。

分析：“表达式 1”是 i=1，给循环变量赋初值；“表达式 2”是 i<=100，确定循环语句的结束状态；“表达式 3”是 i++，循环变量每次循环增加 1。

程序代码：

```
#include <stdio.h>
main()
{
    int i,s=0;                  /*定义变量并赋初值*/
    for(i=1;i<=100;i++)         /*先执行 i=1,后判断循环条件 i<=100 为真*/
        s=s+i;                  /*循环体求和累加*/
    printf("s=%d",s);           /*循环结束打印结果*/
}
```

运行结果：

```
s=5050
```

【例 5-5】用 for 语句编写程序，求 s=1+2+4+8+…+64 的值。

分析：循环变量 n 每次循环变为之前的 2 倍，直到 n=64 为止。

程序代码：

```
#include <stdio.h>
main()
{
    int n,s=0;                          /*定义变量，并设 s 的初值为 0*/
    for(n=1;n<=64;n=n*2 )               /* for 语句*/
    {
        s=s+n;                          /*求和*/
    }
    printf("s=%d\n",s);
}
```

运行结果：

```
s=127
```

5.4　三种循环语句的比较

while、do while、for 三种循环语句都可以用来处理同一个问题，一般可以互相代替。但是它们都有各自的适用情况，在处理不同的问题时，要相应选择不同的循环语句。

↑扫码看视频

三种循环语句的区别如下。

(1) for 语句功能最强，编写的程序结构简洁、清晰，凡用 while 和 do while 循环能完成的运算，用 for 循环都能实现。

(2) 不知道确切的执行次数时，使用 do while 循环。

(3) 对于某些语句可能要反复执行多次，也可能一次都不执行的问题，使用 while 循环。

(4) 用 while 和 do while 循环时，循环变量初始化的操作应在 while 和 do while 语句之前完成。而 for 语句中的初始化可以放在 for 语句的前面，也可在“表达式 1”中实现。

(5) while 和 for 循环是先判断表达式的值，后执行循环体各语句；而 do while 循环是先执行循环体各语句，后判断表达式的值。

(6) 无论是哪种循环语句，循环体中都应包括使循环趋于结束的语句，避免出现死循环。

5.5 循环语句的嵌套

↑扫码看视频

一个循环体内又包含另一个完整的循环结构，称为多重循环，也叫做循环的嵌套。三种循环结构 while 循环、do while 循环和 for 循环可以互相嵌套。

循环可以互相嵌套。例如下面几种形式都是合法的。

(1)
```
while()
{…
while()
{…}
}
```

(2)
```
do
{…
do
{…}
while();
}
while();
```

(3)
```
for(;;)
{…
for(;;)
{…}
}
```

(4)
```
while()
{…
do
{…}
while
}
```

(5)
```
for(;;)
{…
while()
{…}
}
```

(6)
```
do
{…
for(;;)
{…}
}
while();
```

循环结构的层次没有限制，但是如果嵌套层次太多，会降低程序的执行效率和可读性。

【例 5-6】编写程序，打印九九乘法表。

分析：该程序可以用两重循环来实现，变量 i 控制九九乘法表的一个乘数，变量 j 控制九九乘法表的另一个乘数。

程序代码：

```
#include <stdio.h>
main()
{
   int i,j;                          /*定义 i 为外循环变量，j 为内循环变量*/
   for( i=1;i<=9;i++)                /*外循环变量 i 从 1 到 9 循环 9 次，每循环一次打印一行*/
    {
       for(j=1;j<=9;j++)             /*内循环变量 j 从 1 到 9 循环 9 次,每循环一次打印一个数*/
       printf("%d*%d=%-4d", i,j,i*j);  /*格式化输出将 i*j 的结果左对齐*/
       printf("\n");                 /*内循环每输出 9 个数后结束循环，并打印一个换行符*/
    }
}
```

运行结果如图 5.4 所示。

```
1*1=1   1*2=2   1*3=3   1*4=4   1*5=5   1*6=6   1*7=7   1*8=8   1*9=9
2*1=2   2*2=4   2*3=6   2*4=8   2*5=10  2*6=12  2*7=14  2*8=16  2*9=18
3*1=3   3*2=6   3*3=9   3*4=12  3*5=15  3*6=18  3*7=21  3*8=24  3*9=27
4*1=4   4*2=8   4*3=12  4*4=16  4*5=20  4*6=24  4*7=28  4*8=32  4*9=36
5*1=5   5*2=10  5*3=15  5*4=20  5*5=25  5*6=30  5*7=35  5*8=40  5*9=45
6*1=6   6*2=12  6*3=18  6*4=24  6*5=30  6*6=36  6*7=42  6*8=48  6*9=54
7*1=7   7*2=14  7*3=21  7*4=28  7*5=35  7*6=42  7*7=49  7*8=56  7*9=63
8*1=8   8*2=16  8*3=24  8*4=32  8*5=40  8*6=48  8*7=56  8*8=64  8*9=72
9*1=9   9*2=18  9*3=27  9*4=36  9*5=45  9*6=54  9*7=63  9*8=72  9*9=81
```

图 5.4　九九乘法表

如果希望将乘法表改为下三角式，将内循环的 j<=9 改为 j<=i 即可。
程序代码：

```
#include <stdio.h>
main()
{
    int i,j;
    for( i=1;i<=9;i++)
        {
            for(j=1;j<=i;j++)
            printf("%d*%d=%-4d", i,j,i*j);
            printf("\n");
        }
}
```

运行结果如图 5.5 所示。

```
1*1=1
2*1=2   2*2=4
3*1=3   3*2=6   3*3=9
4*1=4   4*2=8   4*3=12  4*4=16
5*1=5   5*2=10  5*3=15  5*4=20  5*5=25
6*1=6   6*2=12  6*3=18  6*4=24  6*5=30  6*6=36
7*1=7   7*2=14  7*3=21  7*4=28  7*5=35  7*6=42  7*7=49
8*1=8   8*2=16  8*3=24  8*4=32  8*5=40  8*6=48  8*7=56  8*8=64
9*1=9   9*2=18  9*3=27  9*4=36  9*5=45  9*6=54  9*7=63  9*8=72  9*9=81
```

图 5.5　下三角式的九九乘法表

5.6　循环结构中的其他语句

↑扫码看视频

循环语句在运行的过程中，必须有一些语句可以使流程跳出循环体或中断循环。C 语言中的 break 语句和 continue 语句就可以实现这样的功能。另外，goto 语句也可以实现无条件转向，形成循环。

5.6.1　break 语句

格式：

```
break;
```

功能：中断语句的执行，无条件退出当前所执行的循环语句。

说明：(1)　break 语句可以用于 switch 语句，循环语句 while、do while 和 for。当 break 用于开关语句 switch 中时，可使程序跳出 switch 而执行 switch 以后的语句；当 break 语句用于 do while、for、while 循环语句中时，可使程序终止循环而执行循环后面的语句。通常 break 语句总是与 if 语句连一起使用，即满足条件时便跳出循环。

(2)　在多重循环的情况下，使用 break 语句时，仅退出包含 break 语句的那层循环体。

【例 5-7】输入一个数，判断它是否是质数。

分析：质数是除了 1 和它本身以外，不能够被其他数整除的数，因此一个数 n，用 2～n-1 来除都除不尽，则它是质数。

程序代码：

```
#include <stdio.h>
main()
{
    int n,i;
    printf("please input a number n  :");
    scanf("%d",&n);
    for(i=2;i<=n-1;i++)             /*循环初值 i 从 2 到 n-1*/
        if(n%i==0)  break ;         /*若有一个数能被 n 整除，则终止循环*/
        if(i>=n)                    /*若 i>=n，说明 n 一直没有被整除，则它是质数  */
            printf(" number %4d  is a prime number.  ",n);
        else
            printf(" number %4d  is not a prime number .",n);
}
```

运行结果：

```
please input a number n :
37↙
number  37 is a prime number.
```

5.6.2 continue 语句

格式：

```
continue;
```

功能：跳过 continue 语句下面尚未执行的语句，提前结束本次循环，进行下一次循环。

说明：(1) continue 语句只是提前结束本次循环，即跳过循环语句中尚未执行的语句，强行执行下一次循环。

(2) continue 语句只用在 for、while、do while 等循环体中使用，常与 if 条件语句一起使用。

【例 5-8】求 100～200 之间和 400～500 之间能被 11 整除的数。

分析：若一个数对 11 取余等于 0，则说明该数能被 11 整除。我们用一个循环语句初值为 100，终值为 500 ，步长为 1 进行循环，201 到 399 之间的数据用 continue 语句跳过不进行判断。

程序代码：

```
#include <stdio.h>
main()
{
    int n;
    for(n=100;n<=500;n++ )
    { if(n>200&&n<400)                    /*判断变量 n 是否是 201～399 之间的数 */
        continue;                         /*若 n 是 201～399 之间的数,跳出本层循环*/
      if(n%11==0)  printf("%4d",n);       /*如果 n 对 11 取余为 0，则打印该数*/
    }
}
```

运行结果如图 5.6 所示。

```
110 121 132 143 154 165 176 187 198 407 418 429 440 451 462 473 484 495
```

图 5.6 能被 11 整除的数

5.6.3 goto 语句与语句标号

格式：

```
goto 〈语句标号〉;
```

功能：goto 语句称为无条件转向语句，程序执行到 goto 语句时，无条件地转到“语句标号”所指定的语句并执行。

说明：(1)　“语句标号”不必特殊加以定义，可以用任意合法的标识符来表示。在标识符后面加一个冒号，该标识符就成为一个语句标号，比如“loop”“stop()”“flag1”等。语句标号必须是合法的标识符，不能简单地用整数等作为标号。

(2)　goto 语句一般与 if 语句一起使用，在满足某一条件时，程序跳到标号处执行。

(3)　用 goto 语句可以从循环体中跳到循环体外，这种用法语法上没有错误，但是滥用 goto 语句会使程序毫无规律，可读性差。

【例 5-9】 统计从键盘输入字符的个数，以回车结束。

分析：用变量 n 来记数，以回车结束循环用语句 getchar()!='\n'来实现，stop 是语句标号，当执行到“goto stop”；时无条件转向并执行 stop 所标示的语句。

程序代码：

```
#include "stdio.h"
main()
{
    int n=0;
    printf("please input a string: ");
    stop:if(getchar()!='\n')
    { n++;
      goto stop;
    }
    printf("%d",n);
}
```

运行结果：

```
please input a string:
4356&(po_&(574↙
14
```

5.7　程序设计举例

通过本章的学习，读者应熟练掌握三种循环语句 while、do while 和 for 语句的使用。本节将通过几个实例，进一步说明这三种语句的用法。

↑扫码看视频

【例 5-10】 求 100～200 间的全部质数。

分析：质数是除了 1 和它本身以外，不能够被其他数整除的数，求 100～200 间的全部质数，需要建立一个嵌套循环语句。外循环从 100 循环到 200，内循环将每个数除以 1 到它的平方根，来判断这个数能否被整除。

程序代码：

```
#include  "stdio.h"
#include  "math.h"
main()
{
    int m,i,k,n=0;
    for(m=101;m<=200;m=m+2)
    {
        k=sqrt(m);
        for(i=2;i<=k;i++)
        if(m%i==0)break;
        if(i>=k+1)
          {printf("%4d",m);
           n=n+1;
    }
}
printf("\n");
}
```

运行结果：

```
101 103 107 109 113 127 131 137 139 149 151
157 163 167 173 179 181 191 193 197 199
```

【例 5-11】求 s=1/2+1/3+1/4+…+1/100 的值。

分析：本例循环相加，可用公式 s=s+1/i 来表示，由于 1/i 为小数，因此变量 s 应该定义为 float 型，并且在输出的时候设定取 2 位小数。

程序代码：

```
#include <stdio.h>
main()
{
   int i;
   float s=0;
   for(i=1;i<=100;i++)          /*for 循环条件*/
   s=s+1.0/i;                   /*求和累加，要注意分式 1/i，一定要写为 1.0/i*/
   printf("s=%.2f\n",s);        /*格式%.2f，是打印变量 s 的值时保留 2 位小数*/
}
```

运行结果：

```
s=5.19
```

【例 5-12】利用循环语句编写程序打印出以下图形。

```
*
***
*****
*******
********
**********
```

分析：利用嵌套的循环语句可以打出上面图形。外循环为行，共有 6 行，内循环为列，每列打出的*个数，为 2*i-1。其中每一行输出一个换行符。

程序代码：

```
#include <stdio.h>
main( )
{
   int  i,j;
   for (i=1;i<=6;i++)
   {
      for (j=1;j<=2*i-1; j++)
      printf("*");
      printf("\n");
   }
}
```

【例 5-13】用 40 元买三种学习用品，每种都必须有，总数为 100 个。其中铅笔 0.4 元一支，橡皮 0.2 元一个，钢笔 4 元一支，问每种可以买多少个？有多少可能的方案？

分析：设铅笔买 x 支，橡皮买 y 个，钢笔买 z 支，则有以下方程：

$$\begin{cases} x+y+z=100 \\ 0.4x+0.2y+4z=40 \end{cases}$$

用两个方程式解三个未知数，答案不是唯一的。只能逐一变化 x、y、z 的值，一次次地去试，只要某一组数据能同时满足以上两个条件，就会得到一种方案。这种算法称为穷举法，用人工去算比较麻烦。

在 C 语言中可以用嵌套的循环语句来解决这个问题：将 x 设为第一层循环，表示铅笔数量的变化；将 y 设为第二层循环，表示橡皮数量的变化；将 z 设为第三层循环，表示钢笔数量的变化。按照题意，每种文具都最少有一个，因此，x 和 y 应从 1 变化到 98。当 x 和 y 的值都已确定时，z 的值可以根据公式 z=100-x-y 来确定。当 x、y、z 的值能满足条件：

40*x+4*y+2*z==400

此时 x、y、z 的值就是购买三种文具的一种方案。用 C 语言可以表示为：

```
for(x=1;x<=98;x++)
  for(y=1;y<=98;y++)
  {
    z=100-x-y;
    if(40*x+4*y+2*z==400)
```

```
    printf("x=%d, y=%d, z=%d\n",x,y,z);
}
```

在确定算法的基础上，为了提高程序运行的效率，还应该选择合理的循环次数。在至少买一支铅笔和一个橡皮的情况下，最多只能买 9 支钢笔；在至少买一支钢笔和一个橡皮的情况下，最多可买 89 支铅笔；因此，外循环变量 x 的值只需从 1 变化到 9，内循环变量 y 的值只需从 1 变化到 89，这样就避免了多余的循环操作。

程序代码：

```
#include <stdio.h>
main()
{
   int x,y,z;
   for(x=1;x<=9;x++)
      for(y=1;y<=89;y++)
      {
         z=100-x-y;
         if((40*x+4*y+z*2)==400)
         printf("x=%d,y=%d;z=%d\n",x,y,z);
      }
}
```

运行结果：

```
x=1,y=81,z=18
x=2,y=62,z=36
x=3,y=43,z=54
x=4,y=24,z=72
x=5,y=5,z=90
```

注意：*在多重循环时，为提高程序的运行效率，应该尽量把循环次数多的循环作为内循环，把循环次数少的循环作为外循环。*

【例 5-14】利用循环语句编写程序，输出斐波拉契级数的前 20 项。该级数列前几项是 1、1、2、3、5、8、13、21、34……

分析：斐波拉契级数的变化规律是，从第三项开始，每一项的值是前两项的和。设变量 f1 和 f2 是数列中第一和第二项，值为 1、1，先输出 f1 和 f2，然后进入循环，输出 f3=f1+f2；然后将 f2 的值移入 f1 中，将 f3 的值移入 f2 中，依次求得前 20 项，结束循环。

程序代码：

```
#include <stdio.h>
#define      N     20
main()
{
   int  i,f1,f2,f3,n;
   f1=1;
   f2=2;
   printf("\n%8d%8d",f1,f2);
```

```
    n=2;
    for(i=1;i<=N;i++)
       {
           if(n%4==0)printf("\n");
           f3=f1+f2;
           printf("%8d",f3);n++;
           f1=f2;
           f2=f3;
       }
    printf("\n");
}
```

运行结果：

```
       1       1       2       3
       5       8      13      21
      34      55      89     144
     233     377     610     987
    1297    2584    4181    6765
```

【例 5-15】蜗牛爬井问题：一口井深 10 米，一只蜗牛从井底向上爬，白天可以爬 3 米，晚上滑下 2 米，问蜗牛几天可以爬出井口。

分析：设白天时，n=1；黑天时，n=0。当 n=1 时，高度 high=high+3；当 n=0 时，high=high−2；一日一夜，为一天，也就是每次 n=1 一次，day=day+1。

程序代码：

```
#include <stdio.h>
main()
{
    int high=0, day=0, n=1;        /* 初值 flag=1,从白天开始计算*/
    while(high<10)
    {
       if (n==1)                  /* flag=1 白天标记，flag=0 晚上的标记*/
         {high=high+3; day=day+1; n=0; } /*每天向上爬的尺寸：白天与晚上交替计算*/
       else
         {high=high-2; n=1;}
    }
    printf("days=%d\n",day);
}
```

运行结果：

```
days=8
```

5.8　思考与练习

本章学习了循环的三种语句：while、do while 和 for 语句，并用实例讲解了三种语句的用法及各自的适用范围，熟练使用这三种语句是学习 C 语言的必备要求。

一、简答

1. 简述 while 循环与 do while 循环、for 循环语句的共同点与区别。

2. 简述 for 循环格式中的“表达式 1”“表达式 2”“表达式 3”的作用。若“表达式 1”省略，应该怎样为变量赋初值？“表达式 2”可以省略吗？“表达式 3”可以省略吗？

3. 简述 break 语句与 continue 语句的区别。

4. 在多重循环语句中，在内循环体内用 break 语句可以跳出所有的循环体吗？

5. 下列哪个表达式与 while(E)语句中的(E)等价。

(1)(! E==0)　(2)(E==0)　(3)(E > 0)||(E < 0)　(4)(E! = 0)

6. 将下列两个循环语句改写成 for 循环或 while 循环，并给出此循环语句的执行结果。

```
……
i=1;
x=1;
loop: if(i<=5)
{x*=i;
i++;
goto  loop;
}
printf("x=%4d\n",x);
```

```
……
s=0;
loop1: scanf("%d",&k);
s+=k;
if (k==-1)  goto loop2;
else  goto loop1;
printf("k=%d,s =%d\n",k, s);
……
```

当给 k 输入 1，2，3，4，-1 值

7. 在所用变量均已定义的情况下，写出以下语句的运行结果和循环次数。

```
(1)a=10;
   b=0;
   do
   {
       b+=2;
       a-=2+b;
       printf ("a=%d, b=%d\n", a, b );
   }
   While(a>=0);
```

```
(2)i=5;
   do
   {
       switch( i%3)
       case  1:  i--;break;
       case  2:  i--; continue;
   }
   i--;
   printf  ("i= %d\n",i);
   }
   while(i>0);
```

```
(3)for(j=4;j>=1;j--)
   for(i=1;i<=j;i++)
   printf("*");
```

```
(4)s=7;
   do s-=2;
   while(s>=0);
   printf("s=%d\n",s);
```

二、上机练习

1. 求程序的运行结果。

```
#include <stdio.h>
main( )
{
```

```
    int a=10;
    do
       {a--;
       } while(--a);
    printf("%d", a);
}
```

2. 求程序的运行结果。

```
main( )
{
    int a=7,b=5,c=4;
    while(a++!=(b-=1))
    {
       c+=1;
       if(b<a)
       break;
       printf("%d,%d,%d\n",a,b,c);
    }
}
```

3. 求程序的运行结果。

```
main( )
{
    int i,j=0;
    for(i=1;i<3 ;i++)
    switch(i++)
    {
       cise 1:j--;
       cise 2:j++;
       cise 3:j+=5;break;
    }
    printf("%d\n",j);
}
```

4. 求程序的运行结果。

```
main( )
{
    int a=5,b=7,i;
    for(i=0;i<2;b=i++)
    printf("%d,%d",a--,b);
}
```

5. 求程序的运行结果。

```
#include <stdio.h>
main()
{
    int i=1,j=0;
```

```
    whie(i++&&j++>2);
    printf("%d %d",i, j);
}
```

6. 求程序的运行结果。

```
#include <stdio.h>
main()
{
    int a=1, b=0;
    switch(a)
    {case 1: switch (b)
        {
            case 0: printf("**0**\n"); break;
            case 1: printf("**1**\n"); break;
        }
    case 2: printf("**2** \n"); break;
    }
}
```

三、编写程序

1. 求 1! + 2! + … + 10!的值。
2. 求 s = 2／1 + 3／2 + 4／3 + 5／4 + … + 22／21 的值。
3. 编写程序，求 1-3 + 5-7+…-99+100 的值。
4. 编写程序，求 e 的值。$e \approx 1+\frac{1}{1!}+\frac{1}{2!}+\frac{1}{3!}+\frac{1}{4!}+\cdots+\frac{1}{n!}$
5. 求 100 以内能被 3 或 7 整除的数，并求它们的和。
6. 编写程序，找出 1～1000 之间的全部同构数。同构数是这样的一个数：它出现在它的平方数的右边，例如 5 是 25 右边的数，25 是 625 右边的数，5 和 25 都是同构数。
7. 打印出所有的“水仙花数”。所谓“水仙花数”，是指一个三位数，其中各位数字的立方和等于该数本身。例如 $153 = 1^3+5^3+3^3$。
8. 用 for 循环打印输出以下 5 个图形。

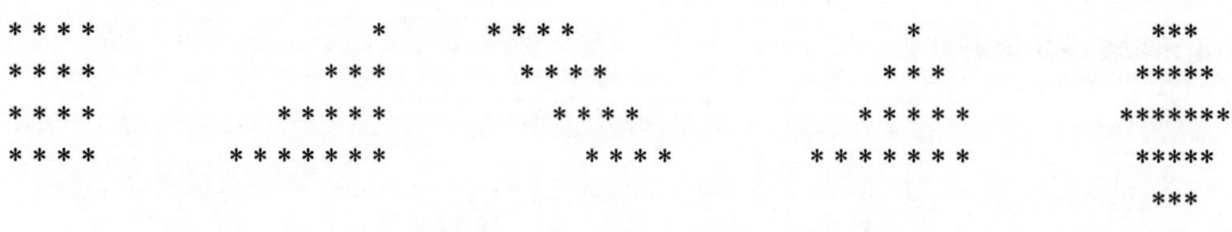

9. 输入一行字符，分别统计其中的英文字母、空格、数字和其他字符的个数。
10. 公鸡 50 元一只，母鸡 30 元一只，小鸡 10 元 3 只，有 1000 元要买公鸡、母鸡和小鸡，编写程序输出所有可能方案。
11. 有三门炮同时开始放礼炮，各放 21 发，A 炮每 3 分钟发一次，B 炮每 5 分钟发一次，C 炮每 7 分钟发一次，一共可以听到几声礼炮声。

第 6 章

地址与指针

本章要点

- 地址与指针的概念
- 指针变量的定义与类型
- 对指针变量赋值
- 通过指针引用存储单元

本章主要内容

指针是C语言中广泛使用的一种数据类型。利用指针可以像汇编语言一样处理内存地址；可以方便地使用数组和字符串；并能表示各种数据结构。指针极大地丰富了C语言的功能。指针是学习C语言的重点与难点，能否正确理解和使用指针是我们是否掌握C语言的一个标志。

6.1 地址与指针的定义

↑扫码看视频

在 C 语言中，指针被广泛应用，它和数组、字符串、函数间数据的传递等有着密不可分的关系，指针的应用可以使程序代码更简洁，效率更高。但如果运用不得当，也将大大降低程序的可读性，甚至使系统崩溃。因此，正确使用指针是十分重要的。

6.1.1 指针介绍

程序在运行时，程序的指令和运算对象存储在内存空间中。计算机的内存是以字节为单位的一片连续的存储空间，每一个字节的内存单元都有一个编号，就像一幢大楼中每个房间都有编号一样，这个编号称为内存地址。不同的数据类型所占用的内存单元数不等，如整型变量占 2 个字节，字符变量占 1 个字节等。根据内存单元的编号，就可以找到所需的内存单元，一个变量所分配的内存空间首字节地址称为该变量的指针(地址)，地址一旦被分配，只要程序没有结束，就不会再改变。所以，变量的指针(地址)是一个常量。

内存单元的指针和内存单元的内容是两个不同的概念。对于一个内存单元来说，单元的地址即为指针，其中存放的数据是该单元的内容。

一般来讲，我们对变量进行操作时，无须知道每个变量在内存中的地址，每个变量与具体地址的关系由 C 编译系统来处理。但我们对程序中的变量进行存取操作，实际上却是对某个地址的存储单元进行操作。

例如，我们定义两个整型变量 a 和 b，系统为 a 和 b 各分配两个字节的内存空间；定义一个实型变量 c，系统为它分配 4 个字节的内存空间，如图 6.1 所示，图中数字只是示意的内存地址，并非真实地址空间分配。

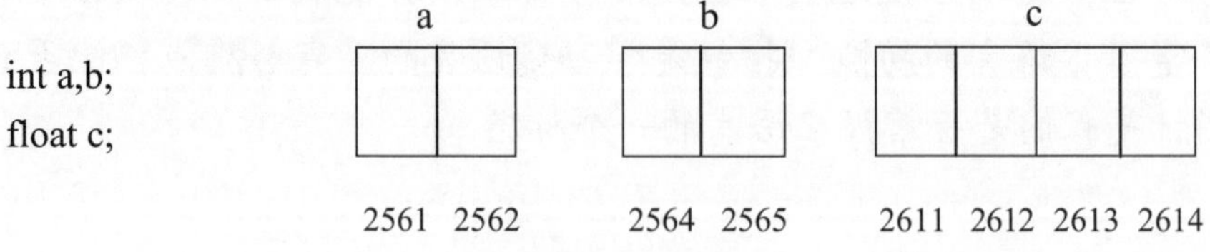

图 6.1 内存单元分配

每个变量的地址是指该变量所占内存空间的第一个字节的地址，因此，我们称 a 的地址为 2561，b 的地址为 2564，c 的地址为 2611。

如果进行赋值运算 a=3；b=5；c=3.14，那么 a 中的内容为 3，b 中的内容为 5，c 中的内容为 3.14。

6.1.2　存放指针的变量

在 C 语言中，允许用变量来存放指针，这种变量称为指针变量。因此，一个指针变量的值就是某个内存单元的地址，或称为某内存单元的指针。

例如：我们定义一个指针变量 p，并将变量 a 的地址值存入 p 中，如图 6.2 所示。

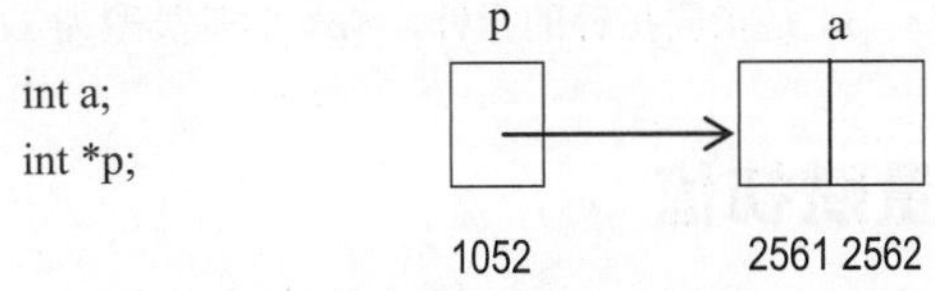

图 6.2　存放指针的变量

将 a 的首地址存入 p 中，这种情况称为指针 p 指向变量 a，或说 p 是指向变量 a 的指针。这时，就可以通过指针变量 p 来访问 a 了。

如果赋初值 a=3，p=&a，则 a 的内容是 3，地址是 2561，p 的内容是 2561，地址是 1052。

定义指针的目的是为了通过指针去访问内存单元。在程序中，我们直接对变量进行存取操作的方式称为“直接存取”，通过指针变量对变量进行存取的方式称为“间接存取”。

6.2　指针变量的定义与使用

严格地说，一个指针是一个地址，是一个常量。而一个指针变量却可以被赋予不同的值，是变量。“指针”和“指针变量”应严格区分，不能混淆。

↑扫码看视频

6.2.1　指针变量的定义

格式：

```
类型名  *指针变量名;
```

例如：

```
int  *p;
```

说明：

(1)　变量前的*号表示这是一个指针变量。

(2) “类型名”表示本指针变量所指向的变量的数据类型。如例中定义为 int 类型，则变量 p 只能存放 int 类型变量的地址，我们也称类型名为指针变量的基类型。

再如：

```
int     *p1;     /* p1 只能是指向整型变量的指针变量，p1 的基类型为 int*/
float    *p2;    /* p2 只能是指向浮点变量的指针变量，p2 的基类型 float*/
char    *p3;     /* p3 只能是指向字符变量的指针变量，p3 的基类型为 char*/
int     **p4;    /* p4 是指向指针的指针，*p4 的基类型为 int*/
```

6.2.2 给指针变量赋初值

1. 使指针变量指向一个对象

通过取地址运算符&，可以把一个变量的地址赋给指针变量。

```
int x,y;
p1=&x;
p2=&y;
```

说明：(1) 将变量 x 的地址赋值给 p1，把变量 y 的地址赋值给 p2，这时，可以说 p1 指向了变量 x，p2 指向了变量 y。

(2) 取地址运算符&是单目运算符，结合方向是自右向左，只对它右侧的操作数起作用，它只应用于内存中的一个对象，不能用于表达式或者常量等，因此 p=&(x+1)是不合法的。

(3) 在 scanf()函数中，有语句 scanf("%d",&x)，如果定义变量 p=&x，那么 scanf("%d",p)与 scanf("%d",&x)是等价的。

(4) 不允许把一个数赋予指针变量，故下面的赋值是错误的：

```
int *p;
p=1000;
```

(5) 被赋值的指针变量前不能再加“*”说明符，如写为*p=&a 也是错误的。

【例 6-1】输出变量与指针变量的值。

程序代码：

```
#include  <stdio.h>
main()
{
   int a=10;                          /* 定义 a 的值为 10 */
   int *p;                            /* 定义基类型为整型的指针变量 p */
   p=&a;                              /*将整型变量 a 的地址赋值给指针变量 p  */
   printf("a=%d,p=%u",a,p);           /*分别打印出变量 a 和 p 中的值*/
   printf("a=%d,p=%u",*p,&a);         /*用间接存取的方式打印变量 a 的值，用取地址的方
                                        式打印出 a 的地址 */

}
```

运行结果：

```
a=10, p=1245052
a=10, p=1245052
```

2. 指针变量可以赋值给指针变量

可以通过赋值运算，把一个指针变量中的地址值赋给另一个指针变量。例如，

```
int a;
int *p,*q;
p= &a;
```

则语句 q=p 使指针变量 q 中也存放了变量 a 的地址，也就是说指针变量 p 和 q 都指向了变量 a。

注意：当进行赋值运算时，赋值号两边指针变量的基类型必须相同。

3. 给指针变量赋“空”值

除了给指针变量赋地址值外，还可以给指针变量赋空值，例如：

```
p=NULL;
```

NULL 是在 stdio.h 头文件中定义的预定义符，因此在使用 NULL 时，应该在程序的前面出现#include<stdio.h>行。NULL 的代码值为 0，当执行了以上的赋值语句后，称 p 为空指针。因为 NULL 的代码值为 0，所以，以上语句等价于

```
P='\0';
```

或

```
p=0;
```

这时，系统规定指针 p 并不指向地址为 0 的存储单元，而是具有一个确定的值——“空”。企图通过一个空指针去访问一个存储单元时，将会得到一个出错信息。

6.2.3　与指针有关的两个运算符

1. &——取地址运算符

作用：取变量内存单元的地址。
例如：

```
int  a,*p1;
char c,*c1;
p1=&a;                    /*把变量 a 的地址赋给指针变量 p1 */
c1=&c;                     /*把变量 c 的地址赋给指针变量 c1 */
```

以上定义的 p1、c1 两个指针变量，p1 的值是变量 a 的指针；c1 的值是变量 c 的指针。

2. *——取内容运算符

作用：取指针变量所指变量的值，又称间接访问运算符。

对一个变量的访问(存取)有以下两种方式。

(1) 直接访问，即直接通过变量名所对应的地址访问数据。例如：

```
main()
{
    int a=5;
    printf("a=%d\n",a);
}
```

运行结果：

```
a=5
```

通过变量名a与地址的关系，找到a的地址，然后从地址中取出数据5输出。

(2) 间接访问，即通过一个指针变量来访问数据。

间接访问即先把某一变量的地址保存在一个指针变量中，若对该变量的数据进行操作，要先找到保存该变量地址的指针变量，然后从指针变量中取出保存的地址，再从地址中取出数据进行运算。例如：

```
main()
{
  int a=10,*p;
  p=&a;                    /* 将变量a的地址赋给指针变量p */
  printf("a=%d\n",*p);     /* *p用于取出变量a的地址中的值 */
}
```

运行结果：

```
a=10
```

6.2.4 对指针变量的引用

1. 通过指针或地址来引用一个存储单元

当指针变量中存放了一个确切的地址时，可以用间接运算符*通过指针来引用该地址所代表的存储单元。

(1) 在赋值符号右边由间接运算符*和指针组成的表达式，代表指针所指存储单元的内容。例如：

```
int  *p,i,j;
i=1;
p=&i;
```

则语句j=*p将把p所指存储单元的内容赋予变量j。

这里，星号(*)称为间接运算符，它是单目运算符。间接运算符必须出现在运算对象的左边，其运算对象或者是地址或者是存放地址的指针。以上语句等价于

```
j=i;
```

(2) 由间接运算符*和指针组成的表达式，可以进行运算后再进行赋值。例如：

```
j=*p+1;
```

"*"右边也可以是地址，例如：

```
j=*(&i);
```

表达式&i 求出变量 i 的地址，以上赋值语句表示取地址&i 中的内容赋予 j。由于运算符*和&的优先级相同，且至右向左结合，因此表达式中的括号可以省略，而可写成：

```
j=*&i;
```

(3) 指向指针的指针，也可以通过间接运算符来引用该地址所代表的存储单元。例如：

```
int  **q,*p,i=1,j;
p=&i;
q=&p;
```

则变量 q，p 和 i 之间的关系如图 6.3 所示。

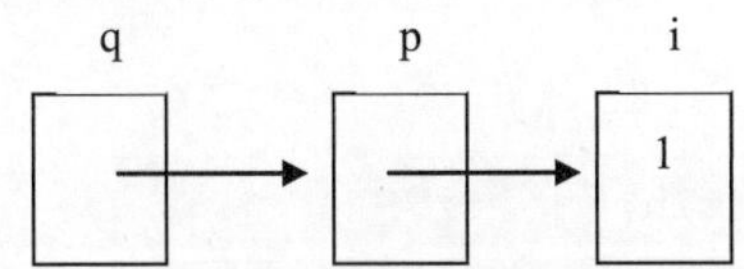

图 6.3　指向指针的指针

p 为指向变量 i 的指针，q 为指向指针 p 的指针。q 中存储的内容为 p 的地址。

这时，可以通过指针变量 q 来引用变量 i 的存储单元：

```
j=**q;
```

此语句的意义是把 i 中的值 1 赋给变量 j。p=&i 相当于*p 的值为 i，q=&p 相当于*q 的值为 p，**q 的值就为*p，因此 j=**q 等价于 j=i。

(4) 在赋值号左边由间接运算符*和指针组成的表达式，代表指针所指的存储单元。例如：

```
int  *p,i;
p=&i;
```

则以下语句的意义是把整数 1 存放在变量 i 中：

```
*p=1;
```

此语句等价于：

```
i=1;
```

若有语句：

```
*p=*p+1;
```

则取指针变量 P 所指存储单元中的值，加 1 后再放入 p 所指的存储单元中，即使变量 i 中的值增加 1 而为 2。以上语句可写成：

```
*p+=1;或 ++*p;或(*p)++;
```

注意：(*p)++中的括号不可缺少，不可以写成*p++。表达式*p++中，p 先与++结合，使指针变量 p 本身增 1，并不使 p 所指存储单元中的值增 1。

若有以下定义和语句：

```
int  **q,*p,i;
p=&i;
q=&p;
```

则：**q=200 与 i=100 等价，把整数 100 存放在变量 i 中。

【例 6-2】用指针指向三个变量，通过指针找到最小的那个数并打印出来。

程序代码：

```
#include<stdio.h>
mian()
{
    int a,b,c,min;
    int *pa,*pb,*pc,*pmin;
    pa=&a;pb=&b;pc=&c;pmin=&min;
    scanf("%d,%d,%d",pa,pb,pc);
    printf("a=%d  b=%d  c=%d\n",a,b,c);
    *pmin=*pa;
    if(*pmin>*pb) *pmin=*pb;
    if(*pmin>*pc) *pmin=*pc;
    printf("min=%d\n",min);
}
```

运行结果：

```
10，20，30↙
a=20  b=10  c=30
min=10
```

2. 移动指针

移动指针就是使指针变量加上或减去一个整数，或通过赋值运算使指针变量指向相邻的存储单元。只有当指针指向一串连续的存储单元时，指针的移动才有意义。

当指针指向一串连续的存储单元时，可以对指针变量进行加上或减去一个整数的运算，也可以对指向同一串连续存储单元的两个指针进行相减运算。

不可以对指针进行任何其他的算术运算，比如对指针进行乘、除运算；不允许对两个指针进行相加运算，不可以对指针使用位运算操作符，也不允许对指针加上或减去一个浮点类型的常量。

当指针指向一串连续的存储单元时，以下运算都是合法的：p=p+3，p++，p--，i=q-p。

在对指针进行加减运算中，指针移动的单位是一个单位的存储单元的长度，如果指针

的基类型是 int，那么 p=p+1，是指移动 2 个字节；如果指针的基类型是 float，那么每移动 1 是指移动 4 字节。

指针的移动，增 1 表示指针向地址值大(高地址)的方向移动一个存储单元，减 1 表示指针向地址值小(低地址)的方向移动一个存储单元。

3．指针的比较

在关系表达式中可以对两个指针进行比较。例如，p 和 q 是两个指针变量，以下表达式是合法的：p<q，p==q，q=='\0'。

通常两个或多个指针指向同一目标时(如一串连续的存储单元)，比较才有意义。

6.3　程序设计举例

↑扫码看视频

通过本章的学习，读者基本可以掌握地址与指针的概念与意义，并了解对变量的间接访问与直接访问、指针的引用与操作，本节将通过几个例子进一步讲解如何使用 C 语言的指针。

【例 6-3】用两种方式输出变量。

程序代码：

```
#include <stdio.h>
main()
{
   int a=65,b=97;
   int *p1=&a;    /*定义指针变量 p1 的同时，把变量 a 的地址赋值给 p1 */
   int *p2=&b;    /*定义指针变量 p2 的同时，把变量 b 的地址赋值给 p2 */
   printf("a=%d, b=%d\n",a,b);          /* 用直接方式输出 a,b 的值 */
   printf("*p1=%d,*p2=%d\n",*p1,*p2);/* 用间接方式输出 a,b 的值 */
}
```

运行结果：

```
a=65, b=97
*p1=65, *p2=97
```

【例 6-4】分析程序运行结果。

程序代码：

```
#include <stdio.h>
main()
```

```
{
    int a=20,b=10,c,d,*p1,*p2;
    p1=&a;
    p2=&b;
    c=*p1+*p2;        /*等价于 c=a+b ,因为*p1 等价 a，*p2 等价 b */
    d=*p1-*p2;        /*等价于 d=a-b，即 d=20-10      */
    printf("a+b=%d\n",c) ;
    printf("a-b=%d\n",d);
}
```

运行结果：

```
a+b=30
a-b=10
```

分析：p1 的值是 a 的地址，*p1 是取 p1 指向变量的值，即 a 的值，所以*p1 与 a 等价。同理，*p2 与 b 等价。所以有：

- c=*p1+*p2 与 c=a+b 等价。
- d=*p1-*p2 与 d=a-b 等价。

【例 6-5】分析程序运行结果。

程序代码：

```
#include <stdio.h>
main()
{
int a=5,b,*p1,*p2;
   p1=&a;                                  /* p1 的值是 a 的地址 */
   p2=p1;                                  /* p1 与 p2 的值都是 a 的地址*/
   b=*p1+*p2;                              /* 等价于 b=a+a=5+5      */
   printf("b=%d\n",b) ;
}
```

运行结果：

```
b=10
```

分析：p1 的值是 a 的地址，*p1 是取 p1 指向变量的值，即 a 的值，将 p1 的值赋给 p2，因此 p2 也指向 a 的地址，同时*p2 也是 a 的值。将*p1 与*p2 的值相加，即 a 的值与 a 的值相加。因此 b 的值为 10。

6.4 思考与练习

指针是 C 语言中的精髓，也是 C 语言的重要特色。C 语言的高度灵活性及极强的表达

能力，在很大程度上来自于巧妙而恰当地使用指针。读者应该学会熟练使用指针。

一、简答

1. 变量的指针，其含义是指该变量的什么？
2. 若有定义：char c;

(1) 如何使指针 p 可以指向变量 c，使指针 s 可以指向 p?

(2) 如何写出通过指针 p 给变量 c 读入字符的 scanf 函数调用语句。

(3) 请写出通过指针 s 给变量 c 读入字符的 scanf 函数调用语句。

(4) 请写出通过指针 p 给变量 c 赋一个字符 ‘A’ 的语句。

(5) 请写出通过指针 s 给变量 c 赋一个字符 ‘a’ 的语句。

(6) 请写出通过指针 p 输出 c 中字符的 printf 语句。

(7) 请写出通过指针 s 输出 c 中字符的 printf 语句。

二、选择

1. 若有语句 int *point,a=4;point=&a; 下面均代表地址的一组选项是______。

A. a,point,*&a　　　　B. &*a,&a,*point

C. *&point,*point,&a　　　　D. &a,&*point ,point

2. 若有声明：int *p,m=5,n; 以下正确的程序段的是______。

A. p=&n;
scanf("%d",&p);

B. p=&n;
scanf("%d",*p);

C. scanf("%d",&n);
*p=n;

D. p=&n;
*p=m;

3. 以下程序中调用 scanf 函数给变量 a 输入数值的方法，其错误原因是______。

```
main()
{
   int *p,*q,a,b;
   p=&a;
   printf("input a:");
   scanf("%d",*p);
   ……
}
```

A. *p 表示的是指针变量 p 的地址

B. *p 表示的是变量 a 的值，而不是变量 a 的地址

C. *p 表示的是指针变量 p 的值

D. *p 只能用来说明 p 是一个指针变量

4. 设 p1 和 p2 是指向同一个字符串的指针变量，c 为字符变量，则以下不能正确执行的赋值语句是_____。

A. c=*p1+*p2　　　　B. p2=c

C. p1=p2　　　　D. c=*p1*(*p2)

三、上机练习

1. 求以下程序的运行结果。

```
#include<stdio.h>
main()
{  int m=1,n=2,*p=&m,*q=&n,*r;
   r=p;
   p=q;
   q=r;
   printf("%d,%d,%d,%d\n",m,n,*p,*q);
}
```

2. 求以下程序的运行结果。

```
#include<stdio.h>
main()
{
    int  a=1, b=3, c=5;
    int  *p1=&a, *p2=&b, *p=&c;
    *p =*p1*(*p2);
    printf("%d\n",c);
}
```

3. 求以下程序的运行结果。

```
#include<stdio.h>
main()
{
    int a,k=4,m=4,*p1=&k,*p2=&m;
    a=p1==&m;
    printf("%d\n",a);
}
```

4. 求以下程序的运行结果。

```
#include<stdio.h>
main()
{
    int **k,*a,b=67;
    a=&b;
    k=&a;
    printf("%d\n",**k);
}
```

5. 求以下程序的运行结果。

```
#include <stdio.h>
main()
```

```
{
    int a=18,b=7,c,*p1,*p2;
    p1=&a;
    p2=&b;
    c=(-*p1)/(*p2)+6;
    printf("a=%d,b=%d\n",a,b);
    printf("*p1=%d,*p2=%d\n",*p1,*p2);
    printf("c=%d\n",c);
}
```

6. 求以下程序的运行结果。

```
#include <stdio.h>
main()
{
    int a=5;
    a+=a-(a*=a);
    printf("a=%d\n",a);
}
```

7. 求以下程序的运行结果。

```
#include <stdio.h>
#define N 50
main()
{
    int a,b;
    a=N+26;
    b=N-43;
    printf("a=%d,b=%d\n",a,b);
}
```

四、编写程序

设计一个加密程序，功能是由键盘输入明文，通过加密程序转换成密文并输出到屏幕上。

原理：输入的每个字母指针+2 输出。例如输入 hello，输出后变成 jgnnq。

第 7 章

一维数组

本章要点

- 数组的概念
- 一维数组的定义与引用
- 一维数组与指针
- 指针数组

本章主要内容

每个数组包含一组具有相同类型的变量，这些变量在内存中占有连续的存储单元。在程序中，这些变量具有相同的名字，但有不同的下标，我们把它们称为下标变量或数组元素。在程序设计中，数组是一种十分有用的数据结构，许多问题不用数组几乎无法解决。

7.1 数组的概念

在C语言中，把具有相同类型的若干变量按有序的形式组织起来，这些按序排列的同类数据元素的集合称为数组。数组属于构造数据类型。

↑扫码看视频

在程序设计中，数组是十分有用的。比如，要求一个班里56名学生的平均成绩，如果不用数组，那么只能先定义56个变量来存储这些成绩，然后把这些变量依次相加再除以人数，才能得到平均分，因此一个简单的程序，却最少需要定义57个变量；如果再要求求出高于平均分的学生，那么需要通过56个if语句来进行比较，这样的程序是让人无法接受的。

而如果使用数组，只要定义一个一维数组a[56]，就可以同时定义56个相同类型的变量，如果要求出高于平均分的值，那么用一个循环语句就可以实现了。

在C语言中，数组属于构造数据类型。一个数组可以分解为多个数组元素，这些数组元素可以是基本数据类型或是构造类型。因此按数组元素的类型不同，数组又可分为数值数组、字符数组、指针数组、结构数组等各种类别。

每个数组包含一组具有相同类型的变量，这些变量在内存中占有连续的存储单元。在程序中，这些变量具有相同的名字，但具有不同的下标。

在程序中，当需要使用数组元素时，必须先对数组进行定义。

在C语言中，数组和指针有着极密切的联系，本章将对些进行详细的讨论。

7.2 一维数组的定义和引用

当数组中每个元素只带有一个下标时，这样的数组称为一维数组。

↑扫码看视频

7.2.1　一维数组的定义

格式：

```
类型说明符 数组名[常量表达式];
```

说明：(1) “类型说明”符可以是任一种基本数据类型或构造数据类型，它规定了数组中元素的数据类型，对于同一个数组，所有元素的数据类型都是相同的。

(2) “数组名”是用户定义的数组标识符，它的命名规则与变量名相同，遵守标识符命名规则。

(3) 方括号中的“常量表达式”表示数据元素的个数，也称为数组的长度。它可以是常量表达式也可以是符号常量，不可以是变量。例如 a[10]代表数组内有 10 个元素。

(4) 所有的数组元素共用一个名字，用下标来区分每个不同的元素。下标从 0 开始，按照下标的顺序依次存放，如：a[0]，a[1]，a[2]，a[3]……

例如：

```
int  a[10];                /*定义数组 a 为整型，数组内有有 10 整型个元素。*/
float  b[10],c[20];        /*定义实型数组 b 和 c，其中数组 b 中有有 10 个元素，数组 c
                             中有 20 个元素。*/
char  c[30];               /*定义字符数组 c，数组中 30 个元素。*/
int  a[3+2];               /*定义整型数组 a，数组中有 3+2 个元素*/
```

如果有定义#define F 5，以下定义是合法的：

```
int  b[7+F];               /*定义整型数组 b，数组中有 5+7 个元素*/
```

如果有定义 int n=5，以下定义是不合法的：

```
int  a[n];
```

允许在同一个类型说明中，说明多个数组和多个变量。例如：

```
int a,b,c,d,x[10],y[20];
```

7.2.2　一维数组元素的引用

数组元素是组成数组的基本单元。数组元素也是一种变量，其标识方法为数组名后跟一个下标。下标表示了元素在数组中的顺序号。数组元素通常也称为下标变量。必须先定义数组，才能使用下标变量。引用数组时，不能一次性引用整个数组，只能逐个引用数组元素。

数组元素的一般形式为：

```
数组名[下标]
```

其中“下标”只能为整型常量或整型表达式。如为小数时，C 编译将自动取整。例如 a[3]、a[3*3]、a[i+j]、a[i++]都是合法的数组元素。

【例 7-1】将数组 a[10]赋值 0～9，并打印出来。

分析：引用数组时不能一次性引用整个数组，只能逐个引用数组元素。因此必须使用循环语句逐个输出各下标变量。

程序代码：

```
#include  <stdio.h>
main()
{
  int i,a[10];
  for(i=0;i<=9;i++)
     a[i]=i;
  for(i=0;i<=9;i++)
     printf("%d ",a[i]);
}
```

运行结果：

```
0 1 2 3 4 5 6 7 8 9
```

【例 7-2】将数组 a[10]赋值 0～9，并逆序打印出来。

分析：逆顺输出的时候，将下标大的变量先输出，因此循环变量从 9 循环至 0。

程序代码：

```
#include  <stdio.h>
main()
{
   int i,a[10];
   for(i=0;i<10; i++)
      a[i]=i;
   for(i=9;i>=0;i--)
      printf("%d ",a[i]);
}
```

运行结果：

```
9 8 7 6 5 4 3 2 1 0
```

【例 7-3】利用数组，从 1 开始，顺序输出 10 个奇数。

分析：在第一个 for 语句中，表达式 3 省略，且在下标变量中使用了表达式 i++，用以修改循环变量，因为 C 语言允许用表达式表示下标。通过 2*i+1 来输入奇数。

程序代码：

```
#include  <stdio.h>
main()
{
   int i,a[10];
   for(i=0;i<10;)
     a[i++]=2*i+1;
   for(i=0;i<=9;i++)
     printf("%d ",a[i]);
}
```

运行结果：

```
1 3 5 7 9 11 13 15 17 19
```

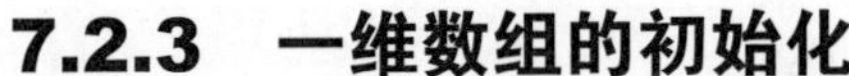

7.2.3　一维数组的初始化

给数组赋值的方法除了用赋值语句对数组元素逐个赋值外，还可采用初始化赋值和动态赋值的方法。

数组初始化赋值是指在数组定义时给数组元素赋予初值。为一维数组初始化赋值的一般格式为：

```
类型说明符 数组名[常量表达式]={常量列表};
```

“常量列表内的数据值即为各元素的初值，各值之间用逗号间隔。

(1)　给数组 a 中的所有元素赋初值。例如：

```
int a[10]={ 0,1,2,3,4,5,6,7,8,9 };
```

相当于：

```
a[0]=0;a[1]=1;……a[9]=9;
```

(2)　给数组 a 的部分元素赋初值。例如：

```
int a[10]={0,1,2,3,4};
```

表示只给 a[0]～a[4]5 个元素赋值，而后 5 个元素自动赋 0 值。即当{ }中值的个数少于元素个数时，只给前面部分元素赋值。

如给数组中所有的元素赋相同的值，必须将所有元素都赋值，例如：

```
int a[10]={1,1,1,1,1,1,1,1,1,1};
```

而不能写成：

```
int a[10]=1
```

这样只给 a[0]赋值为 1，而 a[1] ～a[9]赋值为 0。

(3)　利用初值的个数，确定数组内元素的个数。

若对全部数组元素赋初值，可以不指定数组的长度。

例如：

```
int a[]={1,2,3,4,5};
```

在定义数组的时候，并没有写出下标，而通过初值的个数，确定数组 a 拥有 5 个元素，也就是 a[5]。相当于：

```
int a[5]={1,2,3,4,5};
```

(4)　若初值的长度大于数组的长度时，语法错误，不能执行。

7.3 程序设计举例一

↑扫码看视频

使用一维数组进行编程一般都和循环语句配合使用，用循环语句给数组赋初值或用循环语句对数组内的元素进行比较、相加、排序等操作。下面我们通过几个例子，来学习一下一维数组的使用。

【例 7-4】从输入的 10 个值中，找到其中的最大值。

分析：设最大值为 max。先用 for 语句逐个输入 10 个数到数组 a 中，把 a[0]的值赋给 max。再利用 for 语句，把 a[1]到 a[9]逐个与 max 中的内容比较，若比 max 的值大，则把该值赋给 max，，因此 max 总是在已比较过的变量中为最大者。比较结束，输出 max 的值。

程序代码：

```
#include  <stdio.h>
main()
{
   int i,max,a[10];
   printf("please input 10 numbers:\n");
   for(i=0;i<10;i++)
      scanf("%d'",&a[i]);
   max=a[0];
   for(i=1;i<10;i++)
      if(a[i]>max) max=a[i];
   printf("max=%d\n",max);
}
```

运行结果：

```
please input 10 numbers:
0,1,2,3,4,5,6,7,8,9↙
9
```

【例 7-5】输入 10 个数，将它们按由大到小的顺序输出。

分析：本例首先用 for 循环语句为数组赋初值，然后用嵌套的循环语句对输入的数进行比较。

在 i 次循环时，把第一个元素的下标 i 赋予 x，而把该下标变量值 a[i]赋予 y。然后进入嵌套循环，从 a[i+1]起到最后一个元素止，逐个与 a[i]作比较，有比 a[i]大者则将其下标送 x，元素值送 y。一次循环结束后，x 即为最大元素的下标，y 则为该元素值。若此时 i≠x，说明

x,y 值均已不是进入小循环之前所赋之值，则交换 a[i]和 a[x]之值，此时 a[i]为已排序完毕的元素。输出该值之后转入下一次循环。对 i+1 以后各个元素排序。

程序代码：

```
#include  <stdio.h>
main()
{
   int i,j,x,y,z,a[10];
   printf("please input 10 numbers:\n");
   for(i=0;i<10;i++)
      scanf("%d",&a[i]);
   for(i=0;i<10;i++)
   {
      x=i;y=a[i];
      for(j=i+1;j<10;j++)
      if(y<a[j])
      {
         x=j;y=a[j]; }
         if(i!=x)
         {
            z=a[i];
            a[i]=a[x];
            a[x]=z;
         }
      printf("%d ",a[i]);
   }
}
```

运行结果：

```
please input 10 numbers:
45 35 98 78 12 58 25 65 68 76↙
98 78 76 68 65 58 45 35 25 12
```

【例 7-6】输入 30 个正整数，将它们每 5 个一行正序输出，再每 5 个一行逆序输出。

分析：可以通过循环语句给数组内的 30 个元素赋值，正序输出时，数组的下标依次从 1 变化到 30；逆序输出时，下标依次从 30 变化到 1。

程序代码：

```
#include  <stdio.h>
main()
{
   int  a[30],i;
   printf("please input 30 numbers:\n");
   for(i=0;i<30;i++)
     scanf("%d",&a[i]);
```

```
    printf("1-30\n");
    for(i=0;i<30;i++)
     {
      printf("%3d,",a[i]);
      if((i+1)%5==0)printf("\n");
     }
    printf("30-1\n");
    for(i=29;i>=0;i--)
     {
      printf("%3d%,",a[i]);
      if(i%5==0)printf("\n");
     }
}
```

运行结果如图 7.1 所示。

```
please input 30 numbers:
41 54 65 32 54 85 97 85 62 45 1 3 5 8 9 7 4 1 2 5 45 12 65 98 78 41 52 63 52 41
1-30
 41, 54, 65, 32, 54,
 85, 97, 85, 62, 45,
  1,  3,  5,  8,  9,
  7,  4,  1,  2,  5,
 45, 12, 65, 98, 78,
 41, 52, 63, 52, 41,
30-1
 41, 52, 63, 52, 41,
 78, 98, 65, 12, 45,
  5,  2,  1,  4,  7,
  9,  8,  5,  3,  1,
 45, 62, 85, 97, 85,
 54, 32, 65, 54, 41,
```

图 7.1　正序逆序输出数组元素

【例 7-7】用数组求出斐波拉契级数的前 20 项。

分析：定义一个数组 f[20]来存放斐波拉契级数的前 20 项，其中 f[1]、f[2]的值为 1，其后各项遵循以下规律：f[i]=f[i−2]+f[i−1]。

程序代码：

```
#include <stdio.h>
main()
{
   int i, f[20]={1,1};
   for(i=2;i<20;i++)
      f[i]=f[i-2]+f[i-1];
   for(i=0;i<20;i++)
   {
      if(i%5==0)printf("\n");
      printf("%5d",f[i]);
   }
   printf("\n");
}
```

运行结果：

```
    1         1         2         3
    5         8        13        21
   34        55        89       144
  233       377       610       987
 1297      2584      4181      6765
```

【例 7-8】用冒泡法对输入的 10 个数进行排序。

分析：冒泡排序法的特点是，将相邻的两个数进行比较，将其中小的数，排到前面去。如在一个数组中，先将 a[0]与 a[1]比较，将较小的数放在 a[0]里，较大的数放在 a[1]里；然后将 a[1]与 a[2]比较，将较小的数放在 a[1]里，大的数放在 a[2]里……，直到整个数组比较结束，这时最大的数已经达到数组的最后一位。然后进行下一轮比较。对于 a[n]数组来讲，经过(n-1)轮比较，就可以完成排序。

程序代码：

```
#include <stdio.h>
main()
{
int i,j,t,a[11];
printf("please input 10 numbers :\n");
for (i=1;i<=10;i++)
        scanf("%d",&a[i]);                       /* 输入 10 个整数 */
printf("\n");
for(i=1;i<=9;i++)                                /* 一共 10 个数，要进行 9 轮比较 */
       for(j=1;j<=10-i;j++)                      /*每进行 1 次比较，需要循环的次数 */
         if (a[j]>a[j+1])                          /* 相邻两个数比较*/
           { t=a[j];a[j]=a[j+1]; a[j+1]=t; }       /* 如果前数大，则两数交换 */
printf("the sorted numbers :\n");
for(i=1;i<=10;i++)
    printf("%2d ",a[i]);                           /* 输出排序后的数组*/
printf("\n");
}
```

运行结果：

```
please input 10 numbers :
8 5 7 1 3 6 9 10 4 2↙
the sorted numbers :
1 2 3 4 5 6 7 8 9 10
```

7.4 一维数组与指针

在C语言中，指针和数组的关系非常密切，引用数组元素既可以通过下标，也可以通过指针。本节将学习如何正确地使用数组的指针来处理数组元素。

↑扫码看视频

7.4.1 指向数组元素的指针

每个变量有一个地址，一个数组包含若干元素，每个数组元素都在内存中占用存储单元，它们也都有相应的地址。数组是由连续的内存单元组成的，每个数组元素按其基类型不同，占有长度不同的连续内存单元，因此一个数组元素的起始地址就是一个数组的地址，指向数组的指针是指数组的首地址，指向数组元素的指针是指向数组元素的地址。定义一个指向数组元素的指针变量的方法，与定义普通指针变量相同。

定义数组指针变量说明的格式为：

```
类型说明符  *指针变量名;
```

其中“类型说明符”表示所指数组的类型。从定义的格式可以看出，指向数组的指针变量和指向普通变量的指针变量的说明是相同的。

例如：

```
int  a[10]; /*定义a为包含10个整型变量的数组*/
int  *p;    /*定义p为指向整型变量的指针*/
p=&a[0];    /*把a[0]元素的地址赋给指针变量p。也就是说，p指向a数组的第1个元素。*/
```

注意：(1) 因为数组为int型，所以指针变量也应为指向int型的指针变量，如图7.2所示。

(2) C语言规定，数组名代表数组的首地址，也就是第1个元素的地址。因此，下面两个语句等价：

```
p=&a[0];
p=a;
```

(3) 在定义指针变量的同时可以赋初值：

```
int  *p=&a[0];
```

它等价于：

```
int  *p;
p=&a[0];
```

也等价于：

```
int  *p=a;
```

图 7.2　指向数组的指针

(4) 从图 7.2 我们可以看出有如下关系：p，a，&a[0]均指向同一单元，它们是数组 a 的首地址，也就是第一个元素 a[0]的首地址。应该说明的是，p 是变量，而 a 和&a[0]都是常量。在编程时应予以注意。

7.4.2　通过指针引用数组元素

C 语言规定：如果指针变量 p 已指向数组中的一个元素，则 p+1 指向同一数组中的下一个元素。

(1) 如果 p 的初值为&a[0]，则：p+i 和 a+i 就是 a[i]的地址，或者说它们指向 a 数组的第 i 个元素，如图 7.3 所示。

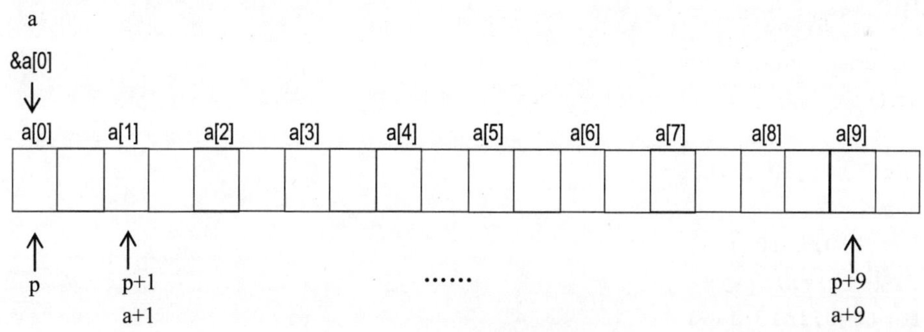

图 7.3　利用指针来访问数组元素

(2) *(p+i)或*(a+i)就是 p+i 或 a+i 所指向的数组元素，即 a[i]。例如：*p 为 a[0]的值；*(p+5)或*(a+5)就是 a[5]的值。

(3) 指向数组的指针变量也可以带下标。例如：p[i]与*(p+i)等价，即 p[5]与*(p+5)等价，与 a[5]等价。

(4) 引入指针变量后，就可以用两种方法来访问数组元素了。

- 下标法，即用 a[i]形式访问数组元素。
- 指针法(间接法)，即采用*(a+i)或*(p+i)形式来访问数组元素。

【例 7-9】用指针法输出数组中的全部元素。

分析：用*p 来引用指针所指向值，即 a[i]，用 p++来使 p 每次移动一个单位，指向 a[i]的下一个数组元素。

程序代码：

```
#include  <stdio.h>
main()
{
  int i,a[10];
  int *p=a;
  for(i=0;i<=9;i++)
     a[]=i;
  for(i=0;i<=9;i++)
  {
     printf("%d ",*p);
     p++;
  }
}
```

运行结果：

```
0 1 2 3 4 5 6 7 8 9
```

【例 7-10】用间接访问的方法输出数组中的全部元素。

分析：首先利用循环语句，将 0～9 直接存入指针指向的地址中，然后再用循环语句，通过读取指针指向的地址，将其中的值打印到屏幕上。

程序代码：

```
#include  <stdio.h>
main()
{
  int i, a[10],*p;
  p=a;
  for(i=0;i<10;i++)
    *(p+i)=i;
  for(i=0;i<10;i++)
    printf("%d ",*(p+i));
}
```

运行结果：

```
0 1 2 3 4 5 6 7 8 9
```

【例 7-11】用间接访问的方法输出数组中的全部元素。

分析：利用循环语句，首先将 0～9 直接存入指针指向的地址中，然后再利用自增运算符使*p 向后移动，依次指向 a[0]，a[1]，a[2]，……

程序代码：

```
#include  <stdio.h>
main()
{
   int a[10],i,*p=a;
   for(i=0;i<10;i++)
   {
     *p=i;
     printf("%d ",*p++);
   }
}
```

运行结果：

```
0 1 2 3 4 5 6 7 8 9
```

说明：指针变量可以通过使用自增自减运算符实现本身的值的改变，如 p++是合法的，而 a++是错误的。因为 a 是数组名，它是数组的首地址，是常量。

关于指针变量的自增自减运算，说明如下。

(1) *p++，由于++和*同优先级，结合方向自右而左，等价于*(p++)。先取 p 指向的地址中的值，然后再执行 p=p+1 运算。设 p 的初值为 a，则*(p++)等价于 a[0]。

(2) *(++p)，先执行++p，再取 p 指向的地址中的值。设 p 的初值为 a，*(++p)相当于 a[++i]，也就是 a[1]。

(3) (*p)++，*p 为 p 指向地址中的内容。设 p 的初值为 a ，(*p)++等价于 a[0]++。

【例 7-12】区分*p++和*(++p)。

程序代码：

```
#include  <stdio.h>
main()
{
  int a[4]={73,46,25,81},i;
  int *p=a;
  printf("%3d",*(p++));
  p=a;
  printf("%3d",*(++p));
  p=a;
  (*p)++;
  printf("%3d",*p);
}
```

运行结果：

```
73, 46, 74
```

7.5 指针数组和指向指针的指针

如果一个数组的所有元素都是指针，则称为指针数组。指针数组是一组有序的指针的集合。指针数组的所有元素都必须是具有相同存储类型和指向相同数据类型的指针变量。

↑扫码看视频

7.5.1 指针数组的概念

格式：

```
类型说明符 *数组名[数组长度]
```

其中“类型说明符”为指针值所指向的变量的类型。例如：

```
int *p[3];
```

p 是一个指针数组，它有三个数组元素 p[0]、p[1]、p[2]，每个元素值都是一个指针，指向整型变量。

应该注意指针数组和二维数组指针变量的区别。这两者虽然都可用来表示二维数组，但是其表示方法和意义是不同的。

二维数组指针变量是单个的变量，格式为：

```
(*指针变量名)
```

例如：

```
int (*p)[3];
```

表示一个指向二维数组的指针变量。该二维数组的列数为 3 或分解为一维数组的长度为 3。

而指针数组类型表示的是多个指针(一组有序指针)。格式为：

```
*指针数组名
```

例如：

```
int *p[3];
```

表示 p 是一个指针数组，它有三个数组元素 p[0]、p[1]、p[2]，均为指针变量。

7.5.2　指向指针的指针

如果一个指针变量存放的又是另一个指针变量的地址，则称这个指针变量为指向指针的指针变量。例如有以下定义：

```
int  **p;
```

p 前面有两个*号，相当于*(*p)。*p 是一个指向整型数据的指针变量。对*p 前面又有一个*号，则表示指针变量 p 是指向一个指针型变量的指针变量。

我们可以通过指针来访问变量，称为间接访问。由于指针变量直接指向变量，所以称为单级间接访问，也称为单级间址。如果通过指向指针的指针变量来访问变量，则构成二级间接访问，也称为二级间址。

7.5.3　利用指针数组访问数组

如果有以下定义：

```
int *p[5], a[5];
```

那么 p 是一个指针数组，它的每一个元素是一个指针型数据，其值为地址，同时 p 中的每一个元素也都有相应的地址。数组名 p 代表该指针数组的首地址。p+1 是 p[1]的地址。p+1 就是指向指针型数据的指针(地址)。还可以设置一个指针变量 q，使它指向指针数组元素。q 就是指向指针型数据的指针变量。

a 是一个一维数组，它的每一个元素都是整型数据。可以将 a 中所有元素的地址赋值给指针数组 p。

【例 7-13】利用指针数组访问数组。

程序代码：

```
#include  <stdio.h>
main()
{
   int *p[5],a[]={17,54,33,64,58};
   p[0]=a;
   printf("%d\n",*(p[0]+1));
}
```

运行结果：

```
54
```

说明：p[0]指向的是数组的第一个元素 a[0]，p[0]+1 则指向数组的第二个元素 a[1]，a[1]的初值是 54，因此运行结果是 54。

【例 7-14】利用指针的移动访问数组。

程序代码：

```
#include  <stdio.h>
main()
{
  int *p,a[]={17,54,33,64,58};
  int i;
  for(i=0;i<5;i++)
  {
      p=a+i;
      printf("%d ",*p);
  }
}
```

运行结果：

```
17 54 33 64 58
```

【例 7-15】将数组的地址依次赋给一个指针数组。

程序代码：

```
#include  <stdio.h>
main()
{
    int a[5]= {17,54,33,64,58};
    int *n[5]={&a[0],&a[1],&a[2],&a[3],&a[4]};
    int **p,i;
    p=n;
    for(i=0;i<5;i++)
       {printf("%d ",**p);p++;}
}
```

运行结果：

```
17 54 33 64 58
```

7.6 程序设计举例二

通过指针来引用一维数组进行编程是经常用到的方法，本节我们将通过几个例子来学习如何用指针或指针数组来引用一维数组。

↑扫码看视频

【例 7-16】输入学生的成绩，统计各分数段人数，90～100 分为 A，80～89 分为 B，70～79 分为 C，60～69 分为 D，60 分以下为 E。

分析：将学生成绩置于数组 s 里，通过循环语句，将学生成绩读入。将各分数段置于数组 c 里，一共有 5 个分数段，因此定义为 c[5]。

程序代码：

```
#include "stdio.h"
# define   N    30
main()
{
  int c[5],n=0,i,j;
  float  s[N],*p;
  p=s;
  printf("please enter score end with -1: \n");
  scanf ("%f",p);
  while (*p>=0)                          /*读入的成绩通过指针的方式赋值给数组 s*/
  {
    p++;
    n++;
    scanf ("%f",p);
  }
  for(i=0;i<5;i++)  c[i]=0;              /*将数组 c 赋初值 0 */
  for(i=0;i<n;i++)
  {
    if(s[i]<60)   j=0;
    else     j=((int)s[i]-50)/10;        /*大于 60 分的成绩个数，存入 c[j]*/
    c[j]++;
  }
  for(i=4;i>=0;i--)
  {
   printf("%c:%d\n",'E'-i,c[i]);        /*输出结果*/
  }
}
```

运行结果：

```
please enter score end with -1:
98 84 96 76 65 72 58 77 -1↙
A: 2
B: 1
C: 3
D: 1
E: 1
```

【例 7-17】将数组中的字符倒序存放，重新放置于数组中。假设 a 数组由 10 个元素组成，原始的存放顺序为 ABCDEFGHIJ，重置之后存放顺序为 JIHGFEDCBA。

分析：设置一个中间变量，通过中间变量将 a[0]和 a[9]进行对调，然后通过循环变量再将 a[1]和 a[8]进行对调，直到循环完成，则对调完成。

定义常量 N 为 10，定义数组为 a[N]，这样如果数组元素的个数需要变化，只要将 N 的值更改一下就可以了，整个程序不再需要更改。

程序代码：

```
#include  "stdio.h"
#define N 10
main()
{
   int  i,j,c;
   char  a[N];
   printf("please input 10 chars: ");
   for(i=0;i<N;i++)scanf("%c",&a[i]);
   for(i=0;i<N;i++)putchar(a[i]);
   putchar('\n');
   i=0;
   j=N-1;
   while(i<j)
   {
      c=a[i];a[i]=a[j];a[j]=c;
      i++;j--;
   }
   for(i=0;i<N;i++)putchar(a[i]);
   putchar('\n');
}
```

运行结果：

```
please input 10 chars:
ABCDEFGHIJ↙
ABCDEFGHIJ
JIHGFEDCBA
```

【例 7-18】已知 a 数组中已有 n 个元素，它们按由小到大的顺序排列。插入一个数 x，使插入后 a 数组中的数仍然有序，这时 a 数组为 n+1 个元素。

分析：首先数组要有足够的空间，以便存放插入的数据。比如该数组开辟了 10 个存储单元，已有 8 个有序数存放在 a[0]到 a[7]中。

要插入一个数时，首先要将该数与数组中的元素依次比较，确定它应该插入的位置。比如它比 a[4]大，比 a[5]小，那么它将占据 a[5]的位置。那么从 a[5]开始，原数组中的数据，依次后移。

程序代码：

```
#include   "stdio.h"
#define    N   10
#define    M   8
main()
{
   int   i,n,x,a[N];
   printf("please sequential input 8 numbers:\n");
   for(i=0;i<M;i++)scanf("%d",&a[i]);              /*按序为数组赋 8 个初值*/

   printf("output primary numbers:\n");
```

```
    for(i=0;i<M;i++)printf("%d ",a[i]);       /*按序输出 8 个原始数据*/
    printf("\n");

    printf("input x:");
    scanf("%d",&x);                             /*输入要插入的数据*/

    a[M]=x;                                     /*将插入的数据 x 放在数组的最后*/

    n=0;
    while(x>a[n])n++;                           /*n 为插入位置的下标*/

    for(i=M;i>n;i--)a[i]=a[i-1];      /*从数组的最后一个元素开始，依次将元素后移*/
    a[n]=x;                                     /*将 x 插入到它应该插入的位置上*/

    printf("output 9 numbers:\n");
    for(i=0;i<N-1;i++)printf("%d ",a[i]);     /*按序输出 9 个数据*/

}
```

运行结果：

```
please sequential input 8 numbers:
1 2 3 4 6 7 8 9↙
output primary numbers:
1 2 3 4 6 7 8 9
input x:5↙
output 9 numbers:
1 2 3 4 5 6 7 8 9
```

【例 7-19】用选择法按由小到大顺序对数组中的数进行排序。

分析：用选择法进行排序的方法如下。

(1) 首先从第一个值开始，找到数组中的最小值，然后将最小值与数组的第一个值对调。

(2) 从第二个值开始，找到剩余数组中的最小值，然后将最小值与数组的第二个值对调。

(3) 从第三个值开始，将最小值与第三个值对调，直到倒数第二个值与最后一个值比较。

选出最小值的方法如下。

(1) 首先将指针 p 指向数组的首地址，设中间变量 min 为最小值，设 p=0，min=a[0]。

(2) 将 p 移动一个存储单元，这时 p=1，将 min 与 a[1]比较，如果 min 小，那么继续移动。

(3) 将 p 继续移动，这时 p=n，将 min 与 a[p]比较，如果 a[p]较小，那么赋值 min=a[p]，并将 a[0]与 a[p]的值交换。

程序代码：

```
#include "stdio.h"
#define N  8
main( )
```

```
{
int  i=0,j,p,min,a[N];
printf("please input 8 numbers:");
do
{
scanf("%d",&a[i]);
i++;
}while(i<N);                                /*给数组元素赋值*/
printf("Output the array:");
for(i=0;i<N;i++) printf("%d ",a[i]);        /*将数组的值打出来*/
putchar('\n');
for(j=0;j<N-1;j++)                          /*n 个数进行 n-1 次比较*/
{
p=j;                                        /*先使 p 指向排序范围的第一个元素*/
for(i=j+1;i<N; i++)                         /*使 p 指向 a[j]到 a[n-1]*/
if(a[p]>a[i])p=i;                           /*之间的最小元素的位置*/
if(p!=j)                        /*如果排序范围的第一个元素不是最小的元素*/
{min=a[j];a[j]= a[p];a[p]=min;}             /*将最小元素与第一个元素对调*/
}
printf("Output the array by sorting:");
for(i=0;i<N;i++) printf("%d ",a[i]);                    /*打出排序后的结果*/
putchar('\n');
}
```

运行结果：

```
please input 8 numbers:
78 54 96 87 45 15 63 74↙
Output the array:
78 54 96 87 45 15 63 74
Output the array by sorting:
15 45 54 63 74 78 87 96
```

7.7 思考与练习

数组是具有相同类型的若干变量的有序组合，数组的有序体现在它的所有元素在内存中占有连续的空间，因此数组的引用可以用指针的移动来表示。

一维数组与指针的综合运用是 C 语言中的重点与难点。熟练掌握这种方法，才能更好地进行 C 语言的编程。

一、简答

1. 什么是数组？为什么在 C 语言中要引用数组？

2. 有以下定义：int a[4]={0,1,2,3},*p; 若 p=&a[0] ；则*p++的值是多少？若 p=&a[3] ；则*--p 的值是多少？

3. 假定一个 int 型变量占用两个字节，若有定义：int x[10]={0,2,4}; 则数组 x 在内存中所占字节数是多少？

4. 若有定义 int a[]={2,4,6,8,10,12},*p=a; 则*(p+1)的值是多少？*(a+5)的值是多少？

5. 求下列程序的输出结果：

```
main() {
    char a[10]={9,8,7,6,5,4,3,2,1,0},*p=a+5;
    printf("%d",*--p); }
```

6. 若有如下定义，则 b 的值是多少？

```
int a[10]={1,2,3,4,5,6,7,8,9,10},*p=&a[3],b=p[5];
```

7. 求下列程序的输出结果。

```
main() {
    int a[]={1,2,3,4,5},i,*p=a+2;
    printf("%d", p[1]-p[-1]);
    }
```

二、上机练习

1. 求以下程序的运行结果。

```
#include "stdio.h"
main()
{
   int k,a[6]={1,2,3,4,5,6};
   for(k=5;k>0;--k)
    if(a[k]%2==0)
      printf("%d  ",a[k]);
}
```

2. 求以下程序的运行结果。

```
#include "stdio.h"
main()
{
    int x[8]={8,7,6,5,0,0},*s;
    s=x+3;
    printf("%d",s[2]);
}
```

3. 求以下程序的运行结果。

```
#include "stdio.h"
main()
{
```

```
int a=7,b=8,*p,*q,*r;
    p=&a;q=&b;
    r=p;p=q;q=r;
    printf("%d,%d,%d,%d",*p,*q,a,b);
}
```

4. 求以下程序的运行结果。

```
#include <stdio.h>
main()
{
   int x[] = {10, 20, 30};
   int *px=x;
   printf("%d,", ++*px);
   printf("%d,", *px);
   px = x;
   printf("%d,", (*px)++);
   printf("%d,", *px);
   px = x;
   printf("%d,", *px++);
   printf("%d,", *px);
   px = x;
   printf("%d,", *++px);
   printf("%d\n", *px);
}
```

5. 求以下程序的运行结果。

```
#include <stdio.h>
main()
{
char s[9]="12134211";
int v[4]={0,0,0,0},k,i;
for(k=0;k<9;k++)
{
     switch(s[k])
     {
     case '1':i=0;break;
     case '2':i=1;break;
     case '3':i=2;break;
     case '4':i=3;break;
     }
    v[i]++;
}
for(k=0;k<4;k++)
 printf("%d ",v[k]);
}
```

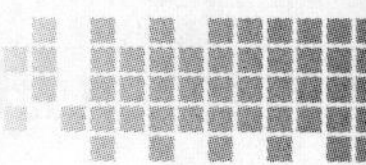

6. 求以下程序的运行结果。

```
#include <stdio.h>
main()
{
   int i, j,n=1,a[12];
   for (i=0;i<12;i++)
      {
         a[i]=n;
         n++;
      }
   n=0;
   for (i=0;i<3;i++)
   {
      for (j=1;j<=4;j++)
      {
         printf("%-4d", a[n]);
         n++;
      }
      printf("\n");
   }
}
```

7. 求以下程序的运行结果。

```
#include <stdio.h>
main()
{
   int i,j,k,n[3];
   for(i=0;i<3;i++)
   n[i]=0;
   k=2;
   for(i=0;i<k;i++)
   for(j=0;j<k;j++)
   n[j]=n[i]+1;
   printf("%d\n",n[1]);
}
```

8. 求以下程序的运行结果。

```
#include <stdio.h>
main()
{
   int x[6],a=0,b,c=14;
   do
   { x[a]=c%2;a++;c=c/2;}
   while(c>=1);
```

```
    for(b=a-1;b>=0;b--)
    printf("%d ", x[b]);   printf("\n");
}
```

9. 求以下程序的运行结果。

```
#include <stdio.h>
main()
{
    int i,n[6]={0};
    for(i=1;i<=4;i++)
    {
        n[i]=n[i-1]*2+1;
        printf("%d ",n[i]);
    }
}
```

三、编写程序

1. 用数组实现以下功能：输入5个学生成绩，然后求出这些成绩的平均值并显示结果。

2. 输入 10 个整数，用一维数组保存，统计其中正数、负数和零的个数，并在屏幕上输出结果。

3. 有10个数据，再任意输入1个数，检查其是否与10个数中的其中一个相等。

4. 输入 10 个整数，从第四个数据开始直到最后一个数据，依次向前移动一个位置。输出移动后的结果。

5. 10个整数的一维数组，找出其中最大的两个数。

6. 输入20个整数，从这些数中选出所有奇数并放在另一个数组中，最后输出。

7. 输入10个整数，从后向前将下标为偶数的元素放在另一个数组中并输出。

8. 在一个有序数组中，插入任意3个数，插入后，数组中的数仍然有序。

9. 使两个有序数组合并成另一个有序数组，合并后的数组仍然有序。

10. 编写函数，把任意十进制正整数转换成二进制数。

提示：把十进制数不断被2除，余数放在一个一维数组中，直到商数为零。

11. 调用随机函数，产生 20 个 0～199 之间的随机数，用选择法把它们从大到小进行排序。

提示：随机函数为 x=rand()%200。

第 8 章

二维数组

本章要点

- 二维数组的定义和引用
- 二维数组与一维数组的关系
- 二维数组与指针
- 通过指针数组和一维数组来构建二维数组

本章主要内容

二维数组是双下标的数组，用来处理类似于矩阵和二维表格型的数据非常高效。二维数组只是在逻辑上呈现出二维的形式，本质上它在内存中的存储还是一维线性的。二维数组可以通过定义得到，也可以通过一维数组与指针构造出来。

8.1 二维数组的定义和引用

只有一个下标的数组称为一维数组，但在实际问题中有很多量是二维的或多维的，因此C语言允许构造多维数组(有多个下标)。本节介绍二维数组(两个下标)，多维数组可由二维数组类推得到。

↑扫码看视频

8.1.1 二维数组的定义

格式：

```
类型说明符 数组名[常量表达式1][常量表达式2]
```

其中"常量表达式1"表示二维数组的行数，"常量表达式2"表示二维数组的列数。例如：

```
int a[3][4];
```

以上定义了一个三行四列的数组，数组名为a，其数组元素的类型为整型。该数组的变量共有3×4即12个：

```
a[0][0], a[0][1], a[0][2], a[0][3]
a[1][0], a[1][1], a[1][2], a[1][3]
a[2][0], a[2][1], a[2][2], a[2][3]
```

二维数组拥有两个下标，分别叫行下标和列下标。我们在纸上表达的时候表示为二维矩阵样式，但是在计算机的存储中是连续编址的，即存放完第一行之后，再存放第二行，直至最后一行，呈线性排列。即：先存放a[0]行，再存放a[1]行，最后存放a[2]行。每行中的四个元素也是依次存放。由于数组a定义为int类型，该类型占两个字节的内存空间，所以每个元素均占有两个字节。

8.1.2 二维数组元素的引用

二维数组的元素也称为双下标变量，其格式为：

```
数组名[行下标][列下标]
```

其中下标应为正整型常量或整型表达式。例如：a[3][4]表示a数组有3行4列的元素。

说明：(1) 下标可以是整型常量或表达式，如以下定义都是合法的：a[7*2][4+5]、

a[7][4*3]。

(2) 定义数组和数组的元素，写法上很相似，但是这两者具有完全不同的含义。如定义 int a[5][4]，数组 a 中的元素从 a[0][0]、a[0][1]至 a[4[3]，数组元素的下标最大值分别比定义时的行下标和列下标小 1。

【例 8-1】求 5 个学生 3 门课的各科平均成绩及总平均成绩。

分析：可设一个二维数组 a[5][3]存放 5 个人 3 门课的成绩。每一行为一个学生的成绩。再设一个一维数组 b[3]用来存放各科平均成绩，设变量 ave 为总平均成绩。

输入的时候，由于要计算每一科的平均成绩，因此先从第一列开始输入，将所有的数学成绩输入完成，求出平均成绩 b[0]；再输入第二列，所有的语文成绩，求出平均成绩 b[1]；最后输入第二列，所有的英语成绩，如表 8.1 所示。

表 8.1　5 个学生 3 门课的成绩

	姓名	数学	语文	英语
a[0]	王	97	86	77
a[1]	李	95	85	75
a[2]	赵	93	87	74
a[3]	刘	98	83	79
a[4]	张	96	85	78
		b[0]	b[1]	b[2]

程序代码：

```
#include <stdio.h>
main()
{
   int i,j,s=0,ave,a[5][3],b[3];
   printf("please input score by subject\n");
   for(i=0;i<3;i++)
   {
     for(j=0;j<5;j++)
      {
         scanf("%d",&a[j][i]);
         s=s+a[j][i];
      }
         b[i]=s/5;
         s=0;
      }
   ave =(b[0]+b[1]+b[2])/3;
   printf("math:%d  Chinese:%d English:%d ",b[0],b[1],b[2]);
   printf("total:%d\n", ave );
}
```

运行结果如图 8.1 所示。

```
please input score by subject
97 95 93 98 96 86 85 87 83 85 77 75 74 79 78
math:95  Chinese:85 English:76 total:85
```

图 8.1　每科平均成绩及总平均成绩

【例 8-2】已知 3 个学生 3 门课的成绩，求他们的总分及平均分。

分析：定义一个二维数组，数组的每一行存放一个学生的信息，包含学号、三科成绩及总分、平均分。赋初值的时候，只给每一行的前 4 个元素赋值，第 5 个和第 6 个元素通过第 2~4 个元素求得。

程序代码：

```
#include <stdio.h>
main()
{
   int s[3][6];
   int  i,j;
   printf("please input number and the grade of maths english chinese  \n");
   for(i=0;i<3;i++)
     for(j=0;j<4;j++)
       scanf("%d",&s[i][j]);                                  /*输入学生的学号及成绩*/
   for(i=0;i<3;i++)
   {
       s[i][4]=s[i][1]+s[i][2]+s[i][3];                       /* 求学生的总分 */
       s[i][5]=s[i][4]/3;                                     /* 求学生的平均分 */
    }
   printf("  number   maths english chinese     sum  aveage\n");
   for(i=0;i<3;i++)
   {
      for(j=0;j<6;j++)
      printf("%8d",s[i][j]);                           /* 打印出 s 数组的所有元素 */
      printf("\n");
   }
}
```

运行结果如图 8.2 所示。

```
please input number and the grade of maths english chinese
1 98 95 93 2 95 85 75 3 85 87 96
  number    maths english chinese       sum  aveage
       1       98      95      93       286      95
       2       95      85      75       255      85
       3       85      87      96       268      89
```

图 8.2　三个学生的成绩及总分平均分

8.1.3　二维数组的初始化

1．连续赋值为二维数组赋初值

将所有的初值都写在一个花括号内，按数组的线性排列顺序依次为数组元素赋值。例如：

```
int a[5][3]={ 80,75,92,61,65,71,59,63,70,85,87,90,76,77,85};
```

2．按行为二维数组赋初值

将每一行的初值放在同一个花括号内，然后将所有行的初值放在一个花括号内。这种方法按行赋值，比较直观，不容易出错。例如：

```
int a[5][3]={ {80,75,92},{61,65,71},{59,63,70},{85,87,90},{76,77,85} };
```

以上两种赋初值的结果是完全相同的。

3．对二维数组的部分元素赋初值

可以只对部分元素赋初值，未赋初值的元素自动取 0 值。例如：

```
int a[3][3]={{2},{5},{4}};
```

这是对每一行的第一列元素赋值，未赋值的元素取 0 值，赋值后各元素的值为：

```
2    0    0
5    0    0
4    0    0
```

又如：

```
int a[3][3]={{2},{5, 6, 7},{4, 1}};
```

赋值后各元素的值为：

```
2    0    0
5    6    7
4    1    0
```

还如：

```
int a[3][3]={{2, 8},{5, 6, 7}};
```

赋值后各元素的值为：

```
2    8    0
5    6    7
0    0    0
```

4．如果对二维数组的全部元素赋初值，那么定义时行下标可以省略

例如：

```
int a[3][3]={1,2,3,4,5,6,7,8,9};
```

可以写为：

```
int a[][3]={1,2,3,4,5,6,7,8,9};
```

8.1.4 二维数组与一维数组的关系

数组是一种构造类型的数据。二维数组可以看作是由一维数组组成的。若一维数组中的每个元素是包含若干元素的一维数组，这样就构成了二维数组。当然，前提是各元素类型必须相同。因此，我们也可以把一个二维数组分解为多个一维数组。

如二维数组 a[3][4]，可分解为三个一维数组，其数组名分别为 a[0]、a[1]、a[2]。

这三个一维数组都有 4 个元素，例如：一维数组 a[0]的元素为 a[0][0]、a[0][1]、a[0][2]、a[0][3]。

在这里，a[0]、a[1]、a[2]不能再当作变量使用，它们是数组名，不再是一个变量了。

8.2 二维数组程序举例一

二维数组经常用来解决类似于矩阵或是二维表格型的数据。

↑扫码看视频

【例 8-3】通过键盘给 2×3 的二维数组输入数据，第一行赋 1、3、5，第二行赋 2、4、6。然后，按行输出此二维数组。

分析：通过循环语句给二维数组赋初值，再通过嵌套的循环语句输出二维数组。

程序代码：

```
#include <stdio.h>
main()
{
   int  a[2][3],i,j;
   printf("please input  data :\n");
   for(i=0;i<2;i++)
      for(j=0;j<3;j++)scanf("%d",&a[i][j]);
   printf("output data:\n");
   for(j=0;j<2;j++)
   {
```

```
        for(i=0;i<3;i++)
        printf("%4d",a[j][i]);
        printf("\n");
    }
}
```

运行结果：

```
please input  data :
1  3  5  2  4  6↙
output data:
1   3   5
2   4   6
```

【例 8-4】给一个 4×4 的二维字符数组输入以下数据：

O	A	A	A
A	O	A	A
A	A	O	A
A	A	A	O

分析：数组中大部分元素都是字符 A，可以用循环语句给数组中所有元素赋初值为 A；数组的对角线上元素为字符 O，对角线上的元素分别为 a[0][0]，a[1][1]，a[2][2]，a[3][3]，可通过值 i=j 来实现对角线上元素的赋值。

程序代码：

```
#include <stdio.h>
main()
{
    char   c[4][4];
    int    i,j;
    for(i=0;i<=3;i++)
    {   for(j=0;j<=3;j++)c[i][j]='A';}
    for(i=0;i<=3;i++)
    {   for(j=0;j<=3;j++)
        if(i==j) c[i][j]='O';
    }
    for(i=0;i<=3;i++)
    {
       for(j=0;j<=3;j++)printf("%4c",c[i][j]);
       printf("\n");
    }
}
```

【例 8-5】给 2×3 的二维数组赋初值为：2、4、6、8、10…；然后按列的顺序输出此数组，即先输出第一列，然后按行依次输出第二列、第三列，每列中先输出第一行中的元素。

程序代码：

```
#include <stdio.h>
```

```
main()
{
    int i,j,a[2][3]={{2,4,6},{8,10,12}};
    printf("\n line output:\n");
    for(i=0;i<2;i++)
    {
        for(j=0;j<3;j++) printf("%4d",a[i][j]);
        printf("\n");
    }
    printf("\n column output:\n");
    for(i=0;i<3;i++)
    {
        for(j=0;j<2;j++) printf("%4d",a[j][i]);
        printf("\n");
    }
}
```

运行结果：

```
line output:
2    4    6
8    10   12
column output:
2    8
4    10
6    12
```

【例 8-6】给一个 5×5 的二维数组赋 1～25 的自然数，然后输出该数组的左下角。

程序代码：

```
#include <stdio.h>
main()
{
   int  a[5][5],i,j,n=1;
   for(i=0;i<5;i++)
     for(j=0;j<5;j++) a[i][j]=n++;
   printf("\nThe Output:\n");
   for(i=0;i<5;i++)
   {
      for(j=0;j<=i;j++) printf("%4d",a[i][j]);
      printf("\n");
   }
}
```

运行结果：

The Qutput:

```
1
6       7
11      12      13
16      17      18      19
21      22      23      24      25
```

8.3　二维数组与指针

二维数组的数组名是一个指针常量。二维数组可以分解为多个一维数组，分解得到的一维数组名也是指针常量。可以通过指针来构建二维数组。

↑扫码看视频

8.3.1　二维数组与指针

1. 二维数组的本质

在 C 语言中定义的二维数组本质上还是一维数组，这个一维数组的每一个成员又是一个一维数组。若有定义：

```
int  a[3][5];
```

则可以认为 a 数组由 a[0]、a[1]、a[2]三个元素组成，而 a[0]、a[1]、a[2]等每个元素又是由 5 个整型元素组成，可以用 a[0][0]、a[0][1]、a[0][2]等来表示 a[0]中的每个元素，依此类推。

2. 数组名是地址常量

在 C 语言中，一维数组名是一个地址常量，其值为数组第一个元素的地址，此地址的基类型就是数组元素的类型。

在以上定义的二维数组中，a[0]、a[1]、a[2]都是一维数组名，因此，同样也代表一个不可变的地址常量，其值为二维数组该行第一个元素的地址，其基类型就是数组元素的类型。

因为数组名为常量，因此以下定义是不合法的：a[0]++。

二维数组名同样也是一个地址值常量，其值为二维数组中第一个元素的地址。以上 a 数组，数组名 a 的值与 a[0]的值相同，只是其基类型为具有 5 个整型元素的数组类型。即 a＋0 的值与 a[0]的值相同，a＋1 的值与 a[1]的值相同，a＋2 的值与 a[2]的值相同，它们分别表示 a 数组中第零、第一、第二行的首地址。二维数组名应理解为一个行指针。

若有定义

```
int  *p  a[3][5];
```

则以下赋值是不合法的：

```
p=a;
```

因为 p 和 a 的基类型是不同的，p 的基类型是整型，而 a 的基类型是数组类型。

以下的赋值是合法的：

```
p=a[i];
```

a 和 p 的基类型是相同的，都是整型。

我们已知 a[i]也可以写成*(a+i)，因此以上赋值语句也可以写成：

```
p=*(a+i)
```

若有 a[0]+1，表达式中 1 的单位是 2 个字节；若有 a+1，表达式中 1 的单位应当是 5×2 个字节。

同样，对于二维数组名 a，也不可以进行 a++、a=a+i 等运算。

3. 二维数组元素的地址

二维数组元素的地址可以由表达式&a[i][j]求得，也可以通过每行的首地址来表示。

以上二维数组 a 中，每个元素的地址可以通过每行的首地址 a[0]、a[1]、a[2] 等来表示。如：

- a[0][0]的地址&a[0][0]，可以用 a[0]+0 来表示。
- a[0][1]的地址&a[0][1]，可以用 a[0]+1 来表示。
- a[1][2]的地址&a[1][2]，可以用 a[1]+2 来表示。

如果 i，j 满足条件 0≤i＜3、0≤j＜5，那么 a[i][j]的地址可以用以下五种方式求得：

(1) &a[i][j]。

(2) a[i]+j。

(3) *(a+i)+j。

(4) &a[0][0]+5*i+j。

(5) a[0] +5*i+j。

在以上表达式中 a[0]、a[i]、&a[0][0]的基类型都是 int 类型，系统将自动据此来确定表达式中常量 1 的单位是 2 个字节。

用以下表达式将会出现错误：

```
a+5*i+j
```

因为 a 的基类型是 5 个整型元素的数组类型，系统将自动据此来确定常量 1 的单位是 10 个字节，而不是两个字节。

8.3.2 通过地址来引用二维数组元素

若有以下定义：

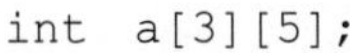

```
int  a[3][5];
```

且 i，j 满足条件，0≤i＜3、0≤j＜5，则 a 数组元素可用以下五种表达式来引用：

(1)　a[i][j]

(2)　*(a[i]+j)

(3)　*(*(a+i)+j)

(4)　(*(a+i))+[j]

(5)　*(&a[0] [0] +5*i+j)

说明：(2)中表达式*(a[i]+j)，因为 a[i]的基类型为 int，j 的位移量为 2×j 字节。

(3)中表达式*(*(a+i)+j)，a 的基类型为 5 个元素的数组，i 的位移量为 5×2×i 字节；而*(a+i)的基类型为 int，j 的位移量仍为 2×j 字节。

(4)中，*(a+i)外的一对圆括号不可少，若写成*(a+i)[j]，因为运算符[ ]的优先级高于*号，表达式可转换成*(*(a+i)+j))，即为*(*(a+i+j))，这时 i+j 将使得位移量为 5×2×(i＋j)个字节，显然这已不是元素 a[i][j]的地址，*(*(a+i+j))等价于*(a[i+j])，等价于 a[i＋j][0]，引用的是数组元素 a[i＋j][0]，而不是 a[i][j]了。

在(5)中，&a[0][0]+5*i+j 代表了数组元素 a[i][j]的地址，通过间接运算符*号，表达式*(&a[0][0]+5*i+j)代表了数组元素 a[i][j]的存储单元。

8.3.3　通过指针数组来引用二维数组元素

若有以下定义：

```
int *p[5], a[3][2], i, j;
```

则定义了一个指针数组 p，一个二维数组 a，p 的每个元素都是基类型为 int 的指针。所以若满足条件 0≤i＜3，则 p[i]和 a[i]的基类型相同，p[i]=a[i]是合法的赋值表达式。若有以下循环语句：

```
for(i=0;i<3;i++)p[i]=a[i];
```

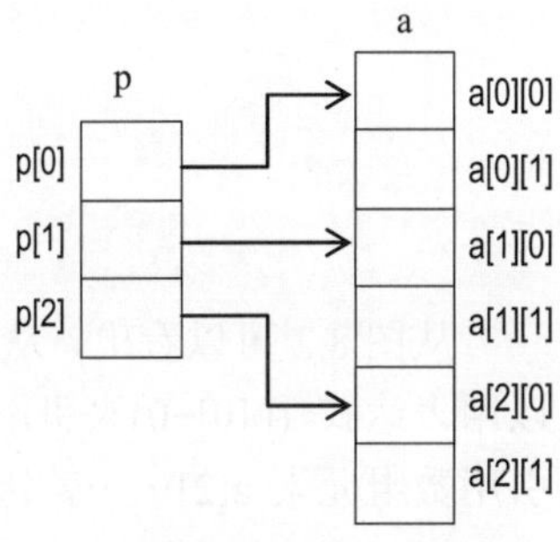

图 8.3　指针数组与二维数组

则将二维数组每行的首地址赋给了指针数组的 3 个指针。这时，数组 p 和数组 a 之间的关系如图 8.3 所示。

当 p 数组的每个元素已如图所示指向 a 数组每行的开头时，则 a 数组元素 a[i][j]的引用形式*(a[i]+j)和*(p[i]+j)是完全等价的。所以，这时可以通过指针数组 p 来引用 a 数组中的元素，它们的等价形式如下：

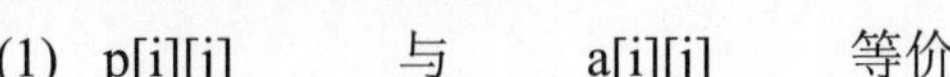

(1)　p[i][j]　　与　　a[i][j]　　等价

(2)　*(p[i]+j)　　与　　*(a[i]+j)　　等价

(3)　*(*(p+i)+j)　　与　　*(*(a+i)+j)　　等价

(4)　(*(p+i))[j]　　与　　(*(a+i))[j]　　等价

但是要注意一点，p[i]是一个变量，而 a[i]则是一个常量。

如果定义一个指向指针数组首地址的指针，并对其赋值：

```
int  **q;
q=p;
```

则 p[0]也可写作*(q+0)或 q[0]，p[1]也可以写作*(q+1)或 q[1]，因此可通过指针 q 来引用 a 数组中的元素，它们的等价形式如下：

(1) q[i][j] 与 a[i][j] 等价
(2) *(q[i]+j) 与 *(a[i]+j) 等价
(3) *(*(q+i)+j) 与 *(*(a+i)+j) 等价
(4) (*(q+i))[j] 与 (*(a+i))[j] 等价

8.3.4 通过指针数组和一维数组来构造二维数组

通过前面各章节的学习，我们知道二维数组在内存中是呈线性排列的，本质上也是一维数组。因此将一维数组中的元素分组，也可以拆分成二维数组。

若有以下定义和语句：

```
int  a[6], *p[3];
for(i=0;i<3;i++)p[i]=&x[2*i];
```

根据以上定义，a 是一个一维整型数组，p 是一个指针数组，for 循环执行的结果，使 p[0]指向 a[0]，把 a 数组凡是下标为 2 的倍数的元素的地址依次赋给了 p 数组元素，它们之间的关系如图 8.4 所示。

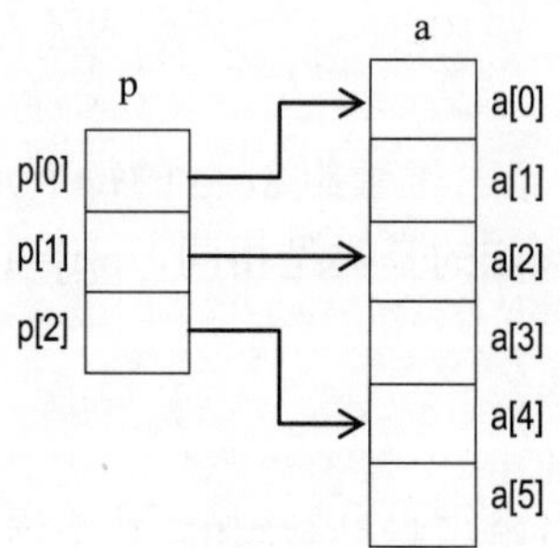

图 8.4 将指针指向一维数组

从图 8.2 可以看出，从逻辑结构来看，相当于建立了一个二维数组结构。这时，我们可以用表达式*(p[0]+0)来引用数组元素 a[0]，用*(p[0]+1)来引用数组元素 a[1]、用*(p[0]+2)来引用数组元素 a[2]……，因此(p[0]+0)可写成 p[0][0]、(p[0]+1)可写成 p[0][1]、(p[1]+1)可写成 p[1][1]……

【例 8-7】由指针数组 p 和一维数组 a 建立一个 3×2 的二维数组，a 数组赋初值 2、4、6、8……。分别按行和列的顺序输出此二维数组。

程序如下：

```
#include <stdio.h>
main()
```

```
{
   int  i,j,a[6]={2,4,6,8,10,12},*p[3];
   for(i=0;i<3;i++)p[i]=&a[2*i];
   printf("\nOutput by line:\n");
   for(i=0;i<3;i++)
   {
       for(j=0;j<2;j++)printf("%4d",p[i][j]);
       printf("\n");
   }
   printf("\nOutput by column:\n");
   for(i=0;i<2;i++)
   {      for(j=0;j<3;j++)printf("%4d",p[j][i]);
   printf("\n");
   }
}
```

运行结果：：

```
Output by line:
2     4     6
8     10    12
Output by column:
2     8
4     10
6     12
```

【例 8-8】由指针数组 p 和一维数组 a 建立一个二维数组，输出如下结构的下半三角形。

```
1
6      7
11     12     13
16     17     18     19
21     22     23     24     25
```

分析：本题与例 8-6 非常类似，按例 8-6 的做法，如果建立 5 行的一个下半三角形，那么需要开辟 5×5 的空间，而右上角的空间，虽然开辟了但是用不到。如果用指针与一维数组来构建一个逻辑上的二维数组，建立一个 N 行的下半三角形，那么只要开辟(N+1)×N / 2 个空间就可以了。

由题可知，第一行有 1 个元素，第二行有 2 个元素，第三行有 3 个元素……，这样，p[0]指向 a[0]，p[1]指向 a[1]，p[2]指向 a[1+2]，p[3]指向 a[1+2+3]，因此 p 的下标就可以由公式(i+1)×i/2 计算出。

程序代码：

```
#include <stdio.h>
#define  N  5
#define  M  (N+1)*N/2
main()
```

```
{     int   a[M],*p[N],i,j,k,n;
      for(i=0;i<N;i++)
      {     k=i*(i+1)/2;
            p[i]=&a[k];
      }
      for(i=0;i<N;i++)
      {     n=1;
            for(j=0;j<=i;j++)
            {
              p[i][j]=i*N+n;
              n++;
            }
      }
      printf("\nThe Output:\n");
      for(i=0;i<N;i++)
      {      for(j=0;j<=i;j++)printf("%4d",p[i][j]);
             printf("\n");
      }
}
```

说明：由指针数组与一维数组构成的二维数组与定义的二维数组不同之处如下。

(1) 对于同样一个 2×3 的数组结构，后者只需占用 6 个存储单元，而前者除一维数组所需的 6 个存储单元外，另外还需为指针数组开辟 2 个存储单元。

(2) 一经定义，二维数组每行元素的个数是固定且相同的，即使对每行所用的元素不同，也只能闲置不用。而由指针数组与一维数组构成的二维数组可以根据需要，使每行具有不同的元素个数。

8.4 程序设计举例二

↑扫码看视频

在实际应用中，二维数组比一维数组有更广泛的意义，二维数组名是一个地址，将二维数组分解为多个一维数组，每个一维数组名也是地址，因此熟练掌握二维数组与指针的关系是学好二维数组的关键。

【例 8-9】编写函数：(1)根据年、月、日，求出该年、月、日是本年度的第几天；(2)根据年和该年的第几天，求出是该年的几月几日。

分析：首先定义一个 2×13 二维数组用于存放每个月的天数，然后判断该年是否为闰年，如果是闰年，置 k 值为 1，读取 a[1][i]中的值，二月为 29 天；如果是平年，置 k 为 0，读取 a[0][i]中的值，二月为 28 天，

求这一天是一年中的第几天，需要累加其月份之前的所有天数。

已知天数求几月几日，则要从 1 月开始减去每个月的天数，直到减完的数小于 0 为止，减去的次数，就是该日期的月份。

程序代码：

```
#include  "stdio.h"
main()
{
   int     a[2][13]={{0,31,28,31,30,31,30,31,31,30,31,30,31},
                     {0,31,29,31,30,31,30,31,31,30,31,30,31}};
   int    y,m,d,days,i,k,day=0;
/* 输入年月日，求是本年度第几天*/
   printf("Enter year,month,day(for example 2019 01 02):\n");
   scanf("%d%d%d",&y,&m,&d);                         /*按要求格式输入年月日*/
   k=y%4==0&&y%100!=0||y%400==0;                /*如果 k=0 则是平年，k=1 则是闰年*/
   for(i=1;i<m;i++)
   day=day+a[k][i];                         /*根据输入的月份来判断应该加上几个月的天数*/
   day=day+d;                                                        /*加上日期*/
   printf("%d,%d,%d is %dth day of year\n\n",y,m,d,day);             /*输出结果*/
/* 根据给定年份和天数求这一年是该年度的几月几日*/
   printf("Enter year&day of year(for example 2019 88):\n");
   scanf("%d%d",&y,&days);                           /*按格式要求输入年度和天数*/
   d=days;                                            /*将输入的天数赋值给 d*/
   k=y%4==0&&y%100!=0||y%400==0;                 /*如果 k=0 则是平年，k=1 则是闰年*/
   for(i=1;days>a[k][i];i++)                        /*用给定的天数，减去每月天数*/
   days-=a[k][i];                                   /*结束循环剩下的天数是日期*/
   m=i;                                         /*i 循环的次数就是减去了几次月份数*/
   printf("%d %dth is:year:%d month:%d day:%d\n",y,d,y,m,days);
}
```

运行结果如图 8.5 所示。

```
Enter year,month,day(for example 2019 01 02):
2018 5 7
2018,5,7 is 127th day of year

Enter year&day of year(for example 2019 88):
2017 67
2017 67th is:year:2017 month:3 day:8
```

图 8.5　运行结果

【例 8-10】编写程序，打印出以下形式的五阶幻方。

15	8	1	24	17
16	14	7	5	23
22	20	13	6	4
3	21	19	12	10
9	2	25	18	11

分析：所谓幻方是指这样的方阵，它的每一行、每一列和两条对角线上的元素之和都相等，其值为 $n(n^2+1)/2$，此处 n 代表行数或列数。一个 n 阶奇数幻方由 1～n^2 个自然数组成。以上幻方的组成规律如下。

(1) 第一个数 1，放在第一行的中间。

(2) 连续的数从右下向左上的方向顺序放置。

(3) 当按(2)的规律试图放下一个数，行下标变成-1 时(出界)，则使放下一个数的行下标改为 n-1。

(4) 当按(2)的规律试图放下一个数，列下标变成-1 时(出界)，则使放下一个数的列下标改为 n-1。

(5) 当按(2)的规律试图放下一个数，该位置上已经放过数时，则放下一个数的列下标维持原来的不变，行下标改为原来的行下标+1。

(6) 当按(2)的规律试图放下一个数，行下标和列下标都变成了-1 时，则放下一个数的规则与(5)相同。

程序代码：

```
#include <stdio.h>
#define   N    5
main()
{
   int a[N][N]={0};
   int   i,j,x,y,k;
   k=1;i=0;
   j=N/2;
   a[i][j]=k;
   k++;
   while(k<=N*N)
   {
      x=i-1;
      y=j-1;
      if(x==-1)x+=N;
      if(y==-1)y+=N;
      if(a[x][y]!=0||x==-1&&y==-1)
         i=i+1;
      else
         {i=x;j=y;}
      a[i][j]=k;
      k++;
   }
   for(i=0;i<N;i++)
   {     for(j=0;j<N;j++)printf("%4d",a[i][j]);
   printf("\n");
   }
}
```

【例 8-11】编写程序，打印出以下形式的杨辉三角形。

```
1
1     1
1     2     1
1     3     3     1
1     4     6     4     1
1     5     10    10    5     1
1     6     15    20    15    6     1
```

分析：杨辉三角形具有如下特点。

(1) 第 1 列和对角线上的元素都为 1。

(2) 除第 1 列和对角线上的元素以外，其他元素的值均为前一行上的同列元素和前一列元素之和。

可以将杨辉三角形的值放在一个方形矩阵的左下角中，如果要打印 7 行杨辉三角形，可以定义 7×7 的方形矩阵。

程序代码：

```
#include  "stdio.h"
#define    N    7
main()
{
    int   s[N][N],n=7;
    int i,j;
    for(i=0;i<n;i++)
    {
        s[i][i]=1;
        s[i][0]=1;
    }
    for(i=2;i<n;i++)
      for(j=1;j<i;j++)
         s[i][j]=s[i-1][j-1]+s[i-1][j]  ;
    for(i=0;i<n;i++)
    {
       for(j=0;j<=i;j++)printf("%6d",s[i][j]);
       printf("\n");
    }
}
```

8.5　思考与练习

本章介绍二维数组的定义及其应用，并介绍了二维数组与指针的关系。二维数组在存储结构上仍然是线性存储，所以本质上还是一维数组。二维数组可以认为是由一维数组组成，也可以认为是由指针和一维数组构成。

一、简答

1. 定义二维数组时是否可以省略第一维长度？省略时系统如何计算长度？

2. 定义一维数组与引用一维数组元素时，“[]”内数据的含义是什么？

3. 若有定义：int a[3][4],(*q)[4]=a; 则如何利用指针变量 q 引用数组 a 的元素？

4. 若有如下定义和语句：

```
int a[3][4],*p[3];
p[0]=&a[0][0];
p[1]=&a[1][0];
p[2]=&a[2][0];
```

如何利用指针数组名 p 引用数组 a 的元素？

5. 说明下列两种定义方式的区别。

```
char a[3][8]={"gain","much","strong"};
char *a[3]={"gain","much","strong"};
```

6. 若有 int a[3][2]={{1,2},{3},{4,5}}; 则 a[1][1]的值是多少？

7. 若有以下定义 int a[2][3]={2,4,6,8,10,12}; 则 a[1][0]的值是多少？*(*(a+1)+0)的值是多少？

二、上机练习

1. 求以下程序的输出结果。

```
#include<stdio.h>
main()
{
    int a[4][4]={{1,3,5},{2,4,6},{3,5,7}};
    printf("%d%d%d%d\n",a[0][3],a[1][2],a[2][1],a[3][0]);
}
```

2. 求以下程序的输出结果。

```
#include<stdio.h>
main()
{
    int m[][3]={1,4,7,2,5,8,3,6,9};
    int i,j,k=2;
    for(i=0;i<3;i++)
    { printf("%d ",m[k][i]);}
}
```

3. 求以下程序的输出结果。

```
#include<stdio.h>
main()
{
```

```
    int b[3][3]={0,1,2,0,1,2,0,1,2},i,j,t=0;
    for(i=0;i<3;i++)
    for(j=i;j<=i;j++)
    t=t+b[i][b[j][j]];
    printf("%d\n",t);
}
```

4. 求以下程序的输出结果。

```
#include<stdio.h>
main()
{
    int a[3][3], *p,i;p=&a[0][0];
    for(i=0;i<9;i++) p[i]=i+1;
    printf("%d \n",a[1][2]);
}
```

5. 下面程序的功能是检查一个 N×N 矩阵是否对称(即判断是否所有的 a[i][j]等于 a[j][i])。请完成程序。

```
#include<stdio.h>
#define N 4
main()
{
    int a[N][N]={1,2,3,4,2,2,5,6,3,5,3,7,4,6,7,4};
    int i,j,found=0;
    for(j=0;j<N-1; j++)
    for(  ①  ;i<N; i++)
       if(a[i][j]!=a[j][i])
          {  ②  ;
           break;
          }
    if(found) printf("No");
    else printf("Yes");
}
```

6. 求以下程序的运行结果。

```
#include<stdio.h>
main()
{
    int a[3][3]={{1,2},{3,4},{5,6}};
    int i,j,s=0;
    for(i=0;i<3;i++)
       for(j=0;j<=i;j++)
          s+=a[i][j];
    printf("%d\n",s);
}
```

7. 求以下程序的运行结果。

```
#include<stdio.h>
main()
{
    char ch[2][5]={"6937","8254"},*p[2];
    int i,j,s;
    for(i=0;i<2;i++) p[i]=ch[i];
    for(i=0;i<2;i++)
    {
        s=0;
        for(j=0;ch[i][j]!='\0';j++)
        s=s*10+ch[i][j]-'\0';
        printf("%5d",s);
    }
}
```

三、编写程序

1. 求任意方阵每行、每列、两对角线上元素之和。
2. 求两个矩阵相加。
3. 从键盘输入一个 n×n 整型数组，求对角线上元素的最大值及其所在的行号。
4. 编写程序，打印以下九九乘法表。

1	2	3	4	5	6	7	8	9
2	4	6	8	10	12	14	16	18
3	6	9	12	15	18	21	24	27
4	8	12	16	20	24	28	32	36
5	10	15	20	25	30	35	40	45
6	12	18	24	30	36	42	48	54
7	14	21	28	35	42	49	56	63
8	16	24	32	40	48	56	64	72
9	18	27	36	45	56	63	72	81

5. 编写程序，建立以下形式的五阶幻方。

11	18	25	2	9
10	12	19	21	3
4	6	13	20	22
23	5	7	14	16
17	24	1	8	15

6. 编写程序，建立以下 9×9 方阵。

1	1	1	1	1	1	1	1	1
1	2	2	2	2	2	2	2	1
1	2	3	3	3	3	3	2	1
1	2	3	4	4	4	3	2	1
1	2	3	4	5	4	3	2	1
1	2	3	4	4	4	3	2	1
1	2	3	3	3	3	3	2	1
1	2	2	2	2	2	2	2	1
1	1	1	1	1	1	1	1	1

7. 编写程序，建立以下 5×5 方阵。

1	2	3	4	5
16	17	18	19	6
15	24	25	20	7
14	23	22	21	8
13	12	11	10	9

第 9 章

字符数组与字符串

本章要点

- 字符数组
- 字符串
- 字符串与指针
- 字符串处理函数

本章主要内容

C 语言本身没有设置字符串这样的数据类型，因此字符串都是存储于字符数组中的。字符数组与指针有着密切的关系，因此字符串的运算非常简洁、灵活。本章将详细讨论字符串与字符数组、指针的关系。

9.1 字符数组

↑扫码看视频

字符数组就是用来存放字符变量的数组。字符数组中的每个数组元素存放一个字符，即一字节。字符数组可以是一维的，也可以是多维的。

9.1.1 字符数组的定义

定义一维字符数组格式如下：

```
char 数组名[常量表达式];
```

例如：

```
char c[10];
```

定义二维字符数组格式如下：

```
char 数组名[常量表达式1] [常量表达式2];
```

例如：

```
char c[5][10];
```

9.1.2 字符数组的初始化

可以逐个给字符数组元素赋初值。

1. 为一维数组赋初值

例如：

```
char c[10]={'c',' ','p','r','o','g','r','a','m'};
```

以上语句定义c为字符数组，包含10个元素，其中c[0]赋初值为 'c'，c[1]赋初值为空格，c[2]赋初值为'p'，……c[8]赋初值为'm'，其中c[9]未赋值，系统自动赋值为'\0'。

如果为数组的全体元素赋值，也可以省略数组长度。例如：

```
char c[]={'c',' ','p','r','o','g','r','a','m'};
```

这时C数组的长度自动定义为9，相当于定义了char c[9]。

说明：(1) 如果赋值时提供的初值长度大于字符数组的长度，那么系统会显示语法错误。

(2) 如果赋值时提供的初值长度小于字符数组的长度，那么系统会给没有赋初值的数组元素自动定义为空字符'\0'。

2. 为二维字符数组赋初值

例如：

```
char c[5][5]={{' ',' ','*'},{' ','*','*','*'}.{'*','*','*', '*','*'},
{' ','*','*','*'},{' ',' ','*'}};
```

9.1.3 字符数组的引用

一维字符数组引用的格式：

数组名[下标]

二维字符数组引用的格式：

数组名[行下标][列下标]

【例 9-1】输出以下图形：

程序代码：

```
#include <stdio.h>
main()
{
    char c[5][5]={{' ',' ','*'},{' ','*',' ','*'}, {'*',' ',' ',' ','*'},
                {' ','*',' ','*'},        {' ',' ','*'}};
    int i,j;
    for(i=0;i<5;i++)
     {for(j=0;j<5;j++)
        printf("%c",c[i][j]);
        printf("\n");
     }
}
```

9.2 字　符　串

字符串是用双引号括起来的一串字符，以'\0'为结束标志。'\0'占一字节的空间，但是不计入串的长度。

在 C 语言中没有专门的字符串变量，通常用一个字符数组来存放一个字符串。

↑扫码看视频

9.2.1 字符串常量

虽然 C 语言中没有字符串数据类型，但是允许使用字符串常量。字符串常量是用双引号“”括起来的一串字符。例如：printf(“a=%d\n”，a)中的“a=%d\n”就是一个字符串常量。

字符串常量和字符常量占有的内存空间是不一样的。

例如：‘A’是一个字符常量，“A”是一个字符串常量。‘A’占用一个字节的存储空间，“A”是长度为 1 的一个字符串，但是它占用两个字节的存储空间，其中一个字节用来存放‘\0’。一对单独的双引号“”也是一个字符串常量，称为空串，它的长度为 0，但是占用一个字节的空间用来存放‘\0’。

‘\0’是一个转义字符，称为空值，它的 ASCII 值为 0，利用‘\0’可以测定一个字符串的实际长度。‘\0’作为标志占用存储空间，但是不计入串的实际长度。

表示字符串常量时，不需要用户手动添加‘\0’，编译系统会自动完成这一工作。

9.2.2 用字符串给字符数组赋初值

1. 用字符串常量给字符数组赋初值

例如：

```
char c[10]={"C program"};
```

或写为：

```
char c[10]= "C program";
```

说明：(1) 如果字符串的长度大于字符数组的长度，系统报错。

(2) 如果字符串的长度小于字符数组的长度，系统自动在最后一个字符后添‘\0’作为字符串结束标志。

2. 通过给字符数组赋初值，确定字符数组长度

例如：

```
char c[]="C program";
```

字符串内一共有 9 个字符，但是由于字符串是以‘\0’作为字符串结束标志的，所以 c 数组的长度为 10，也就是相当于定义是 c[10]，如图 9.1 所示。

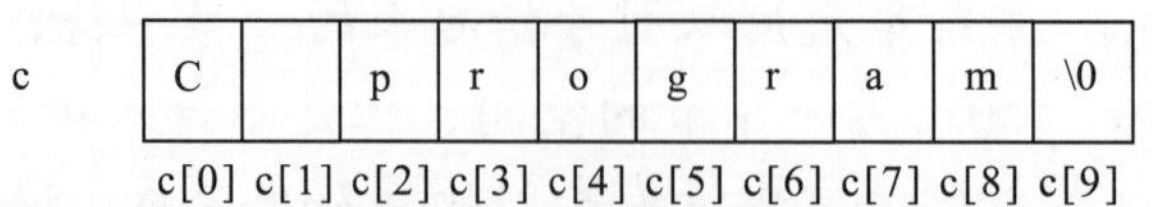

图 9.1 字符串赋值给数组

如果有以下定义：

```
char c[]={'c', ' ', 'p', 'r', 'o', 'g', 'r', 'a', 'm'};
```

这时 C 数组的长度自动定为 9，相当于定义了 char c[9]，如图 9.2 所示。

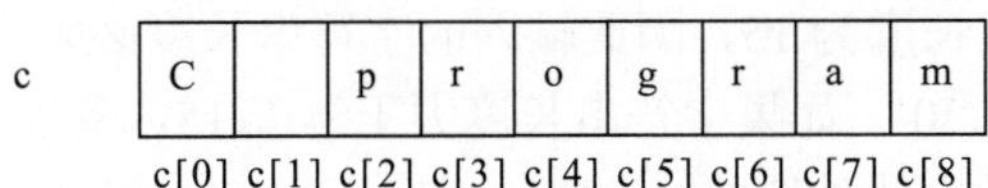

图 9.2　字符赋值给数组

说明：(1)　用字符串为字符数组赋值时，无需指定长度。

(2)　用字符串为字符数组赋初值时，系统会自动在该字符串最后加‘\0’作为字符串结束标志。

(3)　若定义的字符数组准备存放字符串，则要求最后一个字符为‘\0’。

9.2.3　字符串的输入输出

1. 字符串的输出

可以用格式符%s 整个输出字符串。例如：

```
char c[]={'c',' ','p','r','o','g','r','a','m'};
printf("%s",c);
```

注意：在 printf 函数中，使用的格式字符为“%s”，表示输出的是一个字符串。在输出列表中给出数组名则可。不能写为：

```
printf("%s",c[]);
```

2. 字符串的输入

可以用格式符%s 将字符串输入到字符数组中。例如：

```
char s;
scanf("%s",s);
```

【例 9-2】输入一个字符串并输出。

程序代码：

```
#include<stdio.h>
main()
{
  char s[15];
  printf("please input a string:\n");
  scanf("%s",s);
  printf("%s\n",s);
}
```

运行结果：

```
please input a string:
```

```
string.↙
string.
```

说明：由于定义数组长度为15，因此输入的字符串长度必须小于15，以留出一个字节用于存放字符串结束标志'\0'。如果字符串长度大于等于15，系统并不报错，但是会引起意外的后果，应注意避免发生此种情况。

3. 多个字符串的输入

由于C语言规定scanf()函数在输入数据时以空格、制表符和回车来进行数据的分隔，因此按%s来输入字符串时，字符串中不能有空格或制表符。

(1) 如果在命令行输入：

```
  string
```

那么执行printf("%s",s)后输出：

```
string
```

说明字符数组中只存储了string，字符串前的空格没有被存入到字符串中。

(2) 如果在命令行输入：

```
this is a string
```

那么执行printf("%s",s)后输出：

```
this
```

说明字符数组中只存储了this，字符串中的空格被认为是串的结束，后面的字符没有被存储到数组中。

因此，如果要输入有空格的字符串，则应该定义多个字符数组。

【例9-3】输入多个字符串。

程序代码：

```
#include<stdio.h>
main()
{
    char s1[10],s2[10],s3[10],s4[10];
    printf("please input a sentence:\n");
    scanf("%s%s%s%s",s1,s2,s3,s4);
    printf("%s %s %s %s\n",s1,s2,s3,s4);
}
```

运行结果：

```
please input a sentence:
this is a string. ↙
this is a string.
```

9.2.4 字符串与指针

1．字符数组与指针

C 语言中规定，数组名代表了该数组的首地址。因此字符数组的数组名，也代表了数组的首地址，整个数组是以首地址开头的一块连续的内存单元。

因此，当用 scanf() 函数输入字符数组的值时，应写成 scanf("%s",s) 而不是 scanf("%s",&s)。

2．字符串的地址

每一个字符串常量都要占用内存中的一串连续的存储空间，它们所在的地址空间虽然没有名字，但是也占有固定的起始地址。因此，在 C 语言中，字符串常量被处理为一个以 '\0' 结尾的无名字符型一维数组。

以下定义与赋值是合法的：

```
char *p;
p="String";
```

此赋值语句并不是把字符串的内容放入 p 中，而只是把字符串的首地址赋给了 p。

3．将字符串的地址赋给指针

可以将一个字符串的地址赋给指针变量。例如：

```
char *p;
p="String";
```

也可以在定义指针变量的同时，将一个字符串的地址赋给指针变量。例如：

```
char *p="String";
```

经过以上赋值，指针变量 p 指向了字符串常量的首地址。

4．用字符数组存储的字符串与指针指向的字符串的区别

若有以下定义：

```
char a[]="hello";
char *p="hello";
```

则数组 a 是一个字符数组，经过赋初值，它的长度固定。可以通过 a、&a[0]等来引用字符串中元素的地址。在这个数组中，字符串的内容是可以改变的，而 a 总是引用固定的存储空间。

p 是一个指针变量，通过赋初值，它指向一个字符串常量，即一个无名的一维字符数组。可以通过 p, p+1 等来引用这个字符串常量中元素的地址。指针变量中的地址是可以改变的，字符串的长度不受限制。一旦 p 指向其他地址，如果没有另外的指针指向原来的字符串，那么这个字符串将丢失，其所占用的存储空间也无法再引用了。

5. 用指针来输入输出字符串

若有以下定义：

```
char s[20],*p;
p=s;
```

则以下的输入都是合法的：

```
scanf("%s",s);
scanf("%s",p);
scanf("%s",&s[0]);
```

以下的输出也是合法的：

```
printf("%s\n",s);
printf("%s\n",p);
```

【例 9-4】统计字符串中 a 的个数。

程序代码：

```
#include<stdio.h>
main()
{
   int n=0;
   char  a[81],*p=a,c;
   scanf("%s",a);
   while((c=*p++)!='\0')if(c=='a')n++;
   printf("n=%d\n",n);
}
```

运行结果：

```
adadfadsfasfd↙
n=4
```

9.2.5 字符串数组

1. 字符串数组与二维数组

多个字符串数组又构成一个数组，就称为字符串数组。可以将一个二维字符数组看成字符串数组。例如：

```
char str[4][10];
```

数组 str 共有 4 个元素组成，每个元素又是一个维数组，每个一维数组由最多 9 个字符的字符串组成。二维数组的第一个下标决定了字符串的个数，第二个下标决定了字符串的最大长度。

【例 9-5】输入一行文本，不超过 30 个单词，每个单词不超过 15 个字母。

程序代码：

```
#include<stdio.h>
#define M 30
#define N 15
main()
{
   char sent[M][N];
   int i,j;
   printf("please input a sentence: \n");
   for(i=0;i<M;i++)
   {
      scanf("%s",sent[i]);                    /*通过循环语句，输入字符串*/
      if(sent[i][0]=='@')break;               /*以@结束输入*/
   }
   for(j=0;j<i;j++)
   printf("%s ",sent[j]);                     /*通过循环语句，打印出所有单词*/
}
```

运行结果：

```
please input a sentence:
I am a programmer! @↙
I am a programmer!
```

2．字符串数组与指针

二维字符串数组在定义的同时开辟了固定字节数的空间。例如：

```
char c[][11]={"I","am","a","programmer"};
```

由定义可知，该数组开辟了 4×11 个内存空间，在内存中占用连续 44 个字节空间，各元素在数组中的存储情况如图 9.3 所示。

c											
c[0]	I	\0	\0	\0	\0	\0	\0	\0	\0	\0	\0
c[1]	a	m	\0	\0	\0	\0	\0	\0	\0	\0	\0
c[2]	a	\0	\0	\0	\0	a	m	\0	\0	\0	\0
c[3]	p	r	o	g	r	a	m	m	e	r	\0

图 9.3　二维字符数组

通过赋初值，二维数组中有些存储单元是空闲着的，但是不能被别的变量所利用，造成浪费。

因此，可以定义字符型指针数组来构成一个类似的字符串数组。

例如：

```
char *p[4]={"I","am","a","programmer"};
```

这个数组的存储结构如图 9.4 所示。

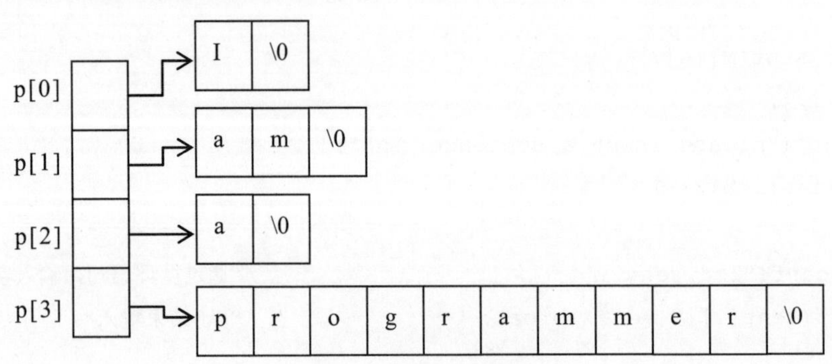

图 9.4　数组的存储结构

指针数组 p 的每个元素指向一个字符串，也就是说数组 p 中的每个元素存放着一个字符串的首地址。在赋初值的过程中，未被赋值的指针数组元素，系统自动赋值‘\0’。

指针数组 p 所指向的 4 个字符串，它们并不占用连续的存储单元，实际只占用了 17 字节的内存空间。

指针数组所指向的字符串，它们没有名字，和它们的联系全依赖于指针数组元素，一旦指针数组元素被重新赋值，并且没有其他指针指向相应的字符串，字符串将丢失。

说明：通过定义二维字符数组得到的字符串数组和通过指针数组构成的字符串数组，二者都能构成字符串数组，但是有根本的区别。

(1)　二维字符数组构成的字符串数组，长度固定；占用连续的存储单元，c[1]的地址可以通过 c[0]+1 得到；数组元素可以重新赋值，但每个字符串的长度受原始定义的限制；c[0]、c[1]…的值不能改变，它们都是地址常量。

(2)　通过指针数组构成的字符串数组，每个字符串的长度没有固定限制；每个字符串占用的空间是不连续的，p[0]和 p[1]的值之间没有联系；指针数组可以重新赋值，重新赋值之后，新串的长度不受限制，但是一旦重新赋值，原有的字符串如果没有其他指针指向它，就会丢失。

通过定义二维字符数组得到的字符串数组和通过指针数组构成的字符串数组，各有其优缺点。在实际使用中，我们可把二维字符数组的地址赋值给基类型为字符型的指针数组元素。例如：

```
char c[4][5],p[4];
for(i=0;i<4;i++)
p[i]=c[i];
```

这样，既可以通过 c 来引用字符串，也可以通过 p 来引用字符串。

9.3　字符串处理函数

↑扫码看视频

C 语言提供了丰富的字符串处理函数，可分为字符串的输入、输出、合并、修改、比较、转换、复制、搜索等几类。使用输入输出的字符串函数，应包含头文件 stdio.h，使用其他字符串函数则应包含头文件 string.h。

9.3.1　字符串输出函数 puts()

格式：

```
puts(str);
```

功能：输出一个字符串 str 到屏幕上。

例如：

```
puts(s);
puts("hello");
```

说明：(1)　str 可以是数组名，也可是字符指针、字符数组元素的地址或是字符串等。

(2)　str 存放的是字符串的首地址，调用 puts()函数时，将从这一地址开始，依次输出存储单元中的字符，遇到第一个‘\0’结束输出，并自动输出一个换行符。

(3)　输出的字符串中可以输出转义字符。

(4)　调用 puts()函数，必须包含头函数 stdio.h。

【例 9-6】用 puts()函数输出一个字符串。

程序代码：

```
#include"stdio.h"
main()
{
 char c1[]="hello world!";
 char c2[]="hello \n world";
 char c3[]="hello \0 world";
 puts(c1);
 puts(c2);
 puts(c3);
}
```

运行结果：

```
hello world!
hello
world
hello
```

说明：(1) 输出 c1，正常输出了 hello world!并输出一个换行符。

(2) 输出 c2，正常输出 hello，然后输出一个\n，换行，再输出 world，输出换行。

(3) 输出 c3，正常输出 hello，然后输出\0，认为字符串已经结束。输出换行。

9.3.2 字符串输入函数 gets()

格式：

```
gets(str)
```

功能：从标准输入设备键盘上输入一个字符串 str。

例如：

```
char str[];
get(str);
```

说明：

(1) 本函数得到一个函数值，即为该字符数组的首地址。

(2) str 用来存放字符串的首地址，它可以是字符数组名，字符指针或字符数组元素的地址。

(3) get()函数从终端读入字符串，直到读入一个换行符为止，换行符读入后，不作为字符串的内容，系统自动以‘\0’代替。

(4) 调用 gets()函数，必须包含头函数 stdio.h。

【例 9-7】用 gets()函数读入一个字符串。

程序代码：

```
#include"stdio.h"
main()
{
    char str[20];
    printf("please input a string:\n");
    gets(str);
    puts(str);
}
```

运行结果：

```
please input a string:
I am a programmer. ↙
I am a programmer.
```

说明：当输入的字符串中含有空格时，输出仍为全部字符串，这说明 gets 函数并不以空格作为字符串输入结束的标志，而只以回车作为输入结束。这是与 scanf 函数不同的。

9.3.3　字符串连接函数 strcat()

格式：

```
strcat(字符数组 1，字符数组 2)
```

功能：把“字符数组 2”中的字符串连接到“字符数组 1”中字符串的后面，并删去“字符数组 1”后的串标志‘\0’。函数的返回值是“字符数组 1”的首地址。

例如：

```
strcat(str1,str2);
```

说明：(1)　“字符数组 1”必须要有足够的空间容纳两个字符串合并后的内容。

(2)　连接前，两个字符数组之后都有一个‘\0’，连接时将“字符数组 1”后面的‘\0’取消，只在新串后面保留一个‘\0’。

(3)　调用 strcat()函数，必须包含头函数 string.h。

如有以下定义，则对函数的调用是不正确的：

```
char *p1="hello",*p2="hi";
strcat(p1,p2);
```

说明：p1 指向的是无名的存储区的首地址，它之后没有属于它的剩余空间可以存放另一个字符串。

【例 9-8】利用 strcat()函数，连接两个字符串。

程序代码：

```
#include"stdio.h"
#include"string.h"
main()
{
    char st1[30]="My name is ";
    char st2[10];
    printf("please input your name:\n");
    gets(st2);
    strcat(st1,st2);
    puts(st1);
}
```

运行结果：

```
please input your name:
Bob↙
My name is Bob
```

9.3.4 字符串拷贝函数 strcpy()

格式：

```
strcpy(字符数组 1，字符数组 2)
```

功能：把“字符数组 2”中的字符串拷贝到“字符数组 1”中。

例如：

```
strcpy(str1,str2);
strcpy(str1, "hello");
```

说明：(1) str2 拷贝时，串结束标志‘\0’也一同拷贝。

(2) str2 也可以是一个字符串常量，这时相当于把一个字符串赋予一个字符数组。

(3) str1 中要有足够的空间可以容纳 str2 中的内容。

(4) 字符串之间不可以互相赋值，只能用字符串拷贝函数，例如以下的写法是错误的：

```
char str1[10]="hello",str2[10];
str2=str1;
```

(5) 调用 strcpy()函数，必须包含头函数 string.h。

【例 9-9】利用 strcpy()函数，给字符串赋值。

程序代码：

```
#include"stdio.h"
#include"string.h"
main()
{
   char str1[15],str2[]="C Language";
   strcpy(str1,str2);
   puts(str1);
   printf("\n");
}
```

9.3.5 字符串比较函数 strcmp()

格式：

```
strcmp(字符数组名 1，字符数组名 2)
```

功能：按照 ASCII 码顺序比较两个数组中的字符串，并由函数返回值返回比较结果。如果字符串 1＝字符串 2，返回值＝0；字符串 2>字符串 2，返回值>0；字符串 1<字符串 2，返回值<0。

例如：

```
int a;
```

```
a=strcmp(str1,str2);
```

说明：(1)　strcmp()函数也可用于比较两个字符串常量，或比较数组和字符串常量。

(2)　调用 strcmp()函数，必须包含头函数 string.h。

【例 9-10】使用 strcmp()函数，比较两个字符串。

程序代码：

```
#include"stdio.h"
#include"string.h"
main()
{
   int n;
   char str1[15],str2[]="hello";
   printf("please input a string:\n");
   gets(str1);
   n=strcmp(str1,str2);
   if(n==0) printf("srt1=str2\n");
   if(n>0) printf("str1>str2\n");
   if(n<0) printf("str1<str2\n");
}
```

运行结果：

```
please input a string:
hi↙
str1>str2
```

9.3.6　测字符串长度函数 strlen()

格式：

```
strlen(字符数组名)
```

功能：测字符串的实际长度(不含字符串结束标志‘\0’) 并作为函数返回值。

例如：

```
strlen(str);
strlen("hello");
```

【例 9-11】测试字符串的长度。

程序代码：

```
#include"stdio.h"
#include"string.h"
main()
{
   int n;
   char str[]="My name is Bob";
```

```
  n=strlen(str);
  printf("The lenth of the string is %d\n",n);
}
```

运行结果：

```
The lenth of the string is 14
```

9.3.7 查找字符位置函数 strchr()

格式：

```
strchr(字符串，字符)
```

功能：查找“字符串”中的“字符”，若查找成功，函数返回在串中第一次出现此字符的地址；或查找失败，函数返回空值 NULL。

【例 9-12】查找字符串中的字符。

程序代码：

```
#include"stdio.h"
#include"string.h"
main()
{
  char str[]="My name is Bob.";
  char c,*p;
  c='i';
  p=strchr(str,c);
  puts(p);
  printf("the position is:%d",p-str);
}
```

运行结果：

```
is Bob.
the position is:8
```

说明：puts(p)语句输出 p 所指向的字符串地址，由于经过运算 p=strch(str,c)，p 指向字符‘i’的地址，因此输出了 is Bob。p-str 后，输出的是 p 的地址减去 str 的地址，两个地址之间有 8 个字符，因此差是 8。

9.3.8 查找子串位置函数 strstr()

格式：

```
strstr(字符串，子串)
```

功能：strstr()用来查找子串在字符串中的位置。若查找成功，函数返回子串第一次出现的地址，若不成功，函数返回空值 NULL。

【例 9-13】查找字符串中的子串。

程序代码：

```
#include"stdio.h"
#include"string.h"
main()
{
   char str1[]="My name is Bob.",str2[]="is";
   char *p;
   p=strstr(str1,str2);
   puts(p);
   printf("the position is:%d",p-str1);
}
```

运行结果：

```
is Bob.
the position is:8
```

说明：puts(p)语句输出 p 所指向的字符串地址，由于经过运算 strstr(str1,str2)，p 指向子串“is”的地址，因此输出了 is Bob。p-str1 输出的是 p 的地址减去 str1 的地址，两个地址之间有 8 个字符，因此差是 8。

9.3.9　转字符串为小写 strlwr()

格式：

```
strlwr(字符串)
```

功能：将“字符串”中的大写字母转换成小写字母。

【例 9-14】将输入字符串中的字母都转换为小写字母。

程序代码：

```
#include"stdio.h"
#include"string.h"
main()
{
   char s[20];
   printf("please input a string!\n");
   gets(s);
   strlwr(s);
   puts(s);
}
```

运行结果：

```
please input a string!
ABCD↙
abcd
```

9.3.10 转字符串为大写函数 strupr()

格式：

```
strupr(字符串)
```

功能：将字符串中的小写字母转换成大写字母。

9.4 程序设计举例

字符串的处理在实际应用中比字符数组具有更广泛的意义，因此应熟练掌握如何用字符数组来处理字符串。本节将举例说明字符串的应用。

↑扫码看视频

【例 9-15】不用求字符串长度函数 strlen()。从键盘上输入一个字符串，统计字符串中的字符个数。

分析：可以通过指针的移动次数来确定字符的个数。

程序代码：

```
#include"stdio.h"
main()
{
   char str[81],*p=str;
   int n=0;
   printf("please input a string:\n");
   gets(str);
   while(*p++) n++;
   printf("length=%d\n",n);
}
```

运行结果：

```
Please input a string:
```

```
nice to meet you!
length=17
```

【例 9-16】输入一个字符串，输出每个大写英文字母出现的次数。

分析：英文大写字母的 ASCII 码介于‘A’和‘Z’之间，若发现一个字符符合要求，则使 n[i]加 1，最后输出 n[i]的值。

程序代码：

```
#include"stdio.h"
main()
{
   char str[81],*p=str;
   int n[26]={0},i;
   printf("please input a string:\n");
   gets(str);
   while(*p)
   {
    if(*p>='A'&&*p<='Z')
    n[*p-'A']++;
    p++;
   }
   for(i='A';i<='Z';i++)
       printf("%3c",i);
   printf("\n");
   for(i=0;i<26;i++)
       printf("%3d",n[i]);
   printf("\n");
}
```

运行结果：

```
please input a string:
Mrs.lu speaks English well. ↙
 A  B  C  D  E  F  G  H  I  J  K  L  M  N  O  P  Q  R  S  T  U  V  W  X  Y  Z
 0  0  0  0  1  0  0  0  0  0  0  0  1  0  0  0  0  0  0  0  0  0  0  0  0  0
```

【例 9-17】输入一段英文，统计其中单词个数。

分析：单词的个数可以由空格出现的次数决定，连续的若干空格作为一次空格，一行开头的空格不统计在内。

程序代码：

```
#include"stdio.h"
main()
{
   char str[81],*p=str;
   int n=0,w=0;
   printf("please input a sentence:\n");
```

```
    gets(str);
    while(*p)
    {
        if(*p==' ') w=0;
        else if(w==0)
        {
            n++; w=1;
        }
        p++;
    }
    printf("num=%d\n",n);
}
```

运行结果：

```
please input a sentence:
Today is Monday We go to school. ↙
num=7
```

【例 9-18】编写程序，把从键盘输入的一个数字字符串转换为一个整数并输出。例如定义 char a[]=“78521”，可以输出 n=78521。

分析：设存放数字字符串的数组为 a，存放对应整型数的变量为 n。若字符串的第一个字符为‘-’，则从第二个字符开始，否则从第一字符开始，利用公式 n=n*10+a[i]-‘0’进行转换，直到‘\0’为止。

程序代码：

```
#include"stdio.h"
#include <string.h>
main()
{
    char s[10];
    long n=0;
    int i=0;
    printf("please inpu a string:\n") ;
    gets(s);
    if(s[0]=='-') i++;
    while(s[i])
    {
        n=n*10+s[i]-'0';i++;
    }
    if(s[0]=='-') n=-n;
    printf("n=%ld\n",n);
}
```

运行结果：

```
please input a string:
78521↙
n=78521
```

【例 9-19】键盘输入几个国家名，编写程序，把国家名按从小到大的顺序重新输出。

分析：首先利用循环语句将国家名赋值到二维数组中，然后对二维数组中的字符串先用 strcmp()函数进行比较，然后用 strcpy()函数进行交换，实现字符串的排序。最后再将二维数组输出。

程序代码：

```
#include"string.h"
#include"stdio.h"
#define N 10
#define M 20
main()
{
    char t[M],a[N][M];
    int n=0,i,j;
/* t[M]作为一个中间变量，先从键盘将字符串读入，再将字符串赋值给二维字符数组。循环语句
   中，如果遇到空串，则结束循环*/
    gets(t);
    while(strcmp(t,"")!=0)
    { strcpy(a[n],t);
      n++;
      gets(t);
    }
/*对读入的字符串，先利用 strcmp()函数进行比较，再利用 strcpy()函数进行交换，实现字符
   串的排序。t[M]作为中间变量，实现两个字符串内容的交换  */
    for(i=0;i<n;i++)
    for(j=i+1;j<n;j++)
    if(strcmp(a[i],a[j])>0)
    {
       strcpy(t,a[i]);
       strcpy(a[i],a[j]);
       strcpy(a[j],t);
    }
/*输出排序之后的字符串*/
    for (i=0;i<n;i++) printf("%s\n",a[i]);
}
```

运行结果：

```
China  America  Russia  Japan↙
America  China  Japan  Russia
```

9.5 思考与练习

C语言中没有专门的字符串数据类型，因此字符串都是由字符数组来存储，而存储字符数据的字符数组和存储字符串的字符数组是不一样的，应该严格区分。

字符串和指针的关系非常密切，要熟练掌握利用指针及指针数组来调用字符串的方法。

C语言提供了非常丰富的关于字符串的库函数，熟练使用这些库函数，才能更加简洁高效地进行C语言的编程。

一、简答

1. 若定义 char a[ ] = "\3Hello\3"; 则 strlen(a)的值是多少？
2. 若定义 char a[ ] = "Hello!\n"; 则 strlen(a)的值是多少？
3. 设有数组定义：char a [ ]="Hello"; 则数组 a 所占的空间为是多少？
4. 判断两个字符串是否相等，应该用哪个函数？
5. 若有定义 char a[10],*b=a; 给数组 a 输入一个字符串，都可以怎么写？

二、上机练习

1. 求以下程序的运行结果。

```
#include <stdio.h>
main()
{
    char str[]="SENTENCE",c;
    int k;
    for(k=2;(c=str[k])!='\0';k++)
    {
        switch(c)
        {
            case 'I':++k;break;
            case 'L':continue;
            default:putchar(c);continue;
        }
    putchar('*');
    }
}
```

2. 求以下程序的运行结果。

```
#include"stdio.h"
#include"string.h"
main()
{
    char s[10]="12345";
```

```
    strcat(s,"6789");
    printf("%s",s);
}
```

3. 求以下程序的运行结果。

```
#include"stdio.h"
#include"string.h"
main()
{
    char a[]="shinning",b[]="day";
    strcpy(a,b);
    printf("%s\t%s\n",a,b);
    printf("%c\t%c\n",a[4],a[5]);
}
```

4. 求以下程序的运行结果。

```
#include"stdio.h"
#include"string.h"
main()
{
    char a[]="worker",b[]="farmer";
    char *p,*q;
    p=a;
    q=b;
    while(*p&&*q)
    {
        if((*p)==(*q))printf("%c",*p);
        p++;
        q++;
    }
}
```

5. 求以下程序的运行结果。

```
# include <stdio.h>
# include <string.h>
main()
{
    char a[80]="Very",b[80]="funny";
    int i=0;
    strcat(a,b);
    while(a[i++]!='\0')
    b[i]=a[i];
    puts(b);
}
```

6. 求以下程序的运行结果。

```
#include <stdio.h>
#include <string.h>
main()
{
    char c='a',t[]="I can skite";
    int n,k,j;
    n=strlen(t);
    for(k=0;k<n;k++)
    if(t[k]==c)
    {
        j=k;
        break;
    }
    else j=-1;
    printf("%d", j);
}
```

7. 求以下程序的运行结果。

```
#include <string.h>
#include <stdio.h>
main()
{
    char str1[20]="China\0USA",
    str2[20]="Beijing";
    int i, k, num;
    i=strlen(str1);
    k=strlen(str2);
    num=i<k?i:k;
    printf("%d\n", num);
}
```

8. 求以下程序的运行结果。

```
#include <string.h>
#include <stdio.h>
main()
{
    char a[]="*****";
    int i,j,k;
    for(i=0;i<5;i++)
    {
        printf("\n");
        for(j=0;j<i;j++)
        printf("%c",' ');
```

```
        for(k=0;k<5;k++)
        printf("%c",a[k]);
    }
}
```

9. 求以下程序的运行结果。

```
#include <string.h>
#include <stdio.h>
main()
{
    char *p,*q;
    char str[]="Hello,World\n";
    q=p=str;
    p++;
    puts(q);
    puts(p);
}
```

三、编写程序

1. 实现字符串原样复制。

2. 从输入的三个字符串中找出最长的一个字符串并输出。

3. 统计一个字符串中子串出现的次数。

4. 有三个字符串 s1，s2，s3，其中 s1 = "abcdef"; s2 = "123456"。要求用字符数组实现将 s1 的内容复制到 s3 中，并将 s2 的内容添加在 s3 后面，最后输出字符串 s3。

5. 把从键盘输入的字符串，逆序存放并输出。

6. 统计字符串中的大写字母、小写字母、数字字符的个数。

第 10 章

函　　数

本章要点

- 函数的概念
- 函数的嵌套调用
- 函数的递归调用
- 全局变量和局部变量
- 变量的存储类别

本章主要内容

一个 C 语言的程序由一个或多个函数构成，其中有且只有一个主函数。C 语言的程序是由主函数开始，也由主函数结束。

每个函数对应一定的功能，在主函数里可以调用它们，函数之间也可以互相调用。

10.1 函 数 概 述

C语言是通过函数来实现模块化程序设计的，所以C语言的源程序都是由函数组成的，每个函数分别对应各自的功能模块。

↑扫码看视频

10.1.1 函数的概念

1. 模块化设计的思想

模块化设计的思想是通过把一个大的程序按功能进行分解，每个分解出来的模块实现一定的功能，由于分解后的模块较小，只实现单一的功能，因此容易实现，也容易调试。

我们知道，C源程序是由函数组成的。函数是C源程序的基本模块，通过对函数模块的调用，实现特定的功能。C语言中的函数相当于其他高级语言的子程序。C语言不仅提供了极为丰富的库函数，还允许用户建立自己定义的函数。用户可把自己的算法编成一个个相对独立的函数模块，然后用调用的方法来使用函数。可以说C程序的全部工作都是由各式各样的函数完成的，所以也把C语言称为函数式语言。

由于采用了函数模块式的结构，C语言易于实现结构化程序设计，这使程序的层次结构清晰，便于程序的编写、阅读和调试。

2. C语言的构成

在C语言中，每个模块的功能是由函数来实现的。一个C语言的程序由一个或多个函数构成，其中有且只有一个名为main()的主函数。主函数调用其他函数，其他函数可以互相调用。主函数不能被其他函数调用。

【例 10-1】简单的函数调用。

```
#include <stdio.h>
p1()
{
    printf ("This is a C program.\n");          /*屏幕输出一行文字*/
}
p2()
{
    printf ("********************\n");          /*屏幕输出一行*号*/
}
```

```
main()                                        /*主函数*/
{
    p2();                                     /*调用 p2 函数*/
    p1();                                     /*调用 p1 函数*/
    p2();                                     /*调用 p2 函数*/
}
```

运行结果：

```
********************"
This is a C program.
********************"
```

说明：(1)　p1 和 p2 都是用户自定义的函数，功能分别是打一行文字和打一行*号。

(2)　一个 C 程序文件可以由一个或多个函数组成，但是有且只能有一个主函数。

(3)　C 程序的执行是从主函数开始，调用完其他函数后，再返回到主函数之中，在主函数中结束整个程序的运行。

(4)　用户自定义的函数可以写在主函数之前，也可以写在主函数之后，但是程序的执行都是从主函数开始的。

(5)　函数之间可以互相调用，但是其他函数都不能调用主函数。

(6)　在 C 语言中，所有的函数定义，包括主函数 main 在内，都是平行的。也就是说，在一个函数的函数体内，不能再定义另一个函数，即不能嵌套定义。但是函数之间允许相互调用，也允许嵌套调用。习惯上把调用者称为主调函数。函数还可以自己调用自己，称为递归调用。

3．函数的概念

函数是用来完成一定功能的。所谓函数名，就是给该功能起一个名字。如果该函数是用来完成数学功能的，就是数学函数，例如 sqrt()就是开平方函数。用户自定义函数的时候，应尽量为函数取一个有意义的名字，使其能够见名知义。

在 C 语言中，往往把程序需要实现的一些功能分别编写为若干个函数，然后由它们组成一个完整的程序。

4．函数分类

在 C 语言中可从不同的角度对函数分类。

(1)　从函数的定义看，函数可分为库函数和用户自定义函数两种。

库函数：由 C 系统提供，用户无须定义，也不必在程序中作类型说明，只需在程序前包含有该函数原型的头文件即可在程序中直接调用。在前面各章的例题中用到的 printf、scanf 等函数都是库函数。C 语言提供了丰富的库函数，包括常用的数学函数、对字符和字符串处理的函数、输入输出函数等。读者应该学会正确调用这些函数，而不必自己编写，从而提高编程效率。

用户自定义函数：由用户按需要编写的函数。对于用户自定义函数，不仅要在程序中定义函数本身，在主调函数模块中还必须对该被调函数进行类型说明，然后才能使用。

(2) 从函数完成的任务看，可把函数分为有返回值函数和无返回值函数两种。

有返回值函数：此类函数被调用执行完后将向调用者返回一个执行结果，称为函数返回值，如数学函数都属于此类函数。用户自定义有返回函数值的函数时，必须在函数定义和函数说明中定义返回值的类型。

无返回值函数：此类函数用于完成某项特定的处理任务，执行完成后不向调用者返回函数值。这类函数类似于其他语言中的过程。由于函数无须返回值，用户在定义此类函数时可指定它的返回值为“空类型”，空类型的说明符为void。

(3) 从数据传送的角度看，函数可分为无参函数和有参函数两种。

无参函数：函数定义、函数说明及函数调用中均不带有参数。主调函数和被调函数之间不进行参数传送。此类函数通常用来完成一组指定的功能，可以返回或不返回函数值。

有参函数：也称为带参函数。在函数定义及函数说明时都有参数，称为形式参数(简称为形参)。在函数调用时也必须给出参数，称为实际参数(简称为实参)。进行函数调用时，主调函数将把实参的值传送给形参，供被调函数使用。

(4) 库函数的分类。C语言提供了极为丰富的库函数，这些库函数又可从功能角度作以下分类。

字符类型分类函数：用于对字符按ASCII码分类，如字母、数字、控制字符、分隔符、大小写字母等。

转换函数：用于字符或字符串的转换，在字符量和各类数字量(整型，实型等)之间进行转换，在大、小写之间进行转换。

目录路径函数：用于文件目录和路径操作。

诊断函数：用于内部错误检测。

图形函数：用于屏幕管理和各种图形功能。

输入输出函数：用于完成输入输出功能。

接口函数：用于与DOS、BIOS和硬件的接口。

字符串函数：用于字符串操作和处理。

内存管理函数：用于内存管理。

数学函数：用于数学函数计算。

日期和时间函数：用于日期、时间转换操作。

进程控制函数：用于进程管理和控制。

其他函数：用于其他各种功能。

5. 函数的定义

1) 无参函数的定义格式

```
类型标识符 函数名()
{
    声明部分
    语句部分
}
```

说明：(1)　“类型标识符”和“函数名称”为函数头。

(2)　“类型标识符”指明了本函数的类型，实际上就是函数返回值的类型。该类型标识符与前面介绍的标识符相同。

(3)　“函数名”是由用户定义的标识符，函数名后有一个括号，其中无参数，但是括号不可少。

(4)　{ }中的内容称为函数体。

(5)　函数体中的“声明部分”是对函数体内部所用到的变量的类型说明。

(6)　如果不要求此函数有返回值，函数类型符可以写为 void。

例如：

```
void Hello()
{
   printf ("Hello,world \n");
}
```

2)　有参函数定义的格式

```
类型标识符 函数名(形式参数列表)
{
    声明部分
    语句部分
}
```

有参函数比无参函数多一项“形式参数表列”。在形参列表中给出的参数称为形式参数，它们可以是各种类型的变量，各参数之间用逗号间隔。在进行函数调用时，主调函数将赋予这些形式参数实际的值。形参既然是变量，必须在形参表中给出形参的类型说明。

例如，定义一个函数，用于求两个数中的大数，可写为：

```
int max(int a, int b)
{
   if (a>b) return a;
   else return b;
}
```

首先定义 max 函数是一个整型函数，说明其返回的函数值是一个整数。形参为 a，b 为整型变量。a，b 的具体值是由主调函数在调用时传送过来。在 { } 中的函数体内，除形参外没有使用其他变量，因此只有语句部分没有声明部分。在 max 函数体中的 return 语句是把 a(或 b)的值作为函数的值返回给主调函数。在有返回值函数中，至少应有一个 return 语句。

在 C 程序中，一个函数的定义可以放在任意位置，既可放在主函数 main 之前，也可放在 main 之后。

【例 10-2】利用函数调用求两个数的最大值。

程序代码：

```
#include  <stdio.h>
int max(int a,int b)
```

```
{
   if(a>b)return a;
   else return b;
}
main()
{
   int x,y,z;
   printf("please input two numbers:\n");
   scanf("%d,%d",&x,&y);
   z=max(x,y);
   printf("the max mum is %d",z);
}
```

运行结果：

```
please input two numbers:
7, 8
the max mum is 8
```

10.1.2 函数的参数

在调用函数时，大多数情况下，主调函数和被调函数之间有数据传递关系。因此有参函数使用更为广泛。在定义有参函数时，函数名后面括号中的变量称为形式参数，简称“形参”；在调用函数时，主调函数后面括号中的参数称为实际参数，简称“实参”。形参和实参的功能是数据传送。发生函数调用时，主调函数把实参的值传送给被调函数的形参，从而实现主调函数向被调函数的数据传送。

函数的形参和实参具有以下特点。

(1) 形参变量只有在被调用时才分配内存单元，在调用结束时，立刻释放所分配的内存单元。因此，形参只有在函数内部有效。函数调用结束返回主调函数后，则不能再使用该形参变量。

(2) 实参可以是常量、变量、表达式、函数等，无论实参是何种类型的量，在进行函数调用时，它们都必须具有确定的值，以便把这些值传送给形参。因此应预先用赋值、输入等办法使实参获得确定值。

(3) 实参和形参在数量上、类型上、顺序上应严格一致，否则会发生类型不匹配的错误。

(4) 函数调用中发生的数据传送是单向的。即只能把实参的值传送给形参，而不能把形参的值反向地传送给实参。 因此在函数调用过程中，形参的值发生改变，而实参中的值不会变化。

【例 10-3】 编写函数求 $\sum n$ 的值，即，如果输入 n 的值为 5，则 $\sum n=5+4+3+2+1$。

程序代码：

```
#include  <stdio.h>
```

```
int sum(int n)
{
   int i;
   for(i=n-1;i>=1;i--)
      n=n+i;
   printf("n=%d\n",n);
   return 0;
}
main()
{
   int n;
   printf("please input a number: \n");
   scanf("%d",&n);
   sum(n);
   printf("n=%d\n",n);
}
```

运行结果：

```
please input a number:
5↙
n=15
n=5
```

说明：本例定义函数 sum，用来求和。在主函数中输入 n 值作为实参，在调用时传送给 sum 函数的形参 n，本例中形参和实参变量名都为 n，但由于各自的作用域不同，所以虽然重名，但是并不冲突，C 语言中允许这样使用。在主函数中用 printf 语句输出一次 n 值，这个 n 值是实参 n 的值。在函数 sum 中也用 printf 语句输出了一次 n 值，这个 n 值是形参最后取得的 n 值。

输入实参 n 的值为 5，把此值传给函数 sum 时，形参 n 的初值也为 5，在执行函数过程中，形参 n 的值变为 15。返回主函数之后，输出实参 n 的值仍为 5。可见实参的值不随形参的变化而变化。

10.1.3　函数的返回值

指函数被调用之后，执行函数体中的程序段所取得的并返回给主调函数的值，称为函数的返回值。

格式：

```
return (表达式);
```

或

```
return 表达式;
```

说明：(1)　函数的返回值只能通过 return 语句返回主调函数。

(2) 在函数中允许有多个 return 语句，但每次调用只能有一个 return 语句被执行，因此只能返回一个函数值。

(3) 函数返回值的类型和函数定义中函数的类型应保持一致。如果两者不一致，则以函数类型为准，自动进行类型转换。

(4) 如函数值为整型，在函数定义时可以省去类型说明。

(5) 不返回函数值的函数，可以明确定义为“空类型”，类型说明符为 void。

(6) 一旦函数被定义为空类型后，就不能在主调函数中使用被调函数的函数值了。例如有如下定义：

```
void s(int a)
```

那么在主函数中写下述语句

```
sum=s(n);
```

就是错误的。

所以，为了使程序有良好的可读性并减少出错，凡不要求返回值的函数都应定义为空类型。

【例 10-4】编写函数，求 x 的 n 次方。

程序代码：

```
#include <stdio.h>
double pow(double,int);
main()
{
  double x;
  int n;
  printf("please input a number and it's power:");
  scanf("%lf,%d", &x, &n);
  printf("x^n=%.2lf",pow(x,n));
}
double pow(double x, int n)
{
  int i;
  double s;
  s=1.0;
  for(i=1;i<=n;i++)
    s=s*x;
  return(s);
}
```

运行结果：

```
please input a number and it's power:
5,3↙
5^3=125.00
```

10.1.4　函数的调用

1. 函数调用的一般形式

程序中是通过对函数的调用来执行函数体的。

格式：

```
函数名(实际参数表)
```

执行过程：先计算每个实参表达式的值，再赋值给所对应的形参，然后执行被调用函数体，执行完函数体后，返回到调用此函数的下一条语句，继续去执行主调程序中下面的语句。

说明：(1)　调用无参函数时，无实际参数表，但括号不能省略。

(2)　实际参数表中的参数可以是常数、变量或其他构造类型数据及表达式。

(3)　各实参之间用逗号分隔。实参与形参的个数应相等，类型应一致。实参与形参按顺序一一对应传递数据。

2. 函数调用的方式

在 C 语言中，可以用以下几种方式调用函数。

(1)　函数表达式。

函数作为表达式中的一项出现在表达式中，以函数返回值参与表达式的运算。这种方式要求函数是有返回值的。例如：

```
z=max(x,y);
```

上式是一个赋值表达式，把 max 的返回值赋予变量 z。

(2)　函数语句。

函数调用的一般形式加上分号即构成函数语句。例如：

```
printf ("%d",a);
```

就是以函数语句的方式调用函数。

(3)　函数实参。

函数作为另一个函数调用的实参出现。即把该函数的返回值作为实参进行传送，因此要求该函数必须是有返回值的。例如：

```
printf("%d",max(x,y));
```

是把 max 调用的返回值又作为 printf 函数的实参来使用的。

【例 10-5】编写函数，求三个数中的最大值。

程序代码：

```
#include <stdio.h>
int max(int x,int y)                              /*求两个数的最大值函数 */
{
```

```
    int z;
    z=x>y?x:y;
    return(z);                                  /* 返回两个数的最大值*/
}
#include"stdio.h"
main()
{
    int a,b,c,m;
    scanf("%d%d%d",&a,&b,&c);
    m=max(c,max(a,b));                          /*函数 max 作为函数参数*/
    printf("the max=%d\n",m);
}
```

运行结果：

```
78 58 45↙
the max=78
```

3. 被调用函数的声明和函数原型

在主调函数中，调用某函数之前，要对被调函数进行说明(声明)，这与使用变量之前要先进行变量说明是一样的。

在主调函数中对被调函数作说明的目的是使编译系统知道被调函数返回值的类型，以便在主调函数中按此种类型对返回值作相应的处理。

格式为：

```
类型说明符 被调函数名(类型 形参，类型 形参……);
```

或为：

```
类型说明符 被调函数名(类型，类型……);
```

括号内给出了形参的类型和形参名，或只给出形参类型。这便于编译系统进行检错，以防止可能出现的错误。

C 语言中规定在以下几种情况时可以省去主调函数中对被调函数的函数说明。

(1) 如果被调函数的返回值是整型或字符型时，可以不对被调函数作说明，而直接调用。这时系统将自动对被调函数返回值按整型处理。

(2) 当被调函数的函数定义出现在主调函数之前时，在主调函数中也可以不对被调函数再作说明而直接调用。

(3) 如在所有函数定义之前，在函数外预先说明了各个函数的类型，则在以后的各主调函数中，可不再对被调函数作说明。

(4) 对库函数的调用不需要再作说明，但必须把该函数的头文件用 include 命令包含在源文件前部。

【例 10-6】编写函数，求 100 以内的所有质数。

程序代码：

```
#include <stdio.h>
prime(int m)                           /*定义一个判断质数的函数*/
{
   int i;
   for(i=2;i<=m-1;i++)
   if(m%i==0)  break;
   if(i>=m)
   printf("%4d",m);
}
main()                                 /*主函数  */
{
   int i;
   for(i=1;i<100;i=i+2)
   prime(i);                           /*调用函数判断一个数是否是质数*/
   printf("\n");
}
```

运行结果：

```
1 3 5 7 11 13 17 19 23 29 31 37 41 43 47 53 59 61 67 71 73 79 83 89
```

10.1.5　函数的嵌套调用

C 语言中的各函数之间是平行的，因此不存在上一级函数和下一级函数的问题，所以不允许作嵌套的函数定义。

但是 C 语言允许在一个函数的定义中出现对另一个函数的调用。这样就出现了函数的嵌套调用。即在被调函数中又调用其他函数，这与其他语言的子程序嵌套的情形是类似的。

【例 10-7】 计算 $s=2^2!+3^2!$。

分析：本题可编写两个函数，一个是用来计算平方值的函数 sq，另一个是用来计算阶乘值的函数 fa。主函数先调 sq 计算出平方值，再在 fa 中以平方值为实参，调用 fa 计算其阶乘值，然后返回 sq，再返回主函数，在循环程序中计算累加和。

程序代码：

```
#include <stdio.h>
long fa(int q)
{
   long c=1;
   int i;
   for(i=1;i<=q;i++)
       c=c*i;
   return c;
}
long sq(int p)
{
```

```
    int k;
    long r;
    long fa(int);
    k=p*p;
    r=fa(k);
    return r;
  }
main()
{
    int i;
    long s=0;
    for (i=2;i<=3;i++)
      s=s+sq(i);
    printf("\ns=%ld\n",s);
}
```

运行结果：

```
n=362904
```

说明：在程序中，函数 sq 和 fa 在主函数之前都定义为长整型，因此在主函数中不必再对 sq 和 fa 加以说明。

在主函数中执行循环程序依次把 i 值作为实参调用函数 sq 求 i^2 值。在 sq 中又发生对函数 fa 的调用，这时是把 i^2 的值作为实参去调 fa，在 fa 中完成求 i^2!的计算。fa 执行完毕把 c 值(即 i^2!)返回给 sq，再由 sq 返回主函数实现累加。

由于数值很大，所以函数和一些变量的类型都说明为长整型，以免造成计算错误。

10.1.6 函数的递归调用

一个函数在它的函数体内调用它自身称为递归调用。C 语言允许函数的递归调用。在递归调用中，主调函数又是被调函数。执行递归函数将反复调用其自身，每调用一次就进入新的一层。

C 语言中有两种形式的递归调用。

(1) 直接递归调用：函数直接调用函数本身。

(2) 间接递归调用：函数调用其他函数，其他函数又调用原函数。

例如有函数 f 定义如下：

```
int f(int x)
{
    int y;
    z=f(y);
    return z;
}
```

这个函数就是一个递归函数。

但是该函数将无休止地调用其自身，这显然是错误的。

为了防止递归调用无终止地进行，必须在函数内有终止递归调用的方法。常用的办法是加条件判断，满足某种条件后就不再作递归调用，然后逐层返回。

【例 10-8】用递归法计算 n!。

分析：用递归算法求 n 的阶乘，可用以下公式表示：

$$\begin{cases} n!=1 & (n=0，1) \\ n\times(n-1)! & (n>1) \end{cases}$$

程序代码：

```
#include <stdio.h>
long fa(int n)
{
   long f;
   if(n<0) printf("error");
   else if(n==0||n==1) f=1;
   else f=fa(n-1)*n;
   return(f);
}
main()
{
   int n;
   long x;
   printf("please input a number:\n");
   scanf("%d",&n);
   x=fa(n);
   printf("%d!=%ld",n,x);
}
```

运行结果：

```
please input a number:
6↙
720
```

说明：(1)　n!为 n×(n-1) ×(n-2) ×……×1，因此，到 1 为止，可以作为递归结束的条件。程序里以语句 if(n==0||n==1) f=1 来实现。

(2)　如果输入的值小于 0，则显示错误。

(3)　当输入的值大于 1 时，程序执行 f=fa(n−1)*n 语句。由于每次递归调用的实参为(n−1)，即把(n−1)的值赋予形参 n，最后当(n−1)的值为 1 时再作递归调用，形参 n 的值也为 1，将使递归终止。然后可逐层退回。

【例 10-9】汉诺塔问题。

传说梵天创世的时候做了三根金刚石柱子，其中一根柱子从下向上按大小顺序摞了 64

片黄金圆盘，要求把这些黄金圆盘全部移动到另一根柱子上，可以借助第三根柱子，但是规定小圆盘永远不能置于大圆盘之下。求移动的次数及移动方法。

分析：要把 64 片金盘从一根柱子上移到另一根柱子上，并始终保持由小到大的顺序。可假设有 n 片，移动次数是 f(n)，那么 f(1)=1，f(2)=3，f(3)=7，且 f(n+1)=2*f(n)+1，因此可以得到 $f(n)=2^n-1$，当 n=64 时，$f(64)=2^{64}-1$。

移动方法是将三根柱子按顺序排成“品”字形，先把所有圆盘按从大到小放在 A 柱上。若 n 为偶数，按顺时针方向依次摆放 A、B、C，若 n 为奇数，则按顺时针方向摆放 A、C、B。

首先将一个圆盘从 A 移动到 C；然后 n=2，A 移动到 B，C 移动到 B；n=3，A 移动到 C……反复进行以上操作，即按移动规则向一个方向移动金片，就能完成汉诺塔的移动。而三阶的汉诺塔移动如下：A→C，A→B，C→B，A→C，B→A，B→C，A→C。所以汉诺塔问题是程序设计中的经典递归问题。

程序代码：

```
#include <stdio.h>
int count=0;
void hanoi(int n, char a, char b, char c)
{
    if(n==1)
    {
        count++;
        printf("the %d times: from %c to %c\n",count,a,b);
    }
    else
    {
        hanoi(n-1, a,c,b);
        count++;
        printf("the %d times: from %c to %c\n",count,a,b);
        hanoi(n-1, b, a, c);
    }
}
main()
{
    int n;
    printf("the layer of hanoi: ");
    scanf("%d",&n);
    hanoi(n,'A','B','C');
}
```

运行结果如图 10.1 所示。

```
the layer of hanoi: 4
the 1 times: from A to C
the 2 times: from A to B
the 3 times: from B to A
the 4 times: from A to C
the 5 times: from C to B
the 6 times: from C to A
the 7 times: from A to C
the 8 times: from A to B
the 9 times: from B to A
the 10 times: from B to C
the 11 times: from C to B
the 12 times: from B to A
the 13 times: from A to C
the 14 times: from A to B
the 15 times: from B to A
```

图 10.1　汉诺塔

10.2　指针与函数

函数的参数不仅可以是整型、实型、字符型等数据，还可以是指针类型。它的作用是把一个变量的地址传送到另一个函数中。

↑扫码看视频

10.2.1　指针变量作为函数参数

1. 地址或指针变量作实参

当函数的形参为指针类型时，调用该函数时，对应的实参必须是基类型相同的地址值，或是已经指向某个存储单元的指针。

【例 10-10】编写函数，函数返回 a 和 b 中较大的那个数。

程序代码：

```
#include<stdio.h>
int max(int *a,int *b)
{
    if(*a>*b) return *a;
    else return *b;
}
main( )
{
    int x,y,m,*pa,*pb;
    pa=&x;
    pb=&y;
    printf("please enter x,y:");
    scanf("%d%d",pa,pb);
    m=max(pa,pb);
    printf("the max is %d",m);
}
```

运行结果：

```
please enter x,y:
78 96↙
the max is 96
```

说明：在此程序中，主函数调用 max 函数时，系统为 max 函数的形参 a 和 b 开辟两个基类型为 int 类型的指针变量，并通过 pa 和 pb 把 x 和 y 的地址传送给它们。这时，变量 x 由两个指针 pa 和 a 指向，变量 y 由两个指针 pb 和 b 指向，然后程序的流程转去执行 max 函数。

max 函数并未对 a、b 指针变量进行比较，而是通过它们的地址，直接把 x 和 y 中的值进行比较，若 a 所指存储单元中的值大于 b 所指存储单元中的值，则返回 a 所指存储单元中的值，否则返回 b 所指存储单元中的值。

当返回主函数时，形参 a、b 指针变量不复存在，同时主函数中的 m 得到函数值，即得到 x 和 y 中值大的那个数。

可见，通过传送地址，可以在被调函数中对主调函数中的变量进行引用，但若在被调函数中改变形参指针中的地址值，并不能改变主函数中指针变量 pa 和 pb 中的值。

2. 通过指针变量的传递，实现形参改变实参

通常来讲，形参值并不能改变对应实参的值，把数据从被调用函数返回到调用函数的唯一途径是通过 return 语句返回函数值，这就限定了只能返回一个数据。

但是通过传送地址值，可以在被调用函数中对调用函数中的变量进行引用，这也就使得通过形参去改变对应实参的值有了可能，利用指针变量可以把两个或两个以上的数据从被调用函数返回到调用函数。

【例 10-11】编写函数，交换主函数中变量 x 和 y 中的值。

```
#include <stdio.h>
void swap(int *a,int *b)
{
    int t;
    t=*a;
    *a=*b;
    *b=t;
}
main( )
{
    int x,y;
    printf("please input to number:");
    scanf("%d%d",&x,&y);
    printf("x=%d y=%d\n",x,y);
    swap(&x,&y);
    printf("x=%d y=%d\n",x,y);
}
```

运行结果：

```
please input to number:78 56↙
x=78 y=56
x=56 y=78
```

说明：由此可见，C 程序中可以通过传送地址的方式在被调用函数中直接改变调用函数中的变量的值，从而实现函数之间数据的传递。

3．函数的返回值为地址

函数返回值的类型不仅可以是简单的数据类型，而且可以是指针类型。

【例 10-12】有 5 名学生的成绩，编写函数，通过输入学生学号查找该学生的成绩。

程序代码：

```
#include <stdio.h>
average(int st[5][6])
{
  int i,j;
  printf("num      maths    chinese      english       sum      average \n");
  for(i=0;i<5;i++)
  {
    st[i][4]=st[i][1]+st[i][2]+st[i][3];                    /* 求总分 */
    st[i][5]=st[i][4]/3;                                    /* 求平均分 */
  }
  for(i=0;i<5;i++)
  {
    for(j=0;j<6;j++)
    printf("%-12d", st[i][j]);                              /* 打印数组的元素 */
    printf("\n");
  }
}
int *search(int(*p)[6],int x1)
{
  int i,t,*pt;
  for(i=0;i<5;i++)
  if(x1==*(*(p+i)+0)){t=i;break;}   /* 找到的行号送入变量 t 中保存*/
  pt=*(p+t);                        /*把 t 行的地址送给指针 pt */
  return(pt);                       /*返回 t 行的地址指针 */
}
/*主函数 */
main()
{
  int s [5][6]={{101,78,93,82},{102,67,83,72},{103,55,83,62},
               {104,65,59,70},{105,80,78,90}};
  int i,x,*p;
  average(s);           /*调用求平均分函数*/
  printf("please input the num: ");
  scanf("%d",&x);
  p=search(s,x);          /*调用查找并返回指针值的函数*/
  printf("num      maths    chinese      english       sum      average \n");
  for(i=0;i<6;i++)        /* 用变量 t 的值找到行地址，用循环输出该行 6 个数*/
  printf("%-12d",*(p+i));    printf("\n");
}
```

程序运行结果如图 10.2 所示。

```
num       maths     chinese     english      sum     average
101        78         93          82         253        84
102        67         83          72         222        74
103        55         83          62         200        66
104        65         59          70         194        64
105        80         78          90         248        82
please input the num: 102
num       maths     chinese     english      sum     average
102        67         83          72         222        74
```

图 10.2　函数的返回值为指针

10.2.2　数组可以作为函数参数

数组可以作为函数的参数使用，进行数据传送。数组用作函数参数有两种形式，一种是把数组元素(下标变量)作为实参使用；另一种是把数组名作为函数实参使用。

1．数组元素作函数实参

数组元素就是下标变量，它与普通变量并无区别。因此它作为函数实参使用与普通变量是完全相同的，在发生函数调用时，把作为实参的数组元素的值传送给形参，实现单向的数值传送。

【例 10-13】编写一个函数，统计一个字符串中字母的个数。

程序代码：

```
#include <stdio.h>
int letter(char c)
{
    if(c>='a'&&c<='z'||c>='a'&&c<='Z')
      return 1;
    else return 0;
}
main()
{
  int i,n=0;
  char str[50];
  printf("please input a string:");
  gets(str);
  for(i=0;str[i]!='\0';i++)
    if(letter(str[i]))n++;
  printf("n=%d",n);
}
```

运行结果：

```
please input a string:
there are 3 tables,15 chairs,20 balls……↙
n=25
```

说明：本题将字符串数组中的元素，传递到函数 letter 中，通过函数判断它是否是字母，如果是字母，返回 1，如果不是字母，返回 0。

2. 数组名作函数实参

用数组名作函数参数与用数组元素作实参有几点不同。

(1) 用数组元素作实参时，对数组元素的处理是按普通变量对待的。因此只要数组类型和函数的形参变量的类型一致就可以，并不要求函数的形参也是下标变量。

用数组名作函数参数时，则要求形参和相对应的实参都必须是类型相同的数组，都必须有明确的数组说明。当形参和实参二者不一致时，即会发生错误。

(2) 用普通变量或数组元素作函数参数时，形参变量和实参变量是由编译系统分配的两个不同的内存单元。在函数调用时发生的值传送是把实参变量的值赋予形参变量。

在用数组名作函数参数时，不是进行值的传送，即不是把实参数组的每一个元素的值都赋予形参数组的各个元素。因为实际上形参数组并不存在，编译系统不为形参数组分配内存。数组名就是数组的首地址。因此在数组名作函数参数时所进行的传送只是地址的传送，也就是说把实参数组的首地址赋予形参数组名。形参数组名取得该首地址之后，也就等于有了实在的数组。实际上是形参数组和实参数组为同一数组，共同拥有一段内存空间。

【例 10-14】编写函数，求 10 个值的平均值。

```
#include <stdio.h>
float average(float a[10])
{
   int i;
   float ave,sum=a[0];
   for(i=1;i<10;i++)
      sum=sum+a[i];
   ave=sum/10;
   return ave;
}
main()
{
   float a[10],ave;
   int i;
   printf("please input 10 numbers:\n");
   for(i=0;i<10;i++)
      scanf("%f",&a[i]);
   ave=average(a);
   printf("the average is %5.2f",ave);
}
```

运行结果：

```
please input 10 numbers:
5 6 7 8 9 4 1 5 9 6↙
the average is  6.00
```

说明：在变量作函数参数时，所进行的值传送是单向的。即只能从实参传向形参，不能从形参传回实参。形参的初值和实参相同，而形参的值发生改变后，实参并不变化，两者的终值是不同的。而当用数组名作函数参数时，情况则不同。由于实际上形参和实参为同一数组，因此当形参数组发生变化时，实参数组也随之变化。

注意：

(1) 用数组名作为函数参数时，形参数组和实参数组的类型必须一致，否则将引起错误。

(2) 用数组名作为函数参数时，形参数组和实参数组的长度可以不相同，因为在调用时，只传送首地址而不检查形参数组的长度。当形参数组的长度与实参数组不一致时，虽不至于出现语法错误(编译能通过)，但程序执行结果将与实际不符。

(3) 用数组名作为函数参数时，在函数形参表中，允许不给出形参数组的长度，或用一个变量来表示数组元素的个数。

3. 多维数组也可以作为函数的参数

多维数组也可以作为函数的参数。在定义函数时，对形参数组可以指定每一维的长度，也可省去第一维的长度。因此，以下写法都是合法的。

```
int Function(int a[3][10])
```

或

```
int Function (int a[ ][10])
```

【例 10-15】求 4×4 矩阵中元素中的最大值。

程序代码：

```
#include <stdio.h>
int max(int a[][4])
{
  int i,j,m;
  m=a[0][0];                              /* 把数组第一个元素的值赋给变量max */
  for(i=0;i<4;i++)                        /*用二重循环求数组中的最大值 */
       for(j=0;j<4;j++)
            if(a[i][j]>m)  m=a[i][j];
            return(m);                    /*把求出的最大值m返回给调用函数 */
}

main( )
{
  int a[4][4]={{19,25,78,46},{42,36,83,71},
               {17,61,62,10},{51,61,77,41}};
  printf("the max is : %d\n",max(a));     /*实参为数组名a进行函数调用 */
}
```

运行结果：

```
the max is 83
```

10.3　局部变量和全局变量

C 语言中所有的变量都有它的有效范围，这个范围称作变量的作用域。变量离开自己作用域就不能再使用了。变量按作用域范围可分为两种：局部变量和全局变量。

↑扫码看视频

10.3.1　局部变量

局部变量也称为内部变量。局部变量是在函数内定义说明的，其作用域仅限于函数内，离开该函数后再使用这种变量是非法的。比如在讨论函数的形参变量时曾经提到，形参变量只在被调用期间才分配内存单元，调用结束立即释放内存。这一点表明形参变量只有在函数内才是有效的，离开该函数就不能再使用了。

例如：

```
int f1(int a)         /*定义函数 f1*/
{
   int b,c;
   ……
}
/*变量 a，b，c 只有在 f1 函数内才有效*/
int f2(int x)         /*函数 f2*/
{
   int y,z;
   ……
}
/*变量 x，y，z 只有在 f2 函数内才有效*/
main()
{
   int m,n;
   ……
}
/*变量 m，n 只有在主函数内才有效*/
```

在函数 f1 内定义了三个变量，a 为形参，b、c 为一般变量。在 f1 的范围内 a、b、c 有效，或者说 a、b、c 变量的作用域限于 f1 内。同理，x、y、z 的作用域限于 f2 内。m、n 的作用域限于主函数内。

说明：(1) 主函数中定义的变量也只能在主函数中使用，不能在其他函数中使用。同时，主函数中也不能使用其他函数中定义的变量。

(2) 形参变量是属于被调函数的局部变量，实参变量是属于主调函数的局部变量。

(3) 允许在不同的函数中使用相同的变量名，它们代表不同的对象，分配不同的单元，互不干扰，也不会发生混淆。

(4) 在复合语句中也可定义变量，其作用域只在复合语句范围内。

【例 10-16】求两个数的和。

程序代码：

```
#include<stdio.h>
main()
{
   int i=2,j=3,k;
   k=i+j;
   {
      int k=8;
      printf("%d\n",k);
   }
   printf("%d\n",k);
}
```

运行结果：

```
8
5
```

说明：在 main 中定义了三个变量，它们的作用范围是全部的主函数，其中 i 赋初值为 2，j 赋初值为 3，k 为 i、j 之和，所以 k 的值为 8。在复合语句内，为 k 赋值为 8，此时变量 k 的作用范围只在复合语句内，因此在复合语句内打印 k 的值为 8、而在复合语句外，主函数内 k 的值为 5。

10.3.2 全局变量

全局变量也称为外部变量，它是在函数外部定义的变量。它不属于哪一个函数，而是属于整个源程序文件。其作用域是整个源程序。在函数中使用全局变量，一般应作全局变量说明。

只有在函数内经过说明的全局变量才能使用。全局变量的说明符为 extern。但在一个函数之前定义的全局变量，在该函数内使用可不再加以说明。

例如：

```
int a,b;
void f1()
{
   ……
```

```
}
float x,y;
int f2()
{
  ……
}
main()
{
  ……
}
```

说明：(1)　a、b、x、y 都是在函数外部定义的外部变量，都是全局变量。

(2)　x、y 定义在函数 f1 之后，在 f1 内又无对 x、y 的说明，因此它们在 f1 内无效。

(3)　a、b 定义在源程序最前面，因此在 f1、f2 及 main 内不加说明也可使用。

【例 10-17】 输入正方体的长宽高，求正方体的体积及面表积。

```
#include<stdio.h>
int s;
int volume(int a,int b,int c)
{
   int v,s1,s2,s3;
   v=a*b*c;
   s1=a*b;
   s2=b*c;
   s3=a*c;
   s=(s1+s2+s3)*2;
   return v;
}
main()
{
   int v,l,w,h;
   printf("please input the length,width and height\n");
   scanf("%d%d%d",&l,&w,&h);
   v=volume(l,w,h);
   printf("\nv=%d,s=%d\n",v,s);
}
```

运行结果：

```
please input the length,width and height
4 5 6↙
v=120, s=148
```

说明：上例中定义了外部变量 s，在函数 volume()内计算了 s 的值，但是函数的返回值是 v，并没有返回 s。在主函数中调用了函数 volume()，得到返回值 v，打印 v 和 s 都能得到正确的结果。

关于全局变量的说明如下。

(1) 设置全局变量可以增加函数间数据联系的渠道。由于在同一文件中所有的函数都能引用全局变量的值，这样，在一个函数中改变了全局变量的值，就能影响到其他函数，相当于各函数间有直接的传递通道。由于函数调用只能返回一个值，因此，有时可以通过全局变量得到多个返回值。

(2) 由于全局变量在整个程序的执行过程中都占用存储单元，如果使用全局变量过多，会使程序运行变慢。

(3) 在同一源文件中，由于作用域不同，所以外部变量和局部变量可以同名。在局部变量的作用范围内，外部变量被“屏蔽”，使它不起作用。

【例 10-18】求两个数的最大值。

```
#include<stdio.h>
int a=3,b=5;      /*定义 a,b 为外部变量*/
max(int a,int b)
{
   int c;
   c=a>b?a:b;
   return(c);
}
main()
{
   int a=8;       /*在主函数内重新定义变量，并为变量赋值*/
   printf("max=%d\n",max(a,b));
}
```

运行结果：

```
max=8
```

10.4 变量的存储类别

↑扫码看视频

在C语言中，由用户命名的标识符都有一个有效的作用域，每个变量也有自己的作用域，不同作用域的变量有不同的生存期。

10.4.1　动态存储方式与静态存储方式

从作用域的角度来分，变量可以分为全局变量和局部变量。

从值的生存期角度来分，变量可以分为静态存储和动态存储。

- 静态存储方式(static)：是指在程序运行期间分配固定的存储空间的方式。
- 动态存储方式：是在程序运行期间根据需要进行动态的分配存储空间的方式。

不同的存储方式决定了变量的生存期，从变量的作用范围，又可把变量分为 4 种：自动(auto)、寄存器(register)、静态(static)、外部(extern)。

用户存储空间可以分为三个部分：程序区、静态存储区、动态存储区。

程序区用来存储程序代码。

- 全局变量全部存放在静态存储区，在程序开始执行时为全局变量分配存储区，程序执行完毕就释放。在程序执行过程中，它们始终占据固定的存储单元，而不动态地进行分配和释放。
- 动态存储区存放以下数据：函数形式参数；自动变量(未加 static 声明的局部变量)；函数调用时的现场保护和返回地址。

对以上这些数据，在函数开始调用时分配动态存储空间，函数结束时释放这些空间。

10.4.2　auto 变量

函数中的局部变量，如不专门声明为 static 存储类别，都是动态地分配存储空间，数据存储在动态存储区中。函数中的形参和在函数中定义的变量(包括在复合语句中定义的变量)都属此类，在调用该函数时系统会给它们分配存储空间，在函数调用结束时就自动释放这些存储空间。这类局部变量称为自动变量。自动变量用关键字 auto 作存储类别的声明。

例如：

```
int f(int a)
{
   auto int b,c=3;     /*定义 b, c 自动变量*/
   ……
}
```

a 是形参，b 和 c 是自动变量，对 c 赋初值 3。执行完 f 函数后，自动释放 a、b、c 所占的存储单元。

关键字 auto 可以省略，auto 不写则隐含定为“自动存储类别”，属于动态存储方式。

10.4.3　static 变量

有时希望函数中的局部变量的值在函数调用结束后不消失而保留原值，这时就应该指定局部变量为“静态局部变量”，用关键字 static 进行声明。

【例 10-19】考察静态局部变量的值。

程序代码：

```
#include<stdio.h>
f(int a)
{
   auto b=0;
   static c=3;
   b=b+1;
   c=c+1;
   printf("b=%d,c=%d,",b,c);
   return(a+b+c);
}
main()
{
   int a=2,i;
   for(i=0;i<3;i++)
    {
     printf("f(a)=%d,a=%d",f(a),a);
     putchar('\n');}
    }
}
```

运行结果如图 10.3 所示。

```
b=1,c=4,f(a)=7,a=2
b=1,c=5,f(a)=8,a=2
b=1,c=6,f(a)=9,a=2
```

图 10.3　静态局部变量

说明：在函数 f()中定义变量 b 为 auto 型，定义变量 c 为 static 型，在主函数中定义变量 a。在程序运行过程中，执行主函数，为 a 赋值为 2，执行循环语句，三次调用函数 f()，b 为 auto 型，每次调用都赋初值为 0，然后执行 b=b+1，b 的值为 1。c 为 static 型，第一次调用 f()，c 赋初值为 3，然后执行 c=c+1，c 的值为 4；第二次调用，c 的值为 4，然后执行 c=c+1，c 的值为 5；第三次调用，c 的值为 5，然后执行 c=c+1，c 的值为 6。

对静态局部变量的说明如下。

(1)　静态局部变量属于静态存储类别，在静态存储区内分配存储单元，在程序整个运行期间都不释放。而自动变量(即动态局部变量)属于动态存储类别，占用动态存储空间，函数调用结束后即释放。

(2)　静态局部变量在编译时赋初值，即只赋初值一次；而对自动变量赋初值是在函数调用时进行，每调用一次函数重新给一次初值，相当于执行一次赋值语句。

(3)　如果在定义局部变量时不赋初值的话，则对静态局部变量来说，编译时自动赋初值 0(对数值型变量)或空字符(对字符变量)。而对自动变量来说，如果不赋初值，则它的值是一个不确定的值。

【例 10-20】使用静态局部变量求 1~6 的阶乘。

程序代码：

```
#include<stdio.h>
int factorial(int n)
{
   static int i=1;
   i=i*n;
   return(i);
}
main()
{
   int i;
   for(i=1;i<=6;i++)
   printf("%d!=%d\n",i, factorial(i));
}
```

运行结果：

```
1! =1
2! =2
3! =6
4! =24
5! =120
6! =720
```

10.4.4 register 变量

为了提高效率，C 语言允许将局部变量的值放在 CPU 的寄存器中，这种变量叫“寄存器变量”，用关键字 register 作声明。

【例 10-21】使用寄存器变量求 1 到 6 的阶乘。

程序代码：

```
#include<stdio.h>
int fac(int n)
{
   register int i,f=1;
   for(i=1;i<=n;i++)
   f=f*i;
   return(f);
}
main()
{
   int i;
   for(i=1;i<=6;i++)
```

```
    printf("%d!=%d\n",i,fac(i));
}
```

运行结果:

```
1! =1
2! =2
3! =6
4! =24
5! =120
6! =720
```

说明:(1) 只有局部自动变量和形式参数可以作为寄存器变量。

(2) 一个计算机系统中的寄存器数目有限，不能定义任意多个寄存器变量。

(3) 局部静态变量不能定义为寄存器变量。

10.4.5 extern 变量

外部变量(即全局变量)是在函数的外部定义的，它的作用域为从变量定义处开始，到本程序文件的末尾。如果外部变量不在文件的开头定义，其有效的作用范围只限于定义处到文件终了。如果在定义点之前的函数想引用该外部变量，则应该在引用之前用关键字 extern 对该变量作“外部变量声明”，表示该变量是一个已经定义的外部变量。有了此声明，就可以从“声明”处起，合法地使用该外部变量。

【例 10-22】用 extern 声明外部变量，给定圆的半径，求圆的面积。

程序代码:

```
#include<stdio.h>
#define Pi 3.14
float area(int x)
{
    float s;
    s=Pi*x*x;
    return(s);
}
main()
{
    extern float R;
    printf("area=%5.2f\n",area(R));
}
float R=5;
```

运行结果:

```
area=78.5
```

说明：在程序文件的最后 1 行定义了外部变量 R，但由于外部变量定义的位置在主函数

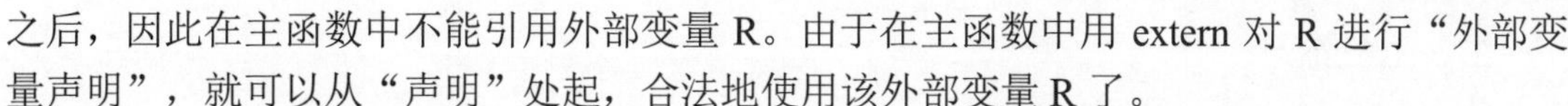

之后，因此在主函数中不能引用外部变量 R。由于在主函数中用 extern 对 R 进行“外部变量声明”，就可以从“声明”处起，合法地使用该外部变量 R 了。

10.4.6　存储类型小结

变量的存储分类方式如图 10.4 所示。

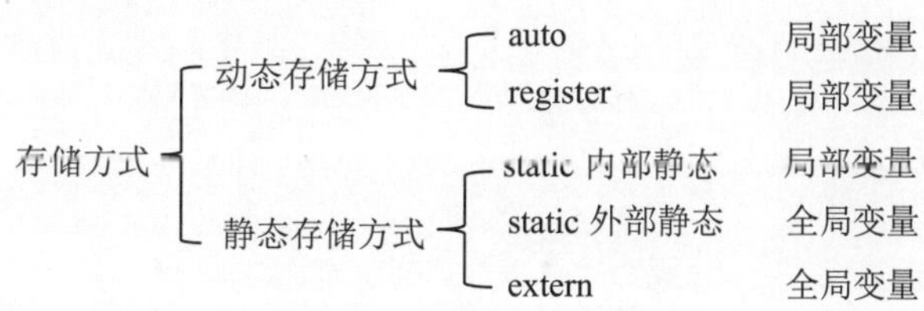

图 10.4　变量的存储方式

当定义一个变量时，同时包含了对变量的作用域和存储方式两方面的内容。

10.4.7　内部函数与外部函数

根据一个函数能否被其他源文件所调用，可以将函数分为内部函数和外部函数。

1．内部函数

如果一个函数只能被当前所在的源文件中的其他函数所调用，称为内部函数。内部函数也称为静态函数，用 static 来声明。

2．外部函数

当所定义的函数希望能被其他源文件所调用时，在类型的前面加上关键字 extern，则表示此函数是外部函数，可以被其他文件所调用。

如果在定义函数时省略 extern，则默认是外部函数，可被其他函数调用。

10.5　思考与练习

函数是处理 C 语言的基本单位，也是模块化程序设计在 C 语言中的具体应用。在编写 C 语言时，应尽量将独立的功能处理为函数，以提高程序的效率。

一、简答

1. C 语言程序和函数有什么关系？
2. 函数的调用规则是什么？
3. 调用函数后，有什么方法可以返回多个值？
4. 函数的“形参”和“实参”有什么关系？
5. 在函数调用中，为什么要用指针变量作为函数的参数进行传递？

二、上机练习

1. 求下列程序的运行结果。

```
#include <stdio.h>
fun(int a, int b, int c)
{c=a*a+b*b;}
main()
{
    int a=60;
    fun(4,6,a);
    printf("%d",a);
}
```

2. 求下列程序的运行结果。

```
#include <stdio.h>
f(int b[ ], int m, int n)
{
    int i, s=0;
    for(i=m;i<n;i=i+2)s=s+b[i];
    return s;
}
main()
{
    int x,a[]={1,2,3,4,5,6,7,8,9};
    x=f(a,3,7);
    printf("%d\n",x);
}
```

3. 求下列程序的运行结果。

```
#include<stdio.h>
void fun(char *x,int y)
{
    *x=*x+1;
    y=y+1;
    printf("%c, % c",*x, y);
}
main()
{
    char b='a',a='A';
    fun(&b, a);
    printf("%c, %c\n", b, a);
}
```

4. 求下列程序的运行结果。

```
#include<stdio.h>
void swap(int *a, int *b)
```

```
{
    int *t;
    t=a; a=b; b=t;
}
main()
{
    int x=3, y=5, *p=&x, *q=&y;
    swap(p, q);
    printf("%3d%3d\n", * p, *q);
}
```

5. 求下列程序的运行结果。

```
#include<stdio.h>
sort(int a[]);
main()
{
    int a[5]={11,8,9,-2,6},i,j,t;
    sort(a);
    for(i=0; i<5; i++)
        printf("%4d",a[i]);
}
sort(int a[])
{
int i,j,t;
 for(i=0; i<4; i++)
   for(j=0; j<4-i; j++)
      if(a[j]>a[j+1])
      {  t=a[j]; a[j]=a[j+1]; a[j+1]=t;  }
}
```

6. 求下列程序的运行结果。

```
#include<stdio.h>
void swap1(int x,int y)
{
    int t;
    t=x;x=y;y=t;
    return;
}
void swap2(int *x,int *y)
{
    int t;
    t=*x;*x=*y;*y=t;
    return;
}
main()
```

```
{
    int x=3,y=5;
    printf("%d,%d\n",x,y);
    swap1(x,y);
    printf("%d,%d\n",x,y);
    swap2(&x,&y) ;
    printf("%d,%d\n",x,y);
}
```

7. 求下列程序的运行结果。

```
#include<stdio.h>
long fib(int g)
{
    switch(g)
    {
        case 0: return 0;
        case 1:
        case 2: return 1;
    }
    return(fib(g-1)+fib(g-2));
}
main()
{
    long k;
    k=fib(7);
    printf("k=%ld\n",k);
}
```

8. 求下列程序的运行结果。

```
#include<stdio.h>
int f(int n)
{
    if(n==1) return 1;
    else  return f(n-1)+1;
}
main()
{
    int i, j=0;
    for(i=1;i<3;i++)
        j+=f(i);
    printf("%d\n",j);
}
```

9. 求下列程序的运行结果。

```
#include<stdio.h>
```

```
swap(int x,int y);
int x1=30,x2=40;
main()
{
   int x3=10, x4=20;
   swap(x3,x4);
   swap(x2,x1);
   printf("%d,%d,%d,%d\n",x3,x4,x1,x2);
}
swap(int x,int y)
{x1=x;x=y;y=x1;}
```

10. 求下列程序的运行结果。

```
#include <stdio.h>
void num()
{
   extern int x,y;
   int a=15,b=10;
   x=a-b;y=a+b;
}
int x,y;
main()
{
   int a=7,b=5;
   x=a+b;y=a-b;
   num();
   printf("%d,%d\n",x,y);
}
```

三、编写程序

1. 编写用指针删除字符串中空格的函数。
2. 编写函数，求 1-1/2+1/3-1/4+1/5-1/6+1/7-…1/n 的值。
3. 编写函数，求出以下分数序列的前 n 项之和。
   2/1，3/2，5/3，8/5，13/8，21/13，……
4. 编写函数，求

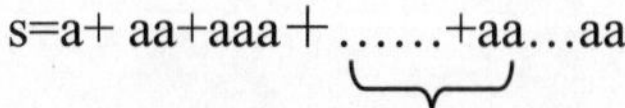

此处 a 和 n 的值在 1～9 之间，aa...aa 表示 n 个 a。例如 a = 3，n = 6，则以上表达式 3+33+333+3333+33333+333333，其和是 370368.0。

5. 用递归算法求 1 + 2 + 3 + ... + n 的值，n 由键盘输入。

第 11 章

结构体与共用体

本章要点

- 结构体
- 链表与动态存储分配
- 共用体
- 枚举类型
- 类型定义符

本章主要内容

前面的章节介绍了基本类型变量存储数据的方法，然而在实际应用中，有时需要将不同类型但相关的数据组合成一个整体。本章将介绍可由用户构造的两种数据类型，它们是结构体和共用体。

11.1 结 构 体

结构体是一种构造类型，它由若干成员组成，每一个成员可以是一个基本数据类型或者是一个构造类型。它相当于其他高级语言中的“记录”。结构体在使用之前，必须先定义。

↑扫码看视频

11.1.1 结构体的定义

在实际应用中，有时需要将不同类型但相关的数据组合成一个整体，并使用一个变量来描述和引用。比如在学生登记表中，姓名应为字符型；学号可为整型或字符型；年龄应为整型；性别应为字符型；成绩可为整型或实型。显然不能用一个数组来存放这一组数据，因为数组中各元素的类型和长度都必须一致。

在C语言为我们提供了名为结构体(structure)的数据类型来描述这类数据。

结构体或叫结构，是一种构造类型，它是由若干“成员”组成的。每一个成员可以是一个基本数据类型或者又是一个构造类型。与以前介绍的数据类型不同的是，结构体这种数据类型需要我们先“构造”出来，再用它定义相应的变量。

格式：

```
struct 结构体名
{
   类型名  成员列表;
};
```

功能：定义一个结构体类型。

说明：(1) struct是关键字，结构体名是用户自定义的标示符，其命名规则与变量相同。

(2) 花括号“{}”中是组成该结构体类型的数据项，或者为结构体类型中的成员。每个“类型名”后面可以定义多个不同类型的成员。

(3) 结构体成员的数据类型可以是简单类型、数组、指针或已定义过的结构体类型等。

(4) 结构体类型的定义部分一般放在函数外，整个定义以分号结束。分号不可缺少。

(5) 成员名的命名应符合标识符的书写规定。

例如：

```
struct example
{
   int num;
```

```
    char name[20];
    char sex;
    float score;
};
```

说明：在这个结构定义中，结构名为 example，该结构由 4 个成员组成。第一个成员名为 num，整型变量；第二个成员名为 name，字符数组；第三个成员名为 sex，字符变量；第四个成员名为 score，实型变量。

结构定义之后，即可进行变量说明。凡说明为结构 example 的变量都由上述 4 个成员组成。

11.1.2　定义结构体类型的变量

定义了结构体类型，并不分配存储空间。只有定义了相应的结构体变量，系统才分配内存空间。定义结构体类型变量有以下三种方法。

1．先定义结构体类型，再定义结构体的变量

例如已经有定义：

```
struct example
{
    int num;
    char name[20];
    char sex;
    float score;
};
```

定义结构体变量的语句为：

```
struct example student1,student2;
```

以上语句定义了两个变量 student1 和 student2 为 examlpe 结构类型。

也可以用宏定义使一个符号常量来表示一个结构类型。例如：

```
#define EXA struct example
EXA
{
    int num;
    char name[20];
    char sex;
    float score;
};
EXA student1，student2;
```

2．在定义结构类型的同时定义结构变量

格式：

```
struct 结构体名
```

```
{
    成员列表;
}变量名列表;
```

直接说明结构变量。例如:

```
struct example
{
    int num;
    char name[20];
    char sex;
    float score;
}struct example student1, student2;
```

3. 直接定义结构体变量

格式:

```
struct
{
    成员列表;
}变量名列表;
```

第三种方法与第二种方法的区别在于第三种方法中省去了结构名，直接给出结构变量。该类型的结构体变量只能使用一次，所以该方法又称无名定义结构体类型。

三种方法中说明的 student1 和 student2 变量都具有如图 11.1 所示的结构。

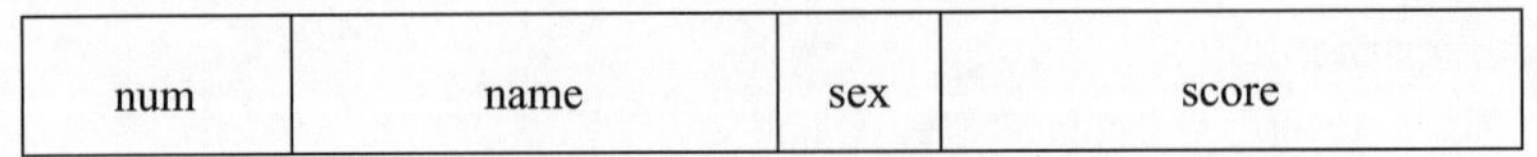

num	name	sex	score

图 11.1　结构体的结构

定义了 student1 和 student2 变量为 example 类型后，就可以向这两个变量中的各个成员赋值。在上述 example 结构定义中，所有的成员都是基本数据类型或数组类型。

成员也可以又是一个结构，即构成了嵌套的结构。例如，图 11.2 给出了另一个数据结构。

num	name	sex	score		
			chinese	maths	english

图 11.2　嵌套的结构体

图 11.2 的结构定义为:

```
struct sco
{
    int chinese;
    int maths;
    int english;
};
```

```
struct info
{
    int num;
    char name[20];
    char sex;
    struct sco score;
} student1,student2;
```

首先定义一个结构 sco，由 chinese、maths、english 三个成员组成。

在定义并说明变量 student1 和 student2 时，其中的成员 score 被说明为 sco 结构类型。成员名可与程序中其他变量同名，互不干扰。

关于结构体的说明如下。

(1) 类型与变量是不同的概念。只能对变量赋值、存取或运算，不能对一个类型赋值、存取或运算。编译时只对变量分配空间，对类型是不分配空间的。

(2) 结构体中的成员可以单独使用，它的作用与地位相当于普通变量。

(3) 结构体的成员也可以是结构体。

11.1.3　结构体变量成员的表示方法

在程序中使用结构变量时，往往不把它作为一个整体来使用。一般对结构变量的引用，都是通过引用结构变量的成员来实现的。

表示结构变量成员的格式：

```
结构变量名. 成员名
```

其中“. ”是结构体的成员运算符，它在所有运算符中优先级最高。例如：

```
student1.num          /*第一个人的学号*/
student2.sex           /*第二个人的性别*/
```

如果成员本身又是一个结构，则要用若干个成员运算符，逐级找到最低级的成员才能使用。也就是说只能对最低一级的成员进行赋值、存取或运算。例如：

```
info.score. maths
```

结构变量的成员可以在程序中单独使用，与普通变量完全相同。

11.1.4　结构体变量的引用

对结构体变量的引用，应遵守以下规则。

(1) 只能对结构体变量中的各成员分别进行输入和输出。例如：

```
printf("%d,%s,%c,%d",student1.num,student1.name,student1.sex,student1.score);
```

(2) 结构体变量中的每个成员都可以像普通变量一样进行各种运算。例如：

```
sum=student1.score.chinese+ student1.score.maths+ student1.score.english;
```

(3) 可以引用成员的地址，也可以引用结构体变量的地址。例如：

```
scanf("%d",&student1.num);
printf("%d",student1);
```

结构体变量的地址主要用作函数参数，这样做比直接传递结构体变量更高效。

(4) 同类型的结构体变量可以整体赋值。例如：

```
student2=student1;
```

其作用是将结构体变量 student1 的各成员值在 student2 中复制一份。

【例 11-1】建立两个学生的个人信息。

程序代码：

```
#include<stdio.h>
main()
{
  struct info
  {
    int num;
    char *name;
    char sex;
    float score;
  }student1,student2;
  student1.num=101;
  student1.name="zhangsan";
  printf("please input sex and score:\n");
  scanf("%c %f",&student1.sex,&student1.score);
  student2=student1;
  printf("num=%d,name=%s,sex=%c,score=%f\n",student2.num,
          student2.name, student2.sex,student2.score);
}
```

运行结果：

```
please input sex and score:
m 98.5↙
num=101,name=zhangsan,sex=m,score=98.5
```

11.1.5　结构变量的初始化

(1) 和其他类型变量一样，对结构变量可以在定义时进行初始化。格式：

```
struct 结构体名
{
   成员列表
}变量名={数据项表};
```

或：

```
struct 结构体名 变量名={数据项表};
```

【例 11-2】建立两个学生的个人信息。

程序代码：

```
#include<stdio.h>
main()
{
  struct info
  {
    int num;
    char name[20];
    char sex;
    float score;
  }student1,student2={101,"zhangsan",'M',98};
  student1=student2;
  printf("num=%d,name=%s,sex=%c,score=%.1f\n",student1.num,
          student1.name, student1.sex,student1.score);
}
```

运行结果：

```
num=101,name= zhangsan,sex=M,score=98.0
```

(2) 也可以先定义结构体类型，然后再定义结构体变量时赋初值。

例 11-2 的程序代码可以改为：

```
#include<stdio.h>
main()
{
  struct info
  {
    int num;
    char name[20];
    char sex;
    float score;
  };
  struct info student1={101,"zhangsan",'M',98};
  printf("num=%d,name=%s,sex=%c,score=%f\n",student1.num,
          student1.name, student1.sex,student1.score);
}
```

11.1.6　结构型数组

数组的元素也可以是结构类型的，因此可以构成结构型数组。结构数组的每一个元素都是一个结构体类型的数据，每个元素都包括多个成员。

在实际应用中，经常用结构数组来表示具有相同数据结构的一个群体，如人事档案，工资表等。

1. 定义

格式：

```
struct 结构体名
{
    成员表;
}数据组[元素个数];
```

或：

```
struct 结构体名 数组名[元素个数];
```

例如：

```
struct info
{
    int num;
    char name[20];
    char sex;
    float score;
}student[3];
```

定义了一个结构数组 student，共有 3 个元素，分别是 student[0]、student[1]、student[2]，它们都是结构体。

也可以在定义结构体之后再定义结构体数组，例如：

```
struct info
{
    int num;
    char name[20];
    char sex;
    float score;
};
struct info student[3];
```

2. 初始化

格式：

```
struct 结构体名
{
    成员列表;
}数组名[元素个数]={{数据项表 1}, {数据项表 2}, …};
```

例如：

```
struct info
```

```
{
    int num;
    char name[20];
    char sex;
    float score;
}student[3]={
{101,"zhangsan","f",98},
{102,"lisi","f",86},
{103,"wangwu","m",87}
};
}
```

当对全部元素作初始化赋值时，也可不给出数组长度。

【**例 11-3**】计算三名学生的平均成绩。

程序代码：

```
#include<stdio.h>
struct info
{
    int num;
    char name[20];
    char sex;
    float score;
}student[3]={
{101,"zhangsan",'f',98},
{102,"lisi",'f',86},
{103,"wangwu",'m',87}   };
main()
{
    int i;
    float ave,sum=0;
    for(i=0;i<3;i++)
        sum+=student[i].score;
    ave=sum/3;
    printf("sum=%.1f,average=%.1f\n",sum,ave);
}
```

运行结果：

```
sum=271.0，average=90.3
```

【**例 11-4**】利用结构体建立一个电话本，并输入其中两人信息

```
#include"stdio.h"
#define N 2
struct tele
{
    char name[20];
```

```
    char phone[13];
};
main()
{
    struct tele per[N];
    int i;
    for(i=0;i<N;i++)
    {
        printf("please input a name:\n");
        gets(per[i].name);
        printf("please input the phone:\n");
        gets(per[i].phone);
    }
    printf("name       phone\n\n");
    for(i=0;i<N;i++)
    printf("%s       %s\n",per[i].name,per[i].phone);
}
```

运行结果如图 11.3 所示。

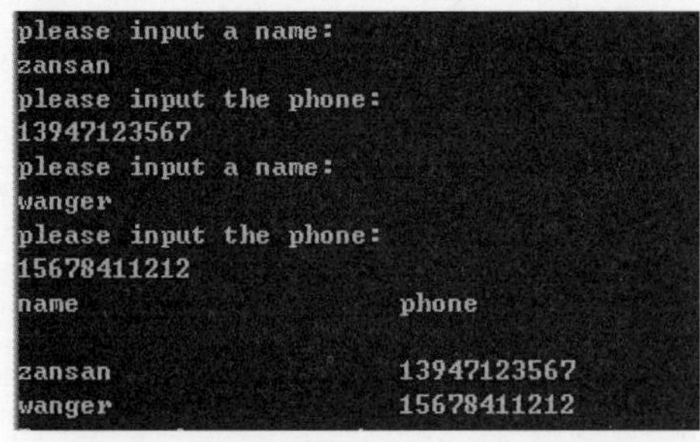

图 11.3　利用结构体实现一个电话本

11.1.7　结构指针变量

1. 指向结构变量的指针

当定义了结构体变量后，系统会给该变量在内存分配一段连续的存储空间。结构体变量名就是该变量所占据内存区的起始地址。

可以定义指向结构体类型的指针变量，结构指针变量中的值是所指向的结构变量的首地址。通过该指针变量，可以指向结构体变量的成员或结构体数组中的元素。这与数组指针和函数指针的情况是相同的。

定义结构指针变量的格式如下：

```
struct 结构名 *结构指针变量名;
```

例如：

```
struct info *pinfo;
```

也可在定义结构的同时定义指针变量。结构指针变量要先赋值才能使用。

赋值是把结构变量的首地址赋予该指针变量，不能把结构名赋予该指针变量。例如：

```
pinfo=&student1;
```

以下赋值是错误的：

```
pinfo=&info;
```

说明：结构名和结构变量是两个不同的概念。结构名只能表示一个结构形式，编译系统并不对它分配内存空间，只有当某变量被说明为这种类型的结构时，才对该变量分配存储空间。因此，不可能去取一个结构名的首地址。

有了结构指针变量，能够更方便地访问结构变量的各个成员。格式：

```
(*结构指针变量).成员名
```

或：

```
结构指针变量->成员名
```

例如：

```
(*pinof).num
```

或者：

```
pinfo->num
```

注意：(1) (*pinfo)两侧的括号不可少，因为成员符“.”的优先级高于“*”。如去掉括号写作*pinfo.num 则等效于*(pinfo.num)。

(2) “->”称为指向运算符，可以用 pinfo->num 来代替(*pinof).num。

【例 11-5】通过指向结构变量的指针，输出学生信息。

程序代码：

```
#include<stdio.h>
struct info
{
   int num;
   char name[20];
   char sex;
   float score;
}student1={101,"zhangsan",'f',98},*pinfo;
main()
{
   pinfo=&student1;
   printf("Number=%d,Name=%s,Sex=%c,Score=%.1f\n",student1.num,
       student1.name,student1.sex,student1.score);
   printf("Number=%d,Name=%s,Sex=%c,Score=%.1f\n",(*pinfo).num,
```

```
        (*pinfo).name,(*pinfo).sex,(*pinfo).score);
    printf("Number=%d,Name=%s,Sex=%c,Score=%.1f\n",pinfo->num,
        pinfo->name ,pinfo->sex,pinfo->score);
}
```

运行结果：

```
Number=101,Name=zhangsan,Sex=f,Score=98.0
Number=101,Name=zhangsan,Sex=f,Score=98.0
Number=101,Name=zhangsan,Sex=f,Score=98.0
```

说明：从上题可知，以下三种形式是等价的。

(1) student1.name;

(2) (*pinfo).name;

(3) pinfo->name。

2．指向结构数组的指针

指针变量可以指向一个结构数组，这时结构指针变量的值是整个结构数组的首地址。结构指针变量也可指向结构数组的一个元素，这时结构指针变量的值是该结构数组元素的首地址。

设 p 为指向结构数组的指针变量，则 p 也指向该结构数组的 0 号元素，p+1 指向 1 号元素，p+i 则指向 i 号元素。这与普通数组一样。

【例 11-6】用指针变量输出五个学生的信息。

程序代码：

```
#include<stdio.h>
struct info
{
  int num;
  char *name;
  char sex;
  float score;
}student[5]={   {101,"zhangsan",'M',88},
               {102,"li    si",'M',95},
               {103,"wang wen",'F',96},
               {104,"zhao liu",'F',85},
               {105,"tian  qi",'M',92},
           };
main()
{
  struct info *p;
  printf("No\tName\t\tSex\tScore\t\n");
  for(p=student;p<student+5;p++)
  printf("%d\t%s\t%c\t%.1f\t\n",p->num,p->name,p->sex,p->score);
}
```

运行结果如图 11.4 所示。

```
No          Name             Sex        Score
101         zhangsan         M          88.0
102         li      si       M          95.0
103         wang wen         F          96.0
104         zhao liu         F          85.0
105         tian   qi        M          92.0
```

图 11.4　指向结构体的指针变量

注意：结构指针变量可以用来访问结构变量或结构数组元素的成员，但是不能用它指向一个成员，也就是说不允许取一个成员的地址并赋予它。

所以下面的赋值是错误的：

```
p=&student[1].sex;
```

只能是：

```
p=student;
```

或者是：

```
p=&student[0];
```

3. 结构指针变量作函数参数

结构体类型的数据也可以作为实参传递到另一个函数中。结构体类型的数据作实参，通常有以下几种形式。

(1)　结构体变量的成员作实参。

结构体变量的成员作实参如同普通变量作实参的情况一样，属于值传递。

(2)　结构体变量作实参。

用结构体变量作实参，形参应与实参类型相同，参数传递时，按顺序把实参的各个成员依次传递给形参对应的成员，也属于值传递。在函数调用期间，形参也要占用内存单元。

(3)　指向结构体变量的指针(或数组名)作实参。

该形式属于地址传递。函数被调用时，不仅可以访问实参的结构体变量各个成员的数据，而被调用函数还可以修改实参的数据。

结构体变量作实参时，要将全部成员逐个传送，特别是成员为数组时将会使传送的时间和空间开销很大。如果结构体的规模很大时，严重地降低了程序的效率，一般较少用这种方式。因此最好的办法就是使用指针，即用指针变量作函数参数进行传送。这时由实参传向形参的只是地址，传递方式效率较高，比较常用。

【例 11-7】计算一组学生的总分、平均分，并统计不及格人数。

程序代码：

```
#include<stdio.h>
void ave(struct stu *p);
struct stu
{
  int num;
```

```
  char *name;
  char sex;
  float score;
}student[5]={  {101,"zhangsan",'M',88},
               {102,"li     si",'M',95},
               {103,"wang wen",'F',56},
               {104,"zhao liu",'F',85},
               {105,"tian  qi",'M',92},
            };
main()
{
  struct stu *p;
  void ave(struct stu *p);
  p=student;
  ave(p);
}
void ave(struct stu *p)
{
  int c=0,i;
  float ave,sum=0;
  for(i=0;i<5;i++,p++)
  {
    sum+=p->score;
    if(p->score<60) c+=1;
  }
  ave=sum/5;
  printf("sum=%.1f, average=%.1f <60=%d\n",sum,ave,c);
}
```

运行结果：

```
sum=416.0,average=83.2,<60=1
```

11.2 动态存储分配

C语言提供了一些内存管理函数，这些内存管理函数可以按需要动态地分配内存空间，也可把不再使用的空间收回待用，更有效地利用内存资源。

↑扫码看视频

C语言规定数组的长度是预先定义好的，在整个程序中固定不变。C语言中不允许动态数组类型。但是实际应用中，所需的内存空间往往取决于实际输入的数据，而无法预先确定。对于这种问题，用数组的办法很难解决。

因此，C 语言提供了一些内存管理函数，常用的内存管理函数有以下几个。

1．分配内存空间函数 malloc()

格式：

```
(类型说明符 *)malloc(size)
```

功能：在内存的动态存储区中分配一块长度为 size 字节的连续区域。函数的返回值为该区域的首地址。“类型说明符”表示把该区域用于何种数据类型。“(类型说明符*)”表示把返回值强制转换为该类型指针。sizc 是无符号型整数。

例如：

```
p=(char *)malloc(100);
```

表示分配 100 个字节的内存空间，并强制转换为字符数组类型，函数的返回值为指向该字符数组的指针，把该指针赋予指针变量 p。

2．分配内存空间函数 calloc()

格式：

```
(类型说明符 *)calloc(n, size)
```

功能：在内存动态存储区中分配 n 块长度为 size 字节的连续区域。函数的返回值为该区域的首地址。“(类型说明符 *)”用于强制类型转换。

calloc 函数与 malloc 函数的区别仅在于一次可以分配 n 块区域。例如：

```
p=(struet info *)calloc(2,sizeof(struct stu));
```

其中的 sizeof(struct info)是求 stu 的结构长度。因此该语句是按 info 的长度分配 2 块连续区域，强制转换为 info 类型，并把其首地址赋予指针变量 p。

3．释放内存空间函数 free()

格式：

```
free(void *p);
```

功能：释放 p 所指向的一块内存空间，p 是一个任意类型的指针变量，它指向被释放区域的首地址。被释放区应是由 malloc 或 calloc 函数所分配的区域。

【例 11-8】分配一块区域，输入一个学生数据。

```
#include<stdio.h>
#include<malloc.h>
main()
{
  struct info
  {
      int num;
```

```
        char *name;
        char sex;
        float score;
    }*p;
    p=(struct info*)malloc(sizeof(struct info));
    p->num=101;
    p->name="Zhangsan";
    p->sex='M';
    p->score=78;
    printf("Number=%d,Name=%s,Sex=%c,Score=%.1f",
    p->num,p->name,p->sex,p->score);
    free(p);
}
```

运行结果：

```
Number=101，Name=zhangsan，Sex=M，Score=78
```

说明：本题首先给 info 分配一块大内存区，然后使 p 指向它，输出各成员值之后，用 free 函数释放 p 所指向的内存空间。整个程序包含了申请内存空间、使用内存空间、释放内存空间三个步骤，实现存储空间的动态分配。

调用上述三个内存操作函数时，需要包含语句#include<malloc.h>。另外，申请内存函数返回的指针类型通常与要求的不符，所以一般要进行强制类型转换后才可使用。

4．测试字节数函数 sizeof()

格式：

```
sizeof(变量、表达式或类型名)
```

功能：测试变量、表达式或类型名所占内存的字节数。

11.3 链　　表

结构体中的成员，如果是一个指向同类型的结构体变量的指针，就可以形成一种特殊的数据存储结构——链表。

↑扫码看视频

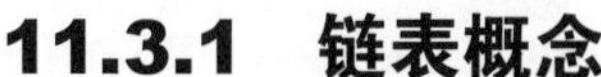

11.3.1　链表概念

可用动态分配的办法为一个结构分配内存空间。每分配一块空间，可用来存放一个学生的数据，我们可称之为一个结点。有多少个学生，就申请分配多少块内存空间，也就是说要建立多少个结点。在建立链表之前，无须预先确定学生的准确人数，如某学生退学，可删去该结点，并释放该结点占用的存储空间，可节约宝贵的内存资源。

每个结点之间可以是不连续的(结点内是连续的)。结点之间的联系可以用指针实现。即在结点结构中定义一个成员项用来存放下一结点的首地址，这个用于存放地址的成员常称为指针域。

可在第一个结点的指针域内存入第二个结点的首地址，在第二个结点的指针域内又存放第三个结点的首地址，如此串连下去直到最后一个结点。最后一个结点因无后续结点连接，其指针域可赋为 NULL。这样一种连接方式，在数据结构中称为链表。

图 11.5 所示为最简单的链表结构。

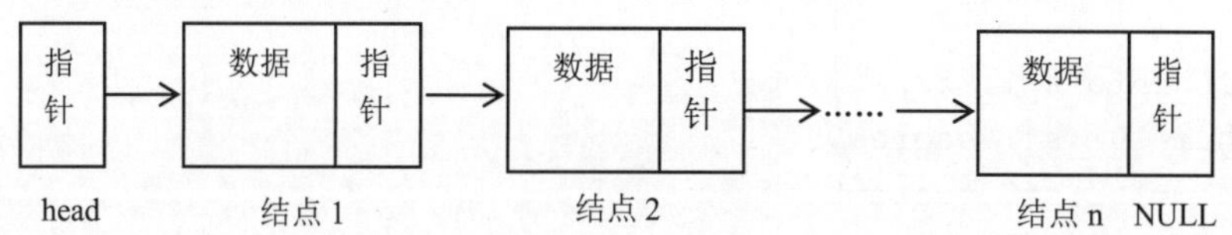

图 11.5　链表

其中，第 0 个结点称为头结点，它存放有第一个结点的首地址，没有数据，只是一个指针变量。以下的每个结点都分为两个域：一个是数据域，存放各种实际的数据，如学号 num、姓名 name、性别 sex 和成绩 score 等；另一个域为指针域，存放下一结点的首地址。链表中的每一个结点都是同一种结构类型。

这样，当链表中 head 指向第一个结点，第一个结点又指向第二个结点……直到最后一个结点，当存放下一个结点地址的部分为 NULL (表示空地址)时，链表结束，最后的结点称为“表尾”。由于这种链表的存储和访问顺序必须从 head 处开始依次进行，因此该链表称为单向链表。

由于链表的每个结点既要用来保存数据，又要保存地址，因此使用结构体表示结点是最合适的选择。

例如，可设计如下结点的结构体类型：

```
struct info
{
   long num;
   float score;
   struct info *next;
};
```

前两个成员项组成数据域，后一个成员项 next 构成指针域，它是一个指向 info 类型结构的指针变量。

如果对上述结构体进行修改，我们可以用它构造双向、环形等复杂的链表。

11.3.2 单向链表

【例 11-9】建立一个由三个学生的信息为结点的链表，最后输出链表中各结点的数据。

程序代码：

```
#include<stdio.h>
#define NULL 0
struct info
{
  int num;
  float score;
  struct info * next;
};
main()
{
  struct info st1,st2,st3,*p;
  st1.num=101;st1.score=95;
  st2.num=102;st2.score=84;
  st3.num=103;st3.score=92;
  p=&st1;
  st1.next=&st2;
  st2.next=&st3;
  st3.next=NULL;
  do
  {
    printf("%d\t%.1f\n",p->num,p->score);
    p=p->next;
   }while(p!=NULL);
}
```

运行结果：

```
101    95.0
102    84.0
103    92.0
```

说明：在上例中，首先由变量 p 保存结点 st1 的地址，st1.next 指向 st2 结点，st2.next 指向 st3 结点，这就构成了结点之间的链接，即链表关系。st3.next=NULL 是使 st3.next 不指向任何存储单元，作为链表结束的标志。

上题中链表的各个结点都是定义的结构变量，这种链表称为“静态链表”。静态链表的结点个数固定，不能扩展。在实际软件开发中，是用内存动态分配函数，申请新结点所需要的存储空间，动态形成链表。

11.3.3　动态单向链表

建立动态单向链表是指在程序执行过程中从无到有地在内存中建立起一个链表，即依次申请一块块的存储空间以存储结点，并利用指针建立起这些结点的关系。

建立动态单向链表，需要：

(1)　定义结点类型，即定义结构体类型。

(2)　定义头指针 head。

(3)　定义两个工作指针 p1，p2，以及结点数 n。

例如，建立一个学生的简单信息的动态链表，每个结点有两项成员：学号，成绩。

1．定义动态单向链表的结构类型；

```
struct info
{
    int num;                /*学号*/
    float score;            /*成绩*/
    struct info *next;      /*连接下一个结点需要的指针*/
};
```

2．建立动态单向链表的步骤

(1)　首先变量初始化，定义 n=0。

(2)　建立第一个结点，n=n+1。

(3)　开辟第一个结点存放区：

```
p1=(struct info *)malloc(sizeof(struct info));
hand=p1;
p2=p1;
```

这时三个指针同时指向第一个结点。

(4)　建立第二个结点，n=n+1。

(5)　开辟第二个结点存放区，p1=(struct info *)malloc(sizeof(struct info))。

(6)　将指针 p1 从第一个结点移动到第二个结点，p2->next=p1。

(7)　指针 p2 指向第二个结点，即前移一步，p2=p1。

(8)　这时可以看出，链表已经为下一步的延伸做好准备，只要重复第二个结点的建立过程，就可生成所需的结点。

(9)　最后生成表尾，使结点不指向任何地址，p2->next=NULL。

(10) 结束循环的条件：若 p1->num!=0，则生成新结点；否则 p2->next=NULL，结束生成结点。

【例 11-10】建立一个输入学生数据的动态单向链表函数。

程序代码：

```
#include <stdio.h>
#include <malloc.h>
#define NULL  0
```

```
#define LEN sizeof(struct info)
struct info
{
  int num;
  float score;
  struct info *next;
};
int n;                                      /*定义 n 为全局变量，表示结点个数 */
struct info *creat(void)
{
    struct info *head, *p1, *p2;
    head=NULL;
    n=0;                                                    /*结点个数为 0*/
    p1=p2=(struct info *)malloc(LEN);
    printf("Please input the number and score:\n");
    scanf("%ld%f", &p1->num, &p1->score);                /* 输入本结点的数据 */
    while(p1->num!=0)             /* 若 num 项不为 0，则链接本结点到链表的结尾处 */
    {
      n=n+1;              /* 结点个数加 1 */
      if(n==1)head=p1;                           /* 若是首结点，则头指针指向本结点 */
      else p2->next=p1;               /* 若不是首结点，则把本结点链接到链表尾部 */
      p2=p1;
      p1=(struct info *)malloc(LEN);    /* 再次申请一新结点，并输入相应的数据 */
      scanf("%ld%f", &p1->num, &p1->score);
    }
    p2->next=NULL;                                            /*最后结点指向空*/
    free(p1);          /* 如果新申请结点的 num 项用户输入为 0，则释放其占用的空间 */
    return(head);                                           /* 返回链表的头地址 */
}
main()
{
  struct info *p;
  p=creat();
  do
  {
    printf("%d\t%.1f\n",p->num,p->score);
    p=p->next;
  }while(p!=NULL);
}
```

运行结果：

```
Please input the number and score:
102  96↙
102  98↙
103  87↙
```

```
0 0↙
102 96
102 98
103 87
```

3．在单向链表中删除结点

在单向链表中删除任意的结点，如果设这个结果为 n 结点，那么要实现(n-1)->next 成为 n->next。

具体可以定义两个指针 p1 和 p2，p1 寻找删除位置 n，p2 指 n-1。如果 n 结点是表头，那么 head=p1->next；如果 n 结点是链表中任一结点，那么 p2->next=p1->next；如果 n 结点是表尾，那么，p2->next=NULL；

【例 11-11】删除给定数据所在结点。

程序代码：

```
#include <stdio.h>
#include <malloc.h>
#define NULL  0                              /*NULL 代表 0，用它表示空地址*/
#define LEN sizeof(struct info)              /*LEN 代表 struct info 类型的长度*/
/*定义结构体*/
struct info
{
    int num;
    float score;
    struct info *next;
};
int n;                                          /* 定义 n 为全局变量,表示结点个数 */
/* 建立链表函数，返回值为指向链表头的指针*/
struct info *creat(void)
{
    struct info *head, *p1, *p2;
    head=NULL;
    n=0;
    printf("Please input  number and score:\n");
    scanf("%ld%f", &p1->num, &p1->score);
    while(p1->num!=0)
    {
        n=n+1;
        if(n==1)head=p1;
        else p2->next=p1;
        p2=p1;
        p1=(struct info *)malloc(LEN);
        scanf("%ld%f", &p1->num, &p1->score);
    }
```

```
    p2->next=NULL;
    free(p1);
    return(head);
}
/*删除链表内结点的函数，返回值为指向链表头的指针*/
struct info *del(struct info *head, int num)
{
    struct info *p1, *p2;
    if(!head)
      { printf("\nlist null!\n"); return(head);}    /*如果链表为空，结束操作*/
    p1=head;
    while(num!=p1->num&&p1->next!=NULL)           /*如果 p1 不是要找的结点，继续循环*/
    {
        p2=p1; p1=p1->next; }                      /*p2 赋值为 p1，p1 下移一个结点*/
        if(num==p1->num)                           /*如果找到要删除的结点*/
        {
            if(p1==head)
            head=p1->next;          /*若指向的是头结点，则把第二个结点地址赋予 head*/
            else
            p2->next=p1->next;      /*若 p1 不是头结点，将下一个结点地址赋给前一个结点*/
            free(p1);
            printf("delete:%ld\n", num);
        }
        else
            printf("%ld not been found!\n", num);
        return(head);                          /*返回删除后的链表头指针*/
}
main()
{
    int n;                                     /*定义整型变量 n，用来输入要删除的学号*/
    struct info *p;                            /*定义指向结构体变量的指针 p*/
    p=creat();                                 /*调用 creat 函数，建立链表*/
    printf("input the del num:  ");
    scanf("%d",&n);                            /*读入要删除的学生学号*/
    p=del(p,n); /*调用 del 函数，删除读入学生学号所在的数据，并将链表头指针赋给指针 p*/
    do                                         /*利用循环语句，输出链表*/
    {
        printf("%d\t%.lf\n",p->num,p->score);
        p=p->next;
    }while(p!=NULL);
}
```

运行结果如图 11.6 所示。

```
Please input  number and score:
101 98
102 87
103 89
0 0
input the del num:  102
delete:102
101      98
103      89
```

图 11.6　删除链表内数据

说明：从上例可以看出，在删除操作过程中，head 的值可以发生改变。从链表中删去一个结点，不是把它从内存中删掉，而是把它从链表中分离出来，撤销了与原链表的链接关系。

4．在单向链表中插入结点

插入新结点有两种情况。

(1)　原来链表是空的，相当于新建立一个链表。

(2)　原来链表非空，又分为三种情况：

①　插入在第一个结点前。

②　插入在任意两个结点之间。

③　插入在最后。

【例 11-12】在给定的链表中插入一个新结点。

程序代码：

```
#include <stdio.h>
#include <malloc.h>
#define NULL  0                              /*NULL 代表 0，用它表示空地址*/
#define LEN sizeof(struct info)              /*LEN 代表 struct  info 类型的长度*/
/*定义结构体*/
struct info
{
   int num;
   float score;
   struct info *next;
};
int n;                                       /* 定义 n 为全局变量，表示结点个数 */
/*建立链表函数，返回值为指向链表头的指针*/
struct info *creat(void)
{
   struct info *head, *p1, *p2;
   head=NULL;
   n=0;
   printf("Please input  number and score:\n");
   scanf("%d%f", &p1->num, &p1->score);
   while(p1->num!=0)
   {
```

```
        n=n+1;
        if(n==1)head=p1;
        else p2->next=p1;
        p2=p1;
        p1=(struct info *)malloc(LEN);
        scanf("%d%f", &p1->num, &p1->score);
    }
    p2->next=NULL;
    free(p1);
    return(head);
}
/* 建立插入函数，返回值为指向链表头的指针*/
struct info *insert(struct info *head, struct info *stud)
{
    struct info *p0, *p1, *p2;
    p1=head;                               /*使 p1 指向链表的头*/
    p0=stud;                               /*使 p0 指向要插入的结点*/
    if(!head)                              /*如果链表为空表*/
       {  head=p0;p0->next=NULL;    }      /*使 p0 指向的结点作为头结点*/
    else
       {  while((p0->num>p1->num)&&(p1->next!=NULL))
            {
                p2=p1;                     /*使 p2 指向刚才 p1 指向的结点*/
                p1=p1->next;               /*p1 后移一个结点*/
            }
            if(p0->num<=p1->num)
                 {
                     if(head==p1)head=p0;        /*插入到原来第一个结点之前*/
                     else p2->next=p0;           /*插入到 p2 指向的结点之后*/
                     p0->next=p1;
                 }
            else
                 {  p1->next=p0;p0->next=NULL; }    /*插入到最后的结点之后*/
            }
    return(head);
}
main()
{
     struct info *p,*stu,*head;
     head=creat();
     printf("Please insert the record:  ");
     stu=(struct info *)malloc(LEN);             /* 生成一新结点 */
     scanf("%d%f",&stu->num,&stu->score);
     while(stu->num!=0)           /* 输入的学生号不为 0 时，插入到已有的链表中 */
     {
```

```
        head=insert(head,stu);  /* 调用前面的函数在链表中插入新结点 */
        printf("Please insert the record:  ");
        stu=(struct info *)malloc(LEN);
        scanf("%d%f", &stu->num, &stu->score);
    }
    free(stu);  /* 释放最后一个申请的结点，因为本结点的学生号为 0，不被插入链表中 */
    p=head;
    do
    {
        printf("%d\t%.lf\n",p->num,p->score);
        p=p->next;
    }while(p!=NULL);
}
```

运行结果如图 11.7 所示。

```
Please input  number and score:
101 89
105 84
0 0
Please insert the record:  102 96
Please insert the record:  103 87
Please insert the record:  0 0
101     89
102     96
103     87
105     84
```

图 11.7　在链表内插入一个数据

【例 11-13】编写一个程序，建立一个学生数据管理系统，可以实现建立、删除、插入、输出等功能。

程序代码：

```
#include <stdio.h>
#include <malloc.h>
#define NULL 0
#define LEN sizeof(struct info)
/*定义结构体*/
struct info
{
  int num;
  float score;
  struct info *next;
};
int n;
/* 建立链表函数，返回值为一个指向链表头的指针*/
struct info *creat(void)
{
  struct info *head, *p1, *p2;
  head=NULL;
  n=0;
```

```
    p1=p2=(struct info *)malloc(LEN);
    printf("Please input the number and score:\n");
    scanf("%d%f", &p1->num, &p1->score);
    while(p1->num!=0)
    {
      n=n+1;
      if(n==1)head=p1;
      else p2->next=p1;
      p2=p1;
      p1=(struct info *)malloc(LEN);
      scanf("%d%f", &p1->num, &p1->score);
    }
    p2->next=NULL;
    free(p1);
    return(head);
  }
  /*输出链表函数，返回值为指向链表头的指针*/
  void print(struct info *head)
  {
    struct info *p;
    p=head;
    if(head)
    do
    {
      printf("%d%5.1f\n", p->num, p->score);
      p=p->next;
    }while(p!=NULL);
  }
  /*删除链表内结点的函数，返回值为指向链表头的指针*/
  struct info *del(struct info *head, int num)
  {
    struct info *p1, *p2;
    if(!head){printf("\nlist null!\n"); return(head);}
    p1=head;
    while(num!=p1->num&&p1->next!=NULL)
        {   p2=p1; p1=p1->next; }
    if(num==p1->num)
        {  if(p1==head)
               head=p1->next;
           else
               p2->next=p1->next;
          free(p1);
          printf("delete:%d\n",num);
        }
    else
        printf("%d not been found!\n", num);
```

```
  return(head);
}
/* 建立插入函数，返回值为指向链表头的指针*/
struct info *insert(struct info *head, struct info *stud)
{
  struct info *p0, *p1, *p2;
  p1=head;
  p0=stud;
  if(!head)
    {head=p0;
     p0->next=NULL;}
  else
    { while((p0->num>p1->num)&&(p1->next!=NULL))
      {
        p2=p1;
        p1=p1->next;
      }
      if(p0->num<=p1->num)
        {
          if(head==p1)head=p0;
          else p2->next=p0;
          p0->next=p1;
        }
      else{p1->next=p0;p0->next=NULL;}
    }
  return(head);
}
/*主函数*/
main()
{
  struct info *head, *stu;
  int delnum;
  head=creat();
  print(head);                                      /* 显示刚才建立的链表的全部内容 */
  printf("\nPlease input the del num:");
  scanf("%d",&delnum);
  while(delnum)  /* 当输入的学号不为 0 时，要从链表中删除这个学号对应的结点 */
  {
    head=del(head, delnum);
    print(head);
    printf("\nPlease input the del num:");
    scanf("%d", &delnum);
  }
  printf("\nPlease insert the record:");
  stu=(struct info*)malloc(LEN);              /* 生成一新结点 */
  scanf("%d%f", &stu->num, &stu->score);
  while(stu->num!=0) /* 输入的学生号不为 0 时，插入到已有的链表中 */
```

```
    {
      head=insert(head, stu);   /* 调用前面的函数在链表中插入新结点 */
      printf("\nPlease insert the record:");
      stu=(struct info*)malloc(LEN);
      scanf("%d%f", &stu->num, &stu->score);
    }
    free(stu);  /* 释放最后一个申请的结点，因为本结点的学生号为 0，不被插入链表中 */
    print(head);
}
```

运行结果如图 11.8 所示。

```
Please input the number and score:
101 85
102 96
103 86
0 0
101 85.0
102 96.0
103 86.0

Please input the del num:102
delete:102
101 85.0
103 86.0

Please input the del num:0

Please insert the record:105 88

Please insert the record:106 78

Please insert the record:0 0
101 85.0
103 86.0
105 88.0
106 78.0
```

图 11.8　学生数据管理系统

11.4　共　用　体

共用体也称联合体，它使几种不同类型的变量存放到同一段内存单元中。所有共用体同一时间只能有一个值，它属于某一个数据成员。由于所有成员位于同一内存，因此共用体的大小等于其最大成员的大小。

↑扫码看视频

11.4.1　共用体的定义

格式：

```
union  [共用体名]
{
    成员表;
```

```
}变量列表;
```

例如：

```
union  info
{
   int i;
   char ch;
   float f;
}a,b,c;
```

说明：(1) 共用体的变量可以在定义共用体类型的同时定义，也可以将类型与变量定义分开，例如：

```
union  info
{
   int i;
   char ch;
   float f;
}
union info a,b,c;
```

(2) 共用体定义时，可以没有共用体名，例如：

```
union
{
   int t;
   char ch;
   float f;
}a,b,c;
```

(3) 共用体与结构体的定义形式相似，但含义不同。结构体变量所占内存长度是各成员所占内存长度之和，每个成员分别有自己的内存单元。共用体变量占内存长度是最长的成员所占的长度。

(4) 上面定义的共用体变量 a，b，c 共占用 4 个字节，因为 float 占 4 个字节的内存单元。

11.4.2 共用体类型变量的引用方式

和结构体一样，只有先定义了共用体变量，然后才能引用它。引用时不能直接引用共用体变量，只能引用变量的成员。例如：

```
a.i                    */引用共用体变量中的整形变量 i*/
b.ch                  /*/引用共用体变量中的字符型变量 ch*/
c.f                    /*引用共用体变量中的实型变量 f*/
```

11.4.3 共用体类型变量的特点

(1) 共用体变量中起作用的成员是最后一次存入的成员，存入一个新成员后原有的成员就被部分或全部覆盖。

(2) 共用体的所有成员的地址是同一地址。

(3) 不能对共用体变量赋值，也不能通过引用共用体变量来得到成员的值，更不能在定义共用体变量时对其初始化。

(4) 不能把共用体作为函数参数，但可以使用指向共用体变量的指针。

(5) 共用体类型可以出现在结构体类型定义中，也可以定义共用体数组。结构体可以出现在共用体类型的定义中，数组可作为共用体成员。

【例 11-14】结构体和共用体的使用。

程序代码：

```
#include<stdio.h>
struct str              /*定义一个结构体类型*/
{
    char x,y;
};
union uni               /*定义一个共用体类型*/
{
    int a;
    char b,c;
    struct str d;       /*结构体类型的成员*/
    long e;
};
main()
{
    union uni n;
    printf("the length of union is %d bytes\n",sizeof(union uni));
    printf("the length of n is %d bytes\n",sizeof(n));
    n.a=8888;
    printf("the address of a is  %d\n",&n.a);
    printf("the value of a is  %d\n",n.a);
    printf("the address of b is  %d\n",&n.b);
    printf("the address of d.x is  %d\n",&n.d.x);
}
```

运行结果如图 11.9 所示。

```
the length of union is 4 bytes
the length of n is 4 bytes
the address of a is  1638212
the value of a is  8888
the address of b is  1638212
the address of d.x is  1638212
```

图 11.9 共用体的值和地址

说明：从运行的结果可以看到，该共用体类型的长度为其成员的最大长度 4 个字节，所以该类型变量的长度也是 4 个字节。共用体类型每个成员的起始地址是相同的，因为它们是共用该地址区间。

11.5　枚 举 类 型

如果一个变量只有几种可能的值，可以定义为枚举类型。所谓“枚举”，是指将变量的值一一列举出来，使用时变量的值只能取列举出来的值。

↑扫码看视频

11.5.1　枚举类型的定义

格式：

```
enum 枚举类型名{枚举列表};
```

功能：在“枚举列表”中列出所有可用值。这些值也称为枚举元素。

例如：

```
enum weekday{ sun,mou,tue,wed,thu,fri,sat };
```

说明：(1)　enum 是定义枚举类型的关键词。花括号中的内容称为枚举表，每个枚举表项是正整数，以逗号分隔，系统规定其依次为 0，1，2，3，……。

(2)　上例中枚举名为 weekday，枚举值共有 7 个，即一周中的七天。凡被说明为 weekday 类型变量的取值只能是七天中的某一天。系统规定其值依次为 sun=0，mon=1，tue=2，ed=3，thu=4，fri=5，sat=6。

(3)　枚举元素都是常量，即枚举常量。因为是常量，所以不能为枚举元素赋值，如 sun=5，mon=8 是错误的。

11.5.2　枚举变量的定义与赋值

1．定义

和结构体与联合体一样，枚举变量也可用不同的方式说明，即先定义后说明、同时定义说明或直接说明。

例如，设有变量 a，b，c 被说明为上述的 weekday，可采用下述任一种方式定义：

```
enum weekday{ sun,mou,tue,wed,thu,fri,sat };
enum weekday a,b,c;
```

或者为:

```
enum weekday{ sun,mou,tue,wed,thu,fri,sat }a,b,c;
```

或者为:

```
enum { sun,mou,tue,wed,thu,fri,sat }a,b,c;
```

2. 赋值

(1) 只能把枚举值赋予枚举变量，不能把元素的数值直接赋予枚举变量。如以下赋值是正确的:

```
a=sum;
b=mon;
```

而以下赋值是错误的:

```
a=0;
b=1;
```

(2) 如一定要把数值赋予枚举变量，则必须用强制类型转换。如:

```
enum weekday{sun,mon,…}a;                        /*a 为枚举变量*/
a=(enu weekday)2
```

其意义是将顺序号为 2 的枚举元素赋予枚举变量 a，相当于:

```
a=tue;
```

(3) 枚举元素不是字符常量也不是字符串常量，使用时不要加单引号、双引号。

【例 11-15】显示枚举元素的值。

程序代码:

```
#include<stdio.h>
main()
{
   enum weekday
   { sun,mon,tue,wed,thu,fri,sat } a,b,c;
   a=sun;
   b=mon;
   c=tue;
   printf("sun=%d,mon=%d,tue=%d",a,b,c);
}
```

运行结果:

```
sun=0，mon=1，tue=2
```

【例 11-16】利用枚举类型，输入一个数字，显示对应是周几。

程序代码：

```
#include<stdio.h>
main()
{
    enum weekday{sun, mon, tue, wed, thu, fri, sat};
    enum weekday day;                         /*定义 weekday 类型变量 day*/
    int i;
    printf("please input a number:\n");

    scanf("%d", &i);
    printf("The day is : ");
    day=(enum weekday)i;                      /*将整数 i 强制转换为 weekday 类型*/
    switch(day)
    {
    case sun:printf("Sunday");      break;
    case mon:printf("Monday");      break;
    case tue:printf("Tuesday");     break;
    case wed:printf("Wednesday");   break;
    case thu:printf("Thursday");        break;
    case fri:printf("Friday");      break;
    case sat:printf("Saturday");        break;
    default:printf("\nInput error!");
    }
}
```

运行结果：

```
please input a number:
5↙
The day is : Friday
```

11.6　类型定义符 typedef

C 语音提供了许多标准类型名，如 int、char、float 等。用户可以直接使用这些类型名定义所需要的变量。同时 C 语音还允许使用 typedef 语句定义新类型名，以取代已有的类型名。

↑扫码看视频

C 语言允许用户自己定义类型说明符，也就是说允许由用户为数据类型取“别名”，以提高程序的可读性。类型定义符 typedef 即可用来完成此功能。例如：

```
typedf int COUNTER;
```

作用是使 COUNTER 等价于基本数据类型名 int，以后就可以利用 COUNTER 定义变量了。如：

```
COUNTER a，b;
```

等价于

```
int a，b;
```

当用 COUNTER 来定义 a、b 变量时，可以判断 a、b 变量的作用是当计数器使用，但如果用 int 来定义，就难以看出这种用途。

说明：

(1) typedf 语句不能创造新的类型，只能为已有的类型增加一个别名。

(2) typedf 语句只能用来定义类型名，而不能用来定义变量。

(3) 利用 typedf 可以简化结构体变量的定义。

例如，定义结构体变量：

```
struct info
{
    int num;
    char *name;
    char sex;
    int age;
};
struct info emp1,emp2;
```

如果用 typedf 来简化变量的定义，可写为：

```
typedf struct info
{
    int num;
    char* name;
    char sex;
    int age;
}INFO;
INFO  emp1,emp2;                    /*用 INFO 来代替类型 struct  info*/
```

说明：(1) 两种写法效果一样，但是第二种写法明显更简洁。

(2) 新的类型名用大写表示，并不是系统的要求，目的是为了与其他的变量相区别。

(3) 有时也可用宏定义来代替 typedef 的功能，但是宏定义是由预处理完成的，而 typedef 则是在编译时完成的，后者更为灵活方便。

【例 11-17】录入学生的学号、学科、成绩。输入任一学生学号，可查询他的成绩。

分析：首先定义学科及学科性质代码，如表 11.1 所示。成绩分为百分制和等级制两种，分别是 float 型和 char 型，因此用共用体表示。

表 11.1　学科代码

学科名称	学科代码	学科性质	学科性质代码	成绩表示
C 语言	s1	必修	0	百分制(如 98.5、63)
组态	s2	必修	0	百分制
单片机	s3	选修	1	等级制(如 A、B)

程序代码：

```
#include "stdio.h"
#include "string.h"
#define N 5
typedef struct info
{
  char stu_num[10];
  char course[12];
  int kind;      /*必修用 0 标志，输入百分制数字，选修用 1 标志，输入字符*/
  union
  {
    char c;
    int s;
  }score;
}INFO;
void accept(INFO *st,int size);
int find(INFO *st,int size);
main()
{
  int i;
  INFO st[N];
  accept(st,N);            /*调用输入数据函数*/
  i=find(st,N);            /*调用查询并输出数据函数*/
  if(i==0) puts("\nno find");
  printf("\n");
}
void accept(INFO *st,int size)
{
  int i;
  for(i=0;i<size;i++)
  {
    printf("please input the info of NO.%d: for examlple:101 s1 0: ",i+1);
    scanf("%s%s%d",st[i].stu_num,st[i].course,&st[i].kind);
    if(st[i].kind==1)
    {
      printf("\nkind=1, input a grade(a,b,c,d):");
      scanf(" %c",&st[i].score.c);
    }
    else
    {
      printf("\nkind=0, input a score(0～100):");
      scanf("%d",&st[i].score.s);
    }
```

```
    }
}
int find(INFO *st,int size)
{
  int i,k=0;
  char n[8];
  puts("please input the number:");
  scanf("%s",n);                    /*提示输入要查询的学号*/
  for(i=0;i<size;i++)
  {
    if(strcmp(n,st[i].stu_num)==0)    /*字符串比较要查询的学号*/
    {
      if(st[i].kind==1)
       printf("\n%8s %14s   %c",st[i].stu_num,st[i].course,st[i].score.c);
       else
       printf("\n%8s %14s  %3d",st[i].stu_num,st[i].course,st[i].score.s);
       k=1;
    }
  }
  return k;
}
```

运行结果如图 11.10 所示。

说明：一共输入了 5 条记录，其中，学号 101 学生的三科成绩，s1 和 s2 必修课，代码为 0，成绩为百分制；s3 为选修课，代码为 1，成绩为等级制。

```
please input the info of NO.1: for examlple:101 s1 0: 101 s1 0

kind=0, input a score(0~100):98
please input the info of NO.2: for examlple:101 s1 0: 101 s2 0

kind=0, input a score(0~100):85
please input the info of NO.3: for examlple:101 s1 0: 101 s3 1

kind=1, input a grade(a,b,c,d):A
please input the info of NO.4: for examlple:101 s1 0: 102 s1 0

kind=0, input a score(0~100):95
please input the info of NO.5: for examlple:101 s1 0: 102 s2 0

kind=0, input a score(0~100):67
please input the number:
101

     101             s1   98
     101             s2   85
     101             s3   A
```

图 11.10　学生成绩系统

11.7　思考与练习

本章介绍了结构体、共用体、枚举类型等的定义与使用。它们主要用于处理比较复杂的数据。在与指针、数组、函数综合使用时，要注意数据的传递规则，以免出现混乱。

一、简答

1. 结构体类型是如何定义的？
2. 结构体类型与共用体类型有什么异同？

3. 枚举类型有什么特点？

4. 动态存储分配有什么作用？

5. 类型定义可以创建新的数据类型吗？它有什么意义？

二、上机练习

1. 求以下程序的运行结果。

```
#include<stdio.h>
fun(struct data dat);
struct data
{
    char c;
    int x;
};
main()
{
    struct data dat={'a',100};
    fun(dat);
    printf("%c,%d",dat.c,dat.x);
}
fun(struct data dat)
{
    dat.x=20;
    dat.c='b';
}
```

2. 求以下程序的运行结果。

```
#include<stdio.h>
struct test
{
int a;
float b;
char *p;
};
main()
{
struct test st={21,87,"zhang"},*ps;
ps=&st;
printf("%d% .lf %s\n",st.a,st.b,st.p);
printf("%d% .lf %s\n",ps->a,ps->b,ps->p);
printf("%c%s\n",*(ps->p),ps->p+1);
}
```

3. 求以下程序的运行结果。

```
#include<stdio.h>
#include<malloc.h>
#include<string.h>
struct studinf
```

```
{
char * name;
float grad;
}*p;
main()
{
struct studinf a;
p=&a;
p->grad=95.5;
p->name=(char*)malloc(20);
strcpy(p->name,"wang wei");
printf("%s\t%.2f\n",p->name,p->grad);
}
```

4. 求以下程序的运行结果。

```
#include<stdio.h>
typedef struct monthtab
{
   char month[12];
   int days;
}DATE;
DATE monthtab[]={"January",31,"February",28,"March",31,"April",30,
                 "May",31,"June",30,"July",31,"August",31,"Septenber",30,
                 "October",31,"November",30,"December",31};
main()
{
   int i;
   for(i=0;i<12;i++)
   printf("%-10s%2d\n",monthtab[i].month,monthtab[i].days);
}
```

5. 求以下程序的运行结果。

```
#include<stdio.h>
enum prov
{
   Beijing,Tianjin,Shanghai,Chongqing,Liaonin=5,Heilongjiang,Jilin,
   Shandong=10, Hebei,Henan
}addr;
main()
{
   enum prov addr;
   printf("\n Beijing=%d,Tianjin=%d,Shanghai=%d,",Beijing,Tianjin,Shanghai);
   printf("Chongqing=%d,Liaonin=%d, \n Heilongjiang=%d,",
         Chongqing, Liaonin,Heilongjiang);
   printf("Jilin=%d,Shandong=%d,Hebei=%d,Henan=%d\n",Jilin,Shandong,Hebei,Henan);
   addr= Beijing;
   printf("\nAddress is %d.\n",addr);
}
```

三、编写程序

1. 编写程序：将表中的数据赋给结构体数据，将它们输出到显示器上。

姓名	职称	工资
Mike	A	6300
Tom	C	4200
Lily	B	5800

2. 假设有三个学生，每个学生的数据包括学号、姓名及三科成绩。要求从键盘输入各学生的数据，最后输出三科平均成绩最高的学生的情况。

第 12 章

位运算

本章要点

- 位运算符的定义
- 位运算符的作用
- 位域的定义与作用

本章主要内容

前面介绍的各种运算都是以字节作为最基本位进行的。但在很多系统程序中，常要求在位(bit)一级进行运算或处理。C 语言提供了位运算的功能，这使得 C 语言也能像汇编语言一样用来编写系统程序，方便地实现二进制位的与、或、非及左、右移位等操作。位运算是 C 语言不同于其他高级语言的一大特色。同时，C 语言又具备汇编语言所不能比拟的在数学运算、数据处理、可移植性等多方面的优势，从而使 C 语言既可以用来编写系统软件，又可以编写应用软件。

12.1 位运算符

C语言提供6种位运算符，分别是左移、右移、取反、按位与、按位或、按位异或。位运算的对象只能是整型或字符型数据，不能是其他类型的数据。

↑扫码看视频

12.1.1 位运算符

C语言的6种位运算符如表12.1所示。

表12.1 C语言的6种位运算符

<table>
<tr><th>位运算符</th><th>功能</th><th>优先级</th></tr>
<tr><td>~</td><td>取反</td><td rowspan="6">最高
↓
最低</td></tr>
<tr><td><<</td><td>左移</td></tr>
<tr><td>>></td><td>右移</td></tr>
<tr><td>&</td><td>按位与</td></tr>
<tr><td>^</td><td>按位异或</td></tr>
<tr><td>|</td><td>按位或</td></tr>
</table>

以上运算符中，除取反“～”运算符是单目运算符，其他全是双目运算符。

各双目运算符与赋值运算符结合，可以组成扩展的赋值运算符，其表现形式如表12.2所示。

表12.2 C语言扩展的赋值位运算符

<table>
<tr><th>扩展运算符</th><th>表达式举例</th><th>等价于</th></tr>
<tr><td><<=</td><td>a<<=6</td><td>a=a<<=6</td></tr>
<tr><td>>>=</td><td>a>>=b</td><td>a=a>>=b</td></tr>
<tr><td>&=</td><td>a&=b</td><td>a=a&=b</td></tr>
<tr><td>^=</td><td>a^=b</td><td>a=a^=b</td></tr>
<tr><td>|=</td><td>a|=b</td><td>a=a|=b</td></tr>
</table>

12.1.2 按位与运算

按位与运算符“&”是双目运算符，其功能是参与运算的两数各对应的二进制位相与，只有对应的两个二进制位均为 1 时，结果位才为 1，否则为 0。参与运算的数以二进制方式出现。

例如，9&5，9 的二进制码为 00001001，5 的二进制码为 00000101，两者相与，可写算式如下：

```
      9:    0 0 0 0 1 0 0 1
&     5:    0 0 0 0 0 1 0 1
---------------------------
    结果:   0 0 0 0 0 0 0 1
```

结果为：00000001，它是 1 的二进制码，可见 9&5=1。

按位相与有如下特征：任何位上的二进制数，只要和 0 相与，都为 0，只要与 1 相与，保持原来值不变。

这样，如果想把二进制的某些位保留下来或是过滤掉，就可以设置相应的过滤码，与其运算。

(1) 想将二进制清零，设置过滤码为 00000000，那么任何数与过滤码相与，都将归零。

(2) 如果想保留二进制的第 5 位，其他位都清零，那么设计过滤码为 00010000。

① 设 a 为 11000011，将 a 与过滤码相与：

```
       a:   1 1 0 0 0 0 1 1
&  过滤码:  0 0 0 1 0 0 0 0
---------------------------
    结果:   0 0 0 0 0 0 0 0
```

由于 a 的第 5 位为 0，所以经过相与运算之后，结果为 0。

② 设 a 为 01010010，将 a 与过滤码相与：

```
       a:   0 1 0 1 0 0 1 0
&  过滤码:  0 0 0 1 0 0 0 0
---------------------------
    结果:   0 0 0 1 0 0 0 0
```

由于 a 的第 5 位为 1，所以经过相与运算之后，结果为 00010000。

因此，如果第 5 位为 0 的话，相与的结果是 0；如果第 5 位为 1 的话，相与的结果是 00010000。

(3) 如果想保留二进制的高 4 位，对低 4 位清零，那么设计过滤码为 11110000。

设 a 为 11010011，将 a 与过滤码相与：

```
       a:   1 1 0 1 0 0 1 1
&  过滤码:  1 1 1 1 0 0 0 0
---------------------------
    结果:   1 1 0 1 0 0 0 0
```

经过相与运算之后，结果为 11010000，二进制的高 4 位保留了下来，低 4 位清零了。

【例 12-1】求两数进行与运算的结果。

程序代码：

```
#include <stdio.h>
main()
{
    int a=9,b=5,c;
    c=a&b;
    printf("a=%d\nb=%d\nc=%d\n",a,b,c);
}
```

运行结果：

```
a=9 b=5 c=1
```

12.1.3 按位或运算

按位或运算符“|”是双目运算符。其功能是参与运算的两数各对应的二进制位相或。只要对应的两个二进制位有一个为 1 时，结果位就为 1。参与运算的两个数均以二进制方式出现。

例如，9|5。9 的二进制码为 00001001，5 的二进制码为 00000101，两者相或，可写算式如下：

```
        9：   0  0  0  0  1  0  0  1
  |     5：   0  0  0  0  0  1  0  1
      ----------------------------------
     结果：   0  0  0  0  1  1  0  1
```

结果为：00001101，它是 13 的二进制码，可见 9|5=13。

按位或运算有如下特征：可以使一个数的某些位置 1，某些位保持不变。即将希望置 1 的位与 1 进行或运算，将希望保持不变的位与 0 进行或运算。

例如：想将二进制的高 4 位置 1，低 4 位保持不变，设置过滤码为 11110000，那么任何数与过滤码相或，高 4 位都将置 1，低 4 位不变。

设 a 为 11010011，将 a 与过滤码相与：

```
        a：   1  1  0  1  0  0  1  1
  |  过滤码：  1  1  1  1  0  0  0  0
      ----------------------------------
     结果：   1  1  1  1  0  0  1  1
```

a 的高 4 位置为 1，低 4 位不变。

【例 12-2】求两数进行或运算的结果。

程序代码：

```
#include <stdio.h>
```

```
main()
{
    int a=9,b=5,c;
    c=a|b;
    printf("a=%d\nb=%d\nc=%d\n",a,b,c);
}
```

运行结果：

```
a=9 b=5 c=13
```

12.1.4　按位异或运算

按位异或运算符“^”是双目运算符。其功能是参与运算的两数各对应的二进制位相异或，当两对应的二进位相异或时，如果相同，则该位结果为 0，如果不同，则该位为 1。参与运算数以二进制形式出现。

例如：9^5，9 的二进制码为 00001001，5 的二进制码为 00000101，两者相异或，可写算式如下：

	9：	0 0 0 0 1 0 0 1
^	5：	0 0 0 0 0 1 0 1
	结果：	0 0 0 0 1 1 0 0

结果为 00001101，它是 12 的二进制码，可见 9^5=12。

按位异或有如下特征：数为 1 的位与 1 异或的结果为 0，数为 0 的位与 1 异或结果为 1；而无论数为 1 还是为 0，与 0 异或，其值都不变。由此可见，要使某位进行“翻转”，那么只要使其和 1 进行异或运算即可；而要使某位保持不变，只要使其和 0 进行异或运算即可。

例如：想使 a 的高 4 位不变，低 4 位取反，那么设置过滤码为 00001111。设 a 为 11010011，将 a 与过滤码异或：

	a：	1 1 0 1 0 0 1 1
&	过滤码：	0 0 0 0 1 1 1 1
	结果：	1 1 0 1 1 1 0 0

结果为 11011100，高 4 位不变，低 4 位取反。

【例 12-3】求两数进行异或运算的结果。

程序代码：

```
#include <stdio.h>
main()
{
    int a=9,b=5,c;
    c=a^b;
    printf("a=%d\nb=%d\nc=%d\n",a,b,c);
}
```

运行结果：

```
a=9，b=5，c=12
```

12.1.5 取反运算

取反运算符“～”为单目运算符，具有右结合性。其功能是对参与运算的二进制数各位按位求反。

例如，～9，9的二进制码为00001001，按位取反之后为11110110。

【例12-4】求对某数进行取反运算的结果。

程序代码：

```
#include <stdio.h>
main()
{
    int a=9,c;
    c=～a;
    printf("a=%d\nc=%d\n",a,c);
}
```

运行结果：

```
a=9 c=-10
```

12.1.6 左移运算

左移运算符“<<”是双目运算符。其功能把“<<”左边的运算数的各二进制位全部左移若干位，移动的位数由“<<”右边的数指定，高位丢弃，低位补0。

例如：a<<4，设a为十进制数3，二进制码表示为00000011，向左移动4位为00110000，成为二进制数48。可见a<<4=48。

左移时，若左端移出的部分不包含有效二进制位，则每左移一位，相当于这个二进制数乘以2。某些情况下，可以利用左移这个特性代替乘法运算。

12.1.7 右移运算

右移运算符“>>”是双目运算符。其功能是把“>>”左边的运算数的各二进制位全部右移若干位，移动的位数由“>>”右边的数指定。右移时，低位移出的二位制位数舍弃。

例如：a>>2，设a为十进制数15，二进制码表示为000001111，向右移动2位为00000011，成为十进制3。可见a>>2=3。

说明：对于有符号数，在右移时，符号位将随同移动。当为正数时，最高位补0，而为负数时，符号位为1，最高位是补0或是补1 取决于编译系统的规定。Turbo C和很多系统规定为补 1。

右移时，若右端移出的部分不包含有效二进制位，则每右移一位，相当于这个二进制数除以 2。某些情况下，可以利用右移这个特性代替除法运算。

【例 12-5】求程序运算结果。

程序代码：

```
#include <stdio.h>
main()
{
    unsigned a,b;
    printf("input a number:   ");
    scanf("%d",&a);
    b=a>>5;
    b=b&15;
    printf("a=%d\tb=%d\n",a,b);
}
```

运行结果：

```
5
a=5 b=0
```

【例 12-6】求程序运算结果。

```
#include <stdio.h>
main()
{
    char a='a',b='b';
    int p,c,d;
    p=a;
    p=(p<<8)|b;
    d=p&0xff;
    c=(p&0xff00)>>8;
    printf("a=%d,b=%d,c=%d,nd=%d\n",a,b,c,d);
}
```

运行结果：

```
a=97,b=98,c=97,d=98
```

12.1.8　位数不同的运算数之间的运算规则

位运算的对象可以是整型或字符型数据。当两个运算数类型不同时，系统将会进行如下处理。

(1) 先将两个运算数右端对齐。

(2) 将位数短的向高位扩展，无符号数和正整数左侧用 0 补齐，负数左侧用 1 补齐。

(3) 对位数相等的两个运算数进行位运算。

12.2 位　　域

有些信息在存储时并不需要占用一个完整的字节，只需占几个二进制位即可。例如在存放一个开关量时，只有0和1两种状态，可以只用一位二进位表示。为了节省存储空间，并使处理简便，C语言提供一种数据结构，称为“位域”或“位段”。

↑扫码看视频

12.2.1　位域

所谓位域，是把一个字节中的二进位划分为几个不同的区域，并说明每个区域的位数。每个域有一个域名，允许在程序中按域名进行操作。这样就可以用一个字节的二进制位域来表示几个不同的对象了。

12.2.2　位域的定义

格式：

```
struct 位域结构名
{
位域列表
 };
```

其中“位域列表”的格式为：

```
类型说明符　位域名：位域长度
```

例如：

```
struct  wy
{
   int  a:8;
   int  b:5;
   int  c:3;
};
```

位域变量的说明与结构变量说明的方式相同。可采用先定义后说明、同时定义说明或者直接说明这三种方式。例如：

```
struct  wy
```

```
{
    int  a:8;
    int  b:2;
    int  c:6;
}data;
```

说明 data 为 wy 变量，共占两个字节。其中位域 a 占 8 位，位域 b 占 2 位，位域 c 占 6 位。

说明：一个位域必须存储在同一个字节中，不能跨两个字节。如一个字节所剩空间不够存放另一位域时，应从下一字节起存放该位域。例如：

```
struct  wy
{
    int a:4
    int :0          /*空域*/
    int b:5         /*从下一单元开始存放*/
    int c:3
}
```

在这个位域定义中，a 占第一字节的前 4 位，后 4 位填 0 表示不使用；b 从第二字节开始占用 5 位，c 占用 3 位。

由于位域不允许跨两个字节，因此位域的长度不能大于一个字节的长度，也就是说不能超过 8 位二进制位。

位域可以无位域名，这时它只用来作填充或调整位置。无名的位域是不能使用的。例如：

```
struct k
{
    int a:1
    int  :2          /*该 2 位不能使用*/
    int b:3
    int c:2
};
```

从以上分析可以看出，位域在本质上就是一种结构类型，不过其成员是按二进位分配的。

12.2.3　位域的使用

位域的使用和结构成员的使用相同，其格式为：

位域变量名·位域名

位域允许用各种格式输出。

【例 12-7】求程序运算结果。

程序代码：

```
#include <stdio.h>
main()
{
   struct wy
   {
      unsigned a:1;
      unsigned b:3;
      unsigned c:4;
   } bit,*pbit;
   bit.a=1;
   bit.b=7;
   bit.c=15;
   printf("%d,%d,%d\n",bit.a,bit.b,bit.c);
   pbit=&bit;
   pbit->a=0;
   pbit->b&=4;
   pbit->c|=1;
   printf("%d,%d,%d\n",pbit->a,pbit->b,pbit->c);
}
```

运行结果：

```
1, 7, 15
0, 4, 15
```

分析：程序中定义了位域结构 wy，三个位域 a、b、c。说明了 wy 类型的变量 bit 和指向 wy 类型的指针变量 pbit。程序分别给三个位域赋值，并按整型格式输出三个域的内容。然后把位域变量 bit 的地址送给指针变量 pbit，并用指针方式给位域 a 重新赋值 0。接着使用复合的位运算符“&=”，该行相当于：pbit->b=pbit->b&4。

位域 b 中原有值为 7，与 4 作按位与运算的结果为 4。同样，程序中使用了复合位运算符“|=”，相当于：pbit->c=pbit->c|1，其结果为 15。

最后用指针方式输出了这三个域的值。

12.3 程序设计举例

位运算在应用中大多要涉及计算机硬件及低级语言知识，在此不做深入讨论。在此只举几个利用位运算本身特征实现特殊操作的简单实例。综合应用多个位运算符时，必须注意位运算符的优先级关系。

↑扫码看视频

【例 12-8】不用中间变量，利用按位异或运算，实现两个整数的交换。

程序代码：

```
#include <stdio.h>
main()
{
   int  a, b;
   printf("please input 2 number: ");
   scanf ("%d%d",&a,&b);
   printf("a=%d,b=%d\n",a,b);
   a=a^b;
   b=b^a;
   a=a^b;
   printf("a=%d,b=%d\n",a,b);
}
```

运行结果：

```
please input 2 number:5 6↙
a=5，b=6
a=6，b=5
```

【例 12-9】编写一个函数，可以实现以下操作：测试一个字节中指定位是否为 1，若为 1，函数返回值为真(非 0)；否则函数返回值为假(0)。

分析：通过表达式 01<<(bit-1)得到一个操作数，其中 bit 指定被测位置，表达式使该操作数只在被测位置上有一个 1，其余位均为 0；然后将被测数和这一操作数进行按位与运算(byte&01<<(bit-1))，屏蔽掉除被测数以外的其他位。若被测位为 1，表达式的值为非 0；若被测位为 0，表达式的值必为 0。设一个二进数 0X6071，测试结果如下：

程序代码：

```
#include <stdio.h>
cs (int byte,int bit)
{
   return (byte&01<<(bit-1));
}
cc (int byte, int n)
{
   int i;
   for(i=n;i>=1;i--)
   if(cs(byte,i))
   printf("1");
   else
   printf("0");
   printf("\n");
}
main()
```

```
{
   int  byte =0x6071;
   printf ("%x:",byte);
   cc(byte,16);
}
```

运行结果：

```
6071: 0 1 1 0 0 0 0 0 0 1 1 1 0 0 0 1
```

【例 12-10】编写一个函数，实现将 16 位的操作数循环左移 n 位。

分析：C 语言的位运算中只有左、右移位，没有循环移位功能。左移、右移操作是将移出的位按抛弃处理，而循环移位将移出的位置于另一侧。因此通过左移操作时，要先将准备抛弃的位存入一个中间变量；移位之后，再将中间变量的结果存入填充的位上，实现循环移位。

设一个十进数 15，它的二进制码为 0000 0000 0000 1111，循环左移之后为 0000 0000 1111 0000，为十进制数 240。

程序代码：

```
#include <stdio.h>
move(unsigned  *x, int  n)
{
    unsigned  a,b;
    a=*x>>(16-n);
    b=*x<<n;
    *x=a|b;
}
main()
{
    unsigned x;
    x=15;
    move(&x, 4);
    printf("x=%d\n",x);
}
```

运行结果：

```
x=240
```

【例 12-11】编写一个函数，测试所用计算机中 int 型数据的二进制位数。

分析：不同机器上，int 类型数据所分配的长度可能不同。可以通过对 0 求反，实现对无符号整型变量 x 中的各二进制位全部置 1；然后进入 for 循环，不断使 x 中的值右移，每移一位就测试一次 x 的值是否为 0，一旦为 0，就退出循环；这时循环控制变量 i 的值就是所用计算机中 int 型数据的字长的位数。

程序代码：

```
#include <stdio.h>
```

```
length( )
{
   int  i;
   unsigned int x=～0;          /*将 x 各二进制位置 1*/
   for(i=0;x>0;i++)            /*计算 x 中的位数*/
   x=x>>1;
   return (i);
}
main()
{
    printf ("The bits of int is %d\n", length( ));
}
```

运行结果：

```
The bits of int is 16
```

12.4　思考与练习

位运算是 C 语言中的一种特殊运算功能，它是以二进制位为单位进行运算的。位运算符只有逻辑运算和移位运算两类。利用位运算可以完成汇编语言的某些功能，如置位、清零、移位等。位域在本质上也是结构类型，不过它的成员按二进制位分配内存。位域提供了一种手段，使得可在高级语言中实现数据的压缩，节省了存储空间，同时也提高了程序的效率。熟练掌握与使用位运算功能，可以使我们更好地应用 C 语言进行系统程序的编写。

一、简答

1. 简述 C 语言提供了哪些位运算符？优先级怎样？这些位运算的功能是什么？

2. 以下表达式中，a 为任意整数。能将变量 a 清零的表达式有哪些？能将变量 a 中的各二进制位均置成 1 的表达式有哪些？

(1)a=a&～a　(2)a=a<<32　(3)a=a>>32　(4)a=a&00　(5)a=～1

(6)a=～a　(7)a=～0　(8) a=a^a　(9)a=a^～a　(10)a=a|～a

3. 使用位运算符，按以下要求写表达式。

(1) 将变量 a 的高 8 位置 1，低 8 位保持不变。

(2) 将八进制数 012500 除以 4 赋给变量 a。

(3) 将变量 a 中高 8 位与低 8 位的内容对调。

(4) 将变量 c 中的大写字母转换成小写字母。

二、编写程序

1. 编写函数，实现一个 16 位操作数循环右移 2 位。

2. 编写函数，实现一个 16 位操作数，抽出高 2 位，放入低 2 位，其他位数置 0。

第 13 章

文　件

本章要点

- 文件的概念
- 文件的打开与关闭
- 文件的读写

本章主要内容

所谓文件，是指存储在外部存储介质上的数据的集合，一般可分为程序文件和数据文件。程序文件由若干个指令语句组成；数据文件则是程序操作的一些数值和文字。本章介绍的文件操作主要是对磁盘数据文件的操作和使用。

13.1 文件概述

数据是以文件的形式存放在外部存储介质上的，计算机操作系统也是以文件为单位对数据进行管理的。

↑扫码看视频

13.1.1 文件的存储

所谓文件，是指一组相关数据的有序集合。这个数据集的名称，叫做文件名。在前面的章节中我们已经多次使用了文件，例如源程序文件、目标文件、可执行文件、库文件(头文件)等。

1. 缓冲文件与非缓冲文件

C 语言有两类文件系统，一类为缓冲文件，又称为标准 I/O 文件或高级文件系统；另一类为非缓冲文件，又称为系统 I/O 文件或低级文件系统。

缓冲文件是指系统自动地在内存区为每一个正在使用的文件开辟一个缓冲区，当从内存向磁盘文件输出数据时，数据必须先送到内存缓冲区，待缓冲区装满后再向磁盘输出。输入数据的过程正好相反，先将一批数据从磁盘输入到缓冲区，然后再从缓冲区将数据逐个送到程序数据区。这样做是为了减少系统读写磁盘的次数，提高处理速度。

非缓冲文件是指系统不能自动开辟确定大小的缓冲区，而由程序本身根据需要设定。1983 年 ASCII 标准规定不再采用非缓冲文件，全部用缓冲文件来处理文本文件和二进制文件，因此我们主要介绍缓冲文件。

2. 普通文件与设备文件

缓冲文件通常是驻留在外部介质(如磁盘等)上的，在使用时才调入内存中来。从不同的角度可对文件作不同的分类。从用户的角度看，文件可分为普通文件和设备文件两种。

普通文件是指驻留在磁盘或其他外部介质上的一个有序数据集，可以是源文件、目标文件、可执行程序；也可以是一组待处理的原始数据，或者是一组输出的结果。对于源文件、目标文件、可执行程序，可以称作程序文件；对输入输出数据文件，可称作数据文件。

设备文件是指与主机相联的各种外部设备，如显示器、打印机、键盘等。在操作系统中，外部设备也被看作是一个文件来进行管理，对它们的输入、输出等同于对磁盘文件的读和写。

通常把显示器定义为标准输出文件，一般情况下，在屏幕上显示有关信息就是向标准

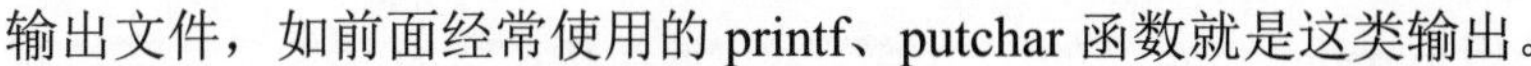

输出文件，如前面经常使用的 printf、putchar 函数就是这类输出。

键盘通常被指定为标准的输入文件，从键盘上输入就意味着从标准输入文件上输入数据。scanf、getchar 函数就属于这类输入。

3．ASCII 码文件和二进制码文件

从文件编码的方式来看，文件可分为 ASCII 码文件和二进制码文件两种。

ASCII(American Standard Code for Information Interchange，美国标准信息交换码)表中的每个字符都由 7 位二进制码表示。一个字符在计算机中用一个字节 8 位表示，基本 ASCII 字符编码的最高位为 0，扩充 ASCII 字符编码的最高位为 1。基本 ASCII 码共有 128 个字符，可以表示计算机终端输入显示的 95 个字符及 33 个控制字符(详见附录 I)。

ASCII 文件也称为文本文件，文件可在屏幕上按字符显示，例如源程序文件就是 ASCII 文件，用 DOS 命令 TYPE 可显示文件的内容。由于是按字符显示，因此读者可以读懂文件内容。

二进制文件是按二进制的编码方式来存放文件的。虽然也可在屏幕上显示，但其内容无法读懂。

ASCII 码文件的每一个字节存放一个 ASCII 码，该存储方式便于字符的输入和输出处理，非常直观，但占用存储空间较大。二进制文件是把内存中的数据按其在内存中的存储形式原样输出到磁盘上存放，一个字节并不对应一个字符，占用存储空间较小。例如，一个整数 10000，如果按 ASCII 码形式存储占 5 个字节，而按二进制形式存储则在磁盘上只占 2 个字节。

C 系统在处理这些文件时，并不区分类型，都看成是字符流，按字节进行处理。

输入输出字符流的开始和结束只由程序控制而不受物理符号(如回车符)的控制，因此也把这种文件称作“流式文件”。

13.1.2　文件指针

C 语言的文件管理系统为每个文件在内存中开辟一个区域，用来存储诸如文件的名字、文件的状态及文件当前位置等有关信息。这些信息被保存在一个由系统定义的、取名为 FILE 的结构体类型的变量中。

在此在 C 语言中，对文件操作必须定义一个文件指针变量，这个指针变量称为文件指针。只有通过文件指针，才能实现对文件的访问。

FILE 定义形式如下：

```
Typedef struct
{
    int filecode;          /*文件号*/
    int cleft;             /*缓冲剩下的字符*/
    int mode;              /*文件操作模式*/
    char *nextc;           /*下一个字符位置*/
    char *buff;            /*文件缓冲位置*/
}FILE;
```

其中，大写的 FILE 是用 typedef 自定义的结构类型名。该结构中含有文件名、文件状态和文件当前位置等信息。在编写源程序时不必关心 FILE 结构的细节。

有了 FILE 之后，就可以用它来定义若干个 FILE 类型的变量，以便存放若干个文件的信息。

例如：

```
FILE *fp;
```

fp 为一个指向 FLLE 类型结构的指针变量，这样可以使 fp 查找存放某指向某一个文件的结构变量，从而通过该变量找到该文件，实施对文件的操作。在缓冲文件中，对于文件的所有操作，均基于这样的一个 FILE 类型的指针变量来进行。因此把 fp 称为指向一个文件的指针。在文件操作之前，要先定义这样的文件类型指针，再通过它来进行各种操作。

13.2 文件的打开与关闭

文件在进行读写操作之前要先打开，使用完毕要关闭。所谓打开文件，实际上是建立文件的各种有关信息，并使文件指针指向该文件，以便进行其他操作。关闭文件则断开指针与文件之间的联系，也就是禁止再对该文件进行操作。

↑扫码看视频

13.2.1 文件的打开

C 语言在标准输入输出函数库中定义了对文件操作的若干函数，其中 fopen()函数用来打开磁盘文件。

格式：

```
FILE  *fp;
fp=fopen(文件名，文件使用方式)；
```

说明：文件指针名 fp 必须是被说明为 FILE 类型的指针变量；“文件名”是被打开文件的文件名，若不位于当前默认路径中，则要把路径书写完整；“文件使用方式”是指文件的类型和操作要求，详见表 13.1。

例如：

```
FILE *fp;
fp= fopen ("file a","r");
```

说明：在当前目录下打开文件 file a，只允许进行“读”操作，并使 fp 指向该文件。

又如：

```
FILE *fpb
fpb= fopen ("c:\\b","rb")
```

说明：打开 C 盘根目录下的文件 b，这是一个二进制文件，只允许按二进制方式进行读操作。两个反斜线“\\”中的第一个表示转义字符，第二个表示根目录。

表 13.1　文件的使用方式

文件使用方式	意　义
r(rt)	只读打开一个文本文件，只允许读数据
w(wt)	打开或建立一个文本文件，允许写数据
a(at)	追加打开一个文本文件，并在文件末尾写数据
rb	只读打开一个二进制文件，只允许读数据
wb	打开或建立一个二进制文件，允许写数据
ab	追加打开一个二进制文件，并在文件末尾写数据
r(rt)+	读写打开一个文本文件，允许读和写
w(wt)+	读写打开或建立一个文本文件，允许读写
a(at)+	读写打开一个文本文件，允许读，或在文件末追加数据
rb+	读写打开一个二进制文件，允许读和写
wb+	读写打开或建立一个二进制文件，允许读和写
ab+	读写打开一个二进制文件，允许读，或在文件末追加数据

打开文件的注意事项如下。

(1) 文件使用方式由 r，w，a，t，b，+等 6 个字符组成，各字符的含义如下。

- r(read)：读。
- w(write)：写。
- a(append)：追加。
- t(text)：文本文件，可省略不写。
- b(banary)：二进制文件。
- +：读和写

(2) 用 r 打开一个文件时，该文件必须已经存在，且只能从该文件读出，否则出错。

(3) 用 w 打开的文件只能向该文件写入。若打开的文件不存在，则以指定的文件名建立该文件，若打开的文件已经存在，则将该文件删去，重建一个新文件。

(4) 用 a 方式打开文件，可向一个已存在的文件尾部追加新信息，但此时该文件必须是存在的，否则将会出错。

(5) 用“r+”方式打开文件时，表示从已存在的文件中读入数据，读完后可以向文件输出数据(更新文件)。

(6) 用“w+”方式打开文件，表示建立或删除文件内容，向文件写数据。

(7) 用“a+”方式打开文件，表示不删除原文件，而将文件指针移至文件尾部，可以追加和读数据；若文件不存在，则建立一个新文件，待写操作完成后，可以读入数据。

(8) 文件打开失败的原因有：用 r 方式打开一个并不存在的文件；用 w 方式打开一个文件，而磁盘空间已满、磁盘出故障或写保护等。

如果在打开一个文件时出错，fopen 函数将返回一个空指针值 NULL。在程序中可以用这一信息来判别是否完成打开文件的工作，并作相应的处理。因此常用以下程序段打开文件：

```
if((fp=fopen("c:\\a","rb")==NULL)
{
    printf("\nerror on open c:\\a file!");
    getch();
    exit(1);
}
```

说明：如果返回的指针为空，表示不能打开 C 盘根目录下的 a 文件，则给出提示信息"error on open c:\a file!"。

getch()的功能是等待从键盘输入一个字符，但不在屏幕上显示。只有当用户从键盘按任一键时，程序才继续执行，因此用户可利用这个等待时间阅读出错提示。按键后执行 exit(1)退出程序。

把一个文本文件读入内存时，要将 ASCII 码转换成二进制码；而把文件以文本方式写入磁盘时，也要把二进制码转换成 ASCII 码。因此文本文件的读写要花费较多的转换时间，而对二进制文件的读写不存在这种转换。

标准输入文件(键盘)、标准输出文件(显示器)、标准出错输出(出错信息)是由系统打开的，可直接使用。

13.2.2 文件的关闭

文件一旦使用完毕，应用关闭文件函数把文件关闭，以防止文件被误用、数据丢失等错误发生。

关闭文件的格式为：

```
fclose(文件指针);
```

例如：

```
fclose(fp);
```

fclose()函数带有一个返回值，当顺利地执行了关闭操作时，则返回值为 0；若返回值为非 0 值，则表示关闭文件是有错误。如果是执行写操作后用 fclose 关闭文件，则系统会先将缓冲区的内容输出给文件，然后再关闭文件，这样就可以防止数据丢失。

13.3 文件的读写

文件成功打开之后，就可以对它进行读写操作了。对文件的读和写是最常用的文件操作，在C语言中提供了多种文件读写的函数，使用读写函数都要求包含头文件 stdio.h。

↑扫码看视频

13.3.1 字符读写函数 fgetc()和 fputc()

字符读写函数是以字符(字节)为单位的读写函数，每次可从文件读出或写入一个字符。

1. 读字符函数 fgetc()

fgetc()的功能是从指定的文件中读一个字符。格式：

```
字符变量=fgetc(文件指针);
```

例如：

```
c=fgetc(fp);
```

功能：从打开的文件 fp 中读取一个字符并送入 c 中。

说明：(1) 在 fgetc()函数调用中，读取的文件必须是以读或读写方式打开的。

(2) 读取字符的结果可以不向字符变量赋值，但是读出的字符不能保存。语句直接写成：

```
fgetc(fp);
```

在文件内部有一个位置指针，用来指向文件的当前读写字节。在文件打开时，该指针总是指向文件的第一个字节。使用 fgetc 函数后，该位置指针将向后移动一个字节。因此可连续多次使用 fgetc 函数，读取多个字符，并使指针向后移动。

文件内部的位置指针用以指示文件内部的当前读写位置，每读写一次，该指针均向后移动，它不需在程序中定义，是由系统自动设置的。

文件内部的指针不同于文件指针。文件指针是指向整个文件的，须在程序中定义说明，只要不重新赋值，即文件指针的值是不变的。

【例 13-1】读入文件 example.txt，在屏幕上输出。

分析：本题要求从文件中逐个读取字符，在屏幕上显示。首先需定义文件指针 fp，以读文本文件方式打开文件“C:\\example.txt","rt"”，并使 fp 指向该文件。如打开文件出错，给出提示并退出程序。

循环读取文本文件内容时，每读出一个字符，文件内部的位置指针向后移动一个字符，只要读出的字符不是文件结束标志(每个文件末有一结束标志 EOF)，就把该字符显示在屏幕上，直到文件结束时，该指针指向 EOF。执行本程序将显示整个文件。

文件内容如图 13.1 所示。

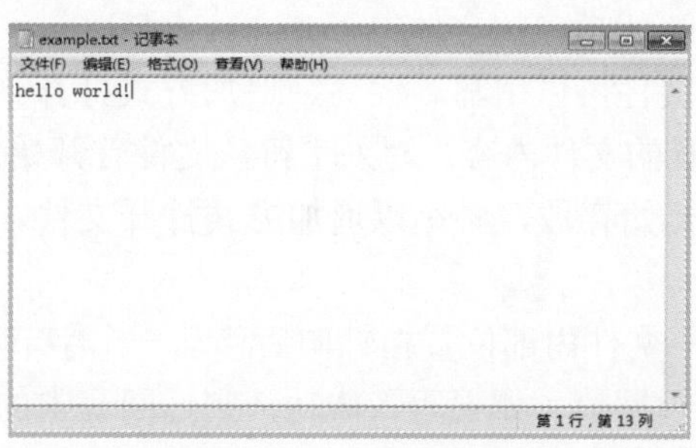

图 13.1　文件文档内容

程序代码：

```
#include<windows.h>
#include<stdio.h>
#include<conio.h>
#include<stdlib.h>
main()
{
   FILE *fp;
   char c;
   if((fp=fopen("C:\\example.txt","rt"))==NULL)
   {
      printf("\nCannot open the file!");
      getch();
      exit(1);
   }
   c=fgetc(fp);
   while(c!=EOF)
   {
      putchar(c);
      c=fgetc(fp);
   }
   fclose(fp);
}
```

运行结果如图 13.2 所示。

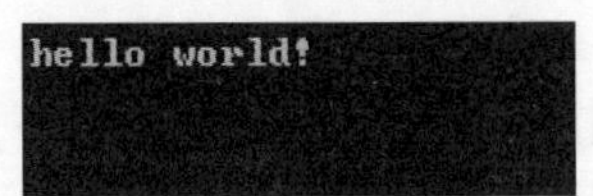

图 13.2　将文本文件打印在屏幕上

2．写字符函数 fputc()

fputc()函数的功能是把一个字符写入指定的文件中。格式：

```
fputc(字符量，文件指针);
```

说明：待写入的字符量可以是字符常量或变量。例如：

```
fputc('a', fp);
```

功能：把字符 a 写入 fp 所指向的文件中。

说明：(1)　被写入的文件可以用写、读写、追加方式打开。用写或读写方式打开一个已存在的文件时将清除原有的文件内容，写入字符从文件首开始。如需保留原有文件内容，希望写入的字符在文件末开始存放，必须以追加方式打开文件。被写入的文件若不存在，则创建该文件。

(2)　每写入一个字符，文件内部位置指针向后移动一个字节。

(3)　fputc 函数有一个返回值，如果写入成功，则返回写入的字符，否则返回 EOF。可用此来判断写入是否成功。

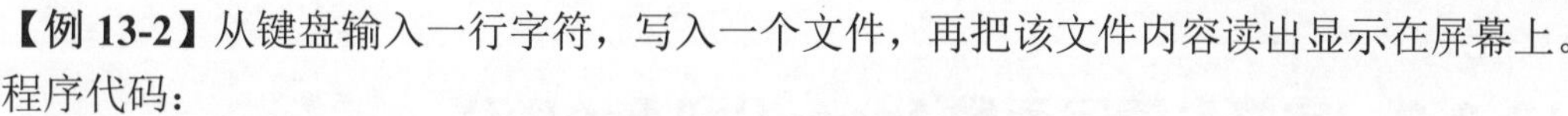

【例 13-2】从键盘输入一行字符，写入一个文件，再把该文件内容读出显示在屏幕上。

程序代码：

```
#include<windows.h>
#include<stdio.h>
#include<conio.h>
#include<stdlib.h>
main()
{
   FILE *fp;
   char c;
   if((fp=fopen("c:\\example.txt","wt+"))==NULL)
   {
      printf("Cannot open the file!");
      getch();
      exit(1);
   }
   printf("please input a string:\n");
   c=getchar();
   while (c!='\n')
   {
      fputc(c,fp);
      c=getchar();
   }
   rewind(fp);
   c=fgetc(fp);
   while(c!=EOF)
   {
      putchar(c);
      c=fgetc(fp);
   }
   printf("\n");
   fclose(fp);
}
```

运行结果如图 13.3 所示。打开 C 盘中的文本文件，文本文件的内容如图 13.4 所示。

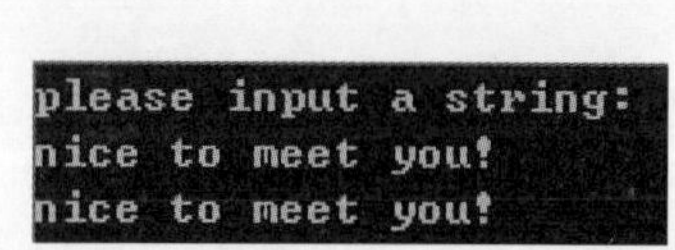

图 13.3　向文本文件写入一个字符串

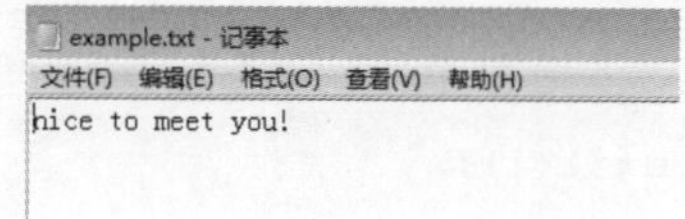

图 13.4　文件文档内容

说明：程序中以读写文本文件方式打开文件 example.txt，从键盘读入一个字符后进入循环，把该字符写入文件之中，当读入字符不为回车符时，则继续从键盘读入下一字符。每输入一个字符，文件内部位置指针向后移动一个字节。写入完毕，该指针已指向文件末。

如要把文件从头读出，须把指针移向文件头，用 rewind 函数把 fp 所指文件的内部位置指针移到文件头，然后读出文件中的内容将打印到屏幕上。

13.3.2　字符串读写函数 fgets()和 fputs()

1．读字符串函数 fgets()

fgets()函数的功能是从指定的文件中读一个字符串到字符数组中。格式：

```
fgets(字符数组名，n，文件指针);
```

例如：

```
fgets(str,n,fp);
```

功能：从 fp 所指的文件中读出(n−1)个字符送入字符数组 str 中。

说明：(1)　str 为字符数组或字符型指针，从文件中读到的字符串将存储到该数组中去。

(2)　n 是一个正整数。表示从文件中读出的字符串不超过(n−1)个字符。在读入的最后一个字符后加上串结束标志“\0”。如果在完成读取 n−1 个字符之前遇到换行符或 EOF，则读入过程立即结束。

(3)　fp 为 FILE 类型的文件指针变量。

(4)　fgets()的返回值为 str 的首地址。若未读到文件尾或出错，则返回空指针 NULL。

【例 13-3】从文件中读入一个不超过 30 个字符的字符串，在屏幕上打印出来。

程序代码：

```
#include<stdio.h>
#include<conio.h>
#include<stdlib.h>
#include<windows.h>
main()
{
   FILE *fp;
   char str[31];
   if((fp=fopen("c:\\example.txt","rt"))==NULL)
   {
      printf("\nCan't open the file!");
      getch();
      exit(1);
   }
   fgets(str,11,fp);
   printf("%s",str);
   fclose(fp);
}
```

运行结果：

```
nice to meet you!
```

说明：(1)　要显示不超过 30 个字符的字符串，字符数组定义为 31 个元素的数组 str[31]。

(2) 程序打开文件 example.txt，从中读出不超过 30 个字符，送入到数组 str 中去，并在数组结尾加上‘0’，并在屏幕上显示出来。

2．写字符串函数 fputs()

fputs()函数的功能是向指定的文件写入一个字符串。格式：

```
fputs(字符串，文件指针);
```

例如：

```
fputs(str,fp);
```

功能：将字符串 str 中的内容写入到 fp 所指的文件中。

说明：字符串可以是字符串常量，也可以是字符数组名或指针变量。

【例 13-4】向 example.txt 中追加一个字符串。

程序代码：

```
#include<stdio.h>
#include<conio.h>
#include<stdlib.h>
#include<windows.h>
main()
{
   FILE *fp;
   char c,s[20];
   if((fp=fopen("c:\\example.txt","at+"))==NULL)
   {
      printf("Cannot open the file!");
      getch();
      exit(1);
   }
   printf("please input a string:\n");
   scanf("%s",s);
   fputs(s,fp);
   rewind(fp);
   c=fgetc(fp);
   while(c!=EOF)
   {
      putchar(c);
      c=fgetc(fp);
   }
   printf("\n");
   fclose(fp);
}
```

运行结果如图 13.5 所示。

```
please input a string:
hello!
nice to meet you!hello!
```

图 13.5　在文件尾添加一个字符串

【例 13-5】新建一个文件 file.txt，并从键盘输入两行字符，存入到文件中。

```
#include<stdio.h>
#include<stdlib.h>
#include<conio.h>
main()
{
   int i;
   char str[81];
   FILE * fp;
   if((fp=fopen("C://file.txt","w"))==NULL)
   {
     puts("Can't open the file!\n");
     exit(0);
   }
   printf("please input two sentences:\n");
   for(i=1;i<3;i++)
   {
      gets(str);
      fputs(str,fp);
      fputs("\n",fp);
   }
   fclose(fp);
}
```

在屏幕上输入如图 13.6 所示的内容。

打开 C 盘上的 file.exe 文件，内容如图 13.7 所示。

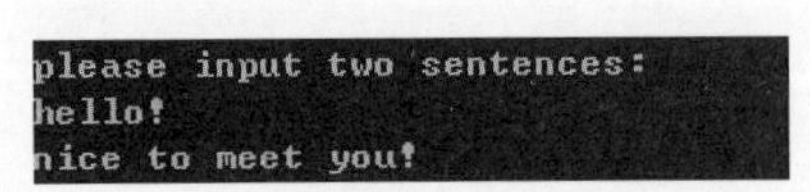

图 13.6　键盘键入两行字符

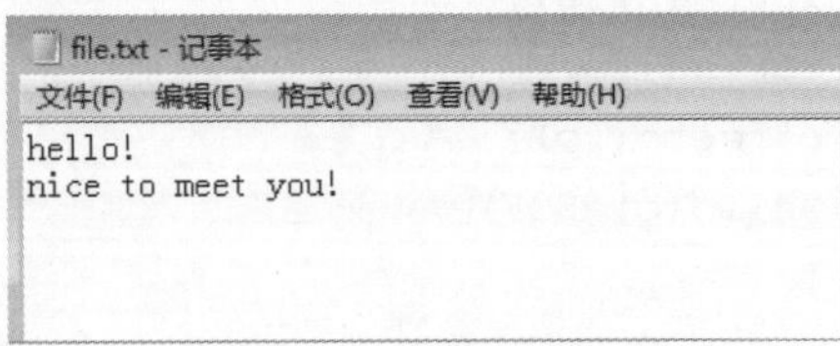

图 13.7　新建的文件 file.txt

13.3.3　数据块读写函数 fread()和 fwtrite()

在编程时经常需要读写各种类型数据组成的字段，因此 C 语言提供了整块数据的读写函数，用来读写一组数据，如一个数组元素，一个结构变量的值等。

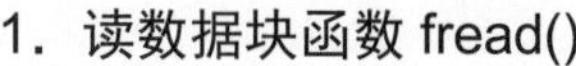

1．读数据块函数 fread()

格式：

```
fread(buffer, size, count, fp);
```

功能：从指定的文件中读入一组数据。

说明：buffer 是用于存放读入数据的缓冲区指针，指向读入数据的起始地址。size 是读入数据的每个数据项的字节数。count 是要读多少个 size 字节长的数据项。fp 是 FILE 类型的文件指针变量。

例如：如果有定义 int a[5]，那么 fread(a,4,5,fp)是从 fp 所指的文件中，读入 5 个整型数据，送入数组 a 中，其中第二个参数 4 是指每个整型数据占 4 个字节

【例 13-6】将存入 data.txt 文件中的 10 个整数读入到数组 a 中，并显示出来。

程序代码：

```
#include<stdlib.h>
#include<conio.h>
#include<stdio.h>
main()
{
    FILE * fp;
    int a[10],i;              /*数组 a 用于存放从文件中读出的整数*/
    if((fp=fopen("C://data.txt","r"))==NULL)
        printf("File data.txt has not been found!");
    else
     {
        fread(a,4,10,fp);             /*将文件中连续 10 个整型数读入到数组 a 中*/
        fclose(fp);
        for(i=0;i<10;i++)
        printf("%4d",a[i]);                  /*将读入到 a 中的数显示出来*/
     }
    printf("\n");
}
```

运行程序，系统将 data.txt 文件中的数据显示在屏幕上。

2．写数据块函数 fwrite()

格式：

```
fwrite (buffer, size, count, fp);
```

功能：将一组数据输出到指定的文件中。可从指定的文件中读入一组数据。

说明：buffer 是一个指针，在 fread 函数中，它表示存放输入数据的首地址；在 fwrite 函数中，它表示存放输出数据的首地址。size 是输出数据的每个数据项的字节数。count 是要输出多少个 size 字节长的数据项。fp 是 FILE 类型的文件指针变量。

例如，利用 fwrite 函数，将 x 数组中的 5 个浮点型数据输出到磁盘文件中，则 fwrite 函数中的参数设置如下：

```
static int x[5]={5,2,3,7,6};
...
fwrite(x,2,5,fp);
```

其中第二个参数 2 是指每整型数据占 2 个字节。

【例 13-7】从键盘输入 10 个整数，存入到 data.txt 中。

程序代码：

```
#include<stdlib.h>
#include<conio.h>
#include<stdio.h>
main()
{
    FILE *fp;
    int a[10],i;                          /*建立数组 a[10]用于存放键入的整数*/
    for(i=0;i<10;i++)
    scanf("%d",&a[i]);                    /*读入 10 个整形数到数组 a 中*/
    if((fp=fopen("c://data.txt","w+"))==NULL)
        printf("Can not open file data.dat");
    else
    {
        fwrite(a,4,10,fp);  /*以 a 为首地址，以 4 个字节为单位写入 10 个数到文件中*/
        fclose(fp);  /*关闭文件*/
    }
}
```

运行程序，系统自动建立一个文件 data.txt，并将 10 个整数存放在文件中。

【例 13-8】从键盘输入两个学生成绩，写入一个文件中，再将数据显示在屏幕上。

程序代码：

```
#include<stdlib.h>
#include<conio.h>
#include<stdio.h>
struct stu
{
   char number[3];
   int chinese;
   int maths;
   char grade[2];
}st1[2],st2[2],*p1,*p2;
main()
{
   FILE *fp;
   char ch;
   int i;
   p1=st1;
```

```
    p2=st2;
    if((fp=fopen("c://exp.txt","wb+"))==NULL)
    {
      printf("Cannot open the file!");
      getch();
      exit(1);
    }
    printf("\nplease input two infos:\n");
    for(i=0;i<2;i++,p1++)
    scanf("%s%d%d%s",p1->number,&p1->chinese,&p1->maths,p1->grade);
    p1=st1;
    fwrite(p1,sizeof(struct stu),2,fp);
    rewind(fp);
    fread(p2,sizeof(struct stu),2,fp);
    printf("\n\nnumber chinese maths grade\n");
    for(i=0;i<2;i++,p2++)
       printf("%s %5d%5d %s\n",p2->number,p2->chinese,p2->maths,p2->grade);
    fclose(fp);
}
```

运行结果如图 13.8 所示。

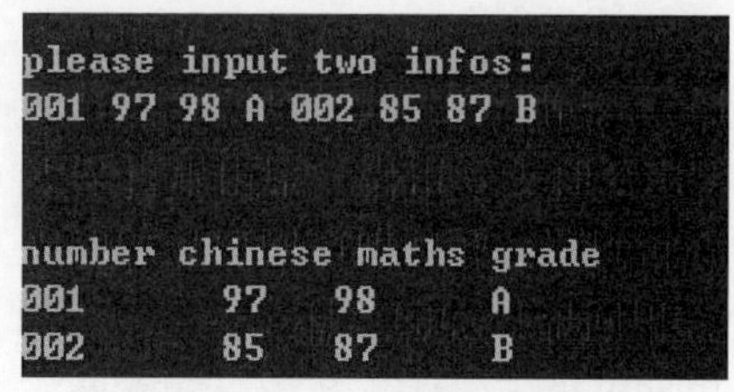

图 13.8　显示两个学生成绩

说明：本题定义了一个结构体 stu，说明了两个结构数组 st1 和 st2 以及两个结构指针变量 p1 和 p2。p1 指向 st1，p2 指向 st2。以读写方式打开二进制文件 exp.txt，输入两个学生数据之后，写入该文件中；然后把文件内部位置指针移到文件首，读出两个学生数据后，在屏幕上显示。

13.3.4　格式化读写函数 fscanf 和 fprintf

文件的格式化读写函数 fprintf()和 fscanf()与前面用过的 printf()和 scanf()函数的作用类似，都是用来实现格式化读写操作，两者的区别在于 fscanf()和 fprintf 函数的读写对象不是键盘和显示器，而是磁盘文件。

1．fprintf()函数

格式：

```
fprintf(文件类型指针，格式控制字符串，输出列表);
```

功能：将“输出列表”中的变量中的数据输出到“文件类型指针”所标识的文件中。

例如，把变量 a 和 b 的值分别按%d 和%f 的格式输出到 fp 所标识的文件中：

```
int a=20;
float b=5.2;
fprintf(fp, "%d%f",a,b);
```

一般来讲，由 fprintf()函数写入到磁盘文件中的数据，应由 fscanf()函数以相同格式从磁盘文件中读出来使用。

2. fscanf()函数

格式：

```
fscanf(文件类型指针，格式控制字符串，地址列表);
```

功能：从“文件类型指针”所标识的文件读入一个字符流，存入“地址列表”对应变量中。

例如，从文件指针 fp 指向的文件中读取数据，同时存储到变量 a、b、c 中：

```
int a,b;
float c;
fscanf(fp,"%d,%d,%f",&a,&b,&c);
```

注意：在利用 fscanf()函数从文件中进行格式化输入时，一定要保证格式说明符与所对应的输入数据的一致性，否则将会出错。通常的做法是用什么格式写入的数据，就用什么格式输出数据。

【例 13-9】用 fscanf()和 fprintf()函数编程，从键盘输入两个学生成绩，写入一个文件中，再将数据显示在屏幕上。

程序代码：

```
#include<stdlib.h>
#include<conio.h>
#include<stdio.h>
struct stu
{
   char number[3];
   int chinese;
   int maths;
   char grade[2];
}st1[2],st2[2],*p1,*p2;
main()
{
   FILE *fp;
   char ch;
   int i;
```

```
    p1=st1;
    p2=st2;
    if((fp=fopen("c://exp.txt","wb+"))==NULL)
    {
      printf("Cannot open the file!");
      getch();
      exit(1);
    }
    printf("\n please input two infos:\n");
    for(i=0;i<2;i++,p1++)
    scanf("%s%d%d%s",p1->number,&p1->chinese,&p1->maths,p1->grade);
    p1=st1;
    for(i=0;i<2;i++,p1++)
      fprintf(fp,"%s %d %d %s\n",p1->number,p1->chinese,p1->maths,p1->grade);
    rewind(fp);
    for(i=0;i<2;i++,p2++)
       fscanf(fp,"%s %d %d %s\n",p2->number,
       &p2->chinese,
       &p2->maths,p2->grade);
    printf("\n\nnumber chinese  maths  grade\n");
    p2=st2;
    for(i=0;i<2;i++,p2++)
       printf("%s%5d%5d   %s\n",p2->number,p2->chinese, p2->maths,
              p2->grade);
    fclose(fp);
}
```

说明：(1)　fscanf()和 fprintf()函数每次只能读写一个结构数组元素，因此采用了循环语句来读写全部数组元素。

(2)　指针变量 p1、p2 由于循环改变了它们的值，因此必须要分别对它们重新赋予数组的首地址。

13.3.5　文件定位与随机读写

前面章节介绍的对文件的读写方式都是从文件的开始位置顺序读写各个数据的。但每进行一次读写操作，文件的读写位置都会发生变化，或者有时要求只读写文件中某一指定的部分。为了解决这些问题，可通过移动文件内部的位置指针到达需要读写的位置，再进行读写，这种读写称为随机读写。

实现随机读写的关键是要按要求移动位置指针，这称为文件的定位。我们可以用库函数来实现文件的定位，这种函数称为文件的定位函数，常见的有 rewind()和 fseek()函数。

1. rewind()函数

格式：

```
rewind(文件指针);
```

功能：将文件位置指针移到文件的开头。rewind()函数无返回值。

2. fseek()函数

格式：

```
fseek(文件指针，位移量，起始点);
```

功能：将文件内部位置指针按字节移到指定的位置。

说明：(1) “文件指针”指向被移动的文件。

(2) “位移量”表示从“起始点”起向前或向后移动的字节数。要求位移量是 long 型数据，以便在文件长度大于 64KB 时不会出错。当用常量表示位移量时，要求加后缀 L。

(3) “起始点”用 0、1、2 分别表示“文件首”“文件当前位置”“文件尾”。具体对应关系表如表 13.2 所示。

表 13.2 起始点的表示方法

起始点	表示符号	数字表示
文件首	SEEK_SET	0
文件当前位置	SEEK_CUR	1
文件尾	SEEK_END	2

(4) 如果用于二进制文件，文本文件发生字符转换时，计算位置常常会发生混乱。

(5) 返回值为 0 时，表示执行正确；否则表示执行不正确。

例如：

```
fseek(fp,77L,0);          /*从文件头向后移到距文件头 77 个字节*/
fseek(fp,-25L,1);         /*从当前位置向文件头方向后移 25 个字节*/
fseek(fp,-45L,2);         /*从文件尾向文件头方向后移 45 个字节*/
fseek(fp,0L,0);           /*移到文件头*/
```

3. feof()函数

格式：

```
feof(文件指针);
```

功能：用于检测文件是否结束，如果是，返回 1；否则返回 0。

4. 随机读写

在移动位置指针之后，即可用任一种读写函数进行读写。下面用例题来说明文件的随机读写。

【例 13-10】 在文件 exp.txt 中读出第二个学生的数据。

程序代码：

```
#include<stdlib.h>
```

```
#include<conio.h>
#include<stdio.h>
struct stu
{
   char number[3];
   int chinese;
   int maths;
   char grade[2];
   }st,*p;
main()
{
   FILE *fp;
   char ch;
   int i=1;
   p=&st;
   if((fp=fopen("c://exp.txt","rb"))==NULL)
   {
       printf("Cannot open the file!");
       getch();
       exit(1);
   }
   rewind(fp);
   fseek(fp,i*sizeof(struct stu),0);
   fread(p,sizeof(struct stu),1,fp);
   printf("number chinese maths grade\n");
   printf("%s  %5d  %5d    %s\n",p->number,p->chinese,p->maths,p->grade);
}
```

运行结果如图 13.9 所示。

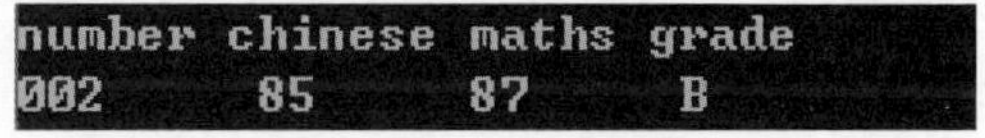

图 13.9 随机读写文件

说明：exp.txt 已经建立，本题用随机读写的方法读出第二个学生的数据。以读二进制文件方式打开文件，移动文件位置指针。其中的 i 值为 1，表示从文件头开始，移动一个 stu 类型的长度，然后再读出的数据即为第二个学生的数据。

13.3.6 文件检测函数

常用的文件检测函数有读写文件出错检测函数 ferror()，文件出错标志和文件结束标志置 0 函数 clearerr()。

1. ferror()函数

格式：

```
ferror(文件指针);
```

功能：检查文件在用各种输入输出函数进行读写时是否出错。如 ferror()返回值为 0，表示未出错；返回值不为 0 则表示有错。

2. clearerr()函数

格式：

```
clearerr(文件指针);
```

功能：用于清除出错标志和文件结束标志，使它们为 0 值。

13.4 思考与练习

文件是 C 语言经常要处理的对象，程序经常能够用到的是数据文件及库文件。我们要掌握对文件读写的方法，熟练运用文件读写函数。

一、简答

1. 什么是文件？
2. C 语言可以处理的文件类型都有什么？
3. C 语言文件的存取方式都有什么？
4. 函数 rewind()的作用是什么？
5. 在 C 语言中，文件存取是以什么为单位的？

二、编写程序

1. 从键盘输入一行小写字母，把它们存入一个磁盘文件中，然后再从该文件中读出，并在屏幕上以大写形式显示出来。

2. 输入三个学生的三门功课成绩，统计各科成绩的平均分后，将所有数据存入文件 chengji.txt 中。

3. 设有一个文本文件 exer.txt，里面有 20 个正整数，编写程序实现以下功能：

(1) 读入文本文件的数据，并以每行 4 个数据输出到终端屏幕上。

(2) 读入文本文件的数据，对每个数据加 2 后存入另一个文本文件中并显示到屏幕上。

(3) 读入文本文件的数据，对数据排序后存入另一个文本文件中并显示到屏幕上。

附　　录

附录Ⅰ　ASCII 字符表

ASCII 字符表中的 0～31 为控制字符；32～126 为打印字符；127 为 Delete(删除)；128～255 为扩展字符。

ASCII 控制字符

二进制	十进制	缩写	名称/意义	二进制	十进制	缩写	名称/意义
0000 0000	0	NUL	空	0001 0000	16	DLE	数据链路转意
0000 0001	1	SOH	头标开始	0001 0001	17	DC1	设备控制 1
0000 0010	2	STX	正文开始	0001 0010	18	DC2	设备控制 2
0000 0011	3	ETX	正文结束	0001 0011	19	DC3	设备控制 3
0000 0100	4	EOT	传输结束	0001 0100	20	DC4	设备控制 4
0000 0101	5	ENQ	查询	0001 0101	21	NAK	反确认
0000 0110	6	ACK	确认	0001 0110	22	SYN	同步空闲
0000 0111	7	BEL	震铃	0001 0111	23	ETB	传输块结束
0000 1000	8	BS	backspace	0001 1000	24	CAN	取消
0000 1001	9	HT	水平制表符	0001 1001	25	EM	媒体结束
0000 1010	10	LF	换行/新行	0001 1010	26	SUB	替换
0000 1011	11	VT	竖直制表符	0001 1011	27	ESC	转意
0000 1100	12	FF	换页/新页	0001 1100	28	FS	文件分隔符
0000 1101	13	CR	回车	0001 1101	29	GS	组分隔符
0000 1110	14	SO	移出	0001 1110	30	RS	记录分隔符
0000 1111	15	SI	移入	0001 1111	31	US	单元分隔符

ASCII 打印字符

二进制	十进制	字符	二进制	十进制	字符
0010 0000	32	(space)	0101 0000	80	P
0010 0001	33	!	0101 0001	81	Q
0010 0010	34	”	0101 0010	82	R
0010 0011	35	#	0101 0011	83	S
0010 0100	36	$	0101 0100	84	T
0010 0101	37	%	0101 0101	85	U

续表

二进制	十进制	字符	二进制	十进制	字符
0010 0110	38	&	0101 0110	86	V
0010 0111	39	'	0101 0111	87	W
0010 1000	40	(	0101 1000	88	X
0010 1001	41	)	0101 1001	89	Y
0010 1010	42	*	0101 1010	90	Z
0010 1011	43	+	0101 1011	91	[
0010 1100	44	,	0101 1100	92	\
0010 1101	45	-	0101 1101	93	]
0010 1110	46	.	0101 1110	94	^
0010 1111	47	/	0101 1111	95	_
0011 0000	48	0	0110 0000	96	`
0011 0001	49	1	0110 0001	97	a
0011 0010	50	2	0110 0010	98	b
0011 0011	51	3	0110 0011	99	c
0011 0100	52	4	0110 0100	100	d
0011 0101	53	5	0110 0101	101	e
0011 0110	54	6	0110 0110	102	f
0011 0111	55	7	0110 0111	103	g
0011 1000	56	8	0110 1000	104	h
0011 1001	57	9	0110 1001	105	i
0011 1010	58	:	0110 1010	106	j
0011 1011	59	;	0110 1011	107	k
0011 1100	60	<	0110 1100	108	l
0011 1101	61	=	0110 1101	109	m
0011 1110	62	>	0110 1110	110	n
0011 1111	63	?	0110 1111	111	o
0100 0000	64	@	0111 0000	112	p
0100 0001	65	A	0111 0001	113	q
0100 0010	66	B	0111 0010	114	r
0100 0011	67	C	0111 0011	115	s
0100 0100	68	D	0111 0100	116	t
0100 0101	69	E	0111 0101	117	u
0100 0110	70	F	0111 0110	118	v
0100 0111	71	G	0111 0111	119	w
0100 1000	72	H	0111 1000	120	x

续表

二进制	十进制	字符	二进制	十进制	字符
0100 1001	73	I	0111 1001	121	y
0100 1010	74	J	0111 1010	122	z
0100 1011	75	K	0111 1011	123	{
0100 1100	76	L	0111 1100	124	|
0100 1101	77	M	0111 1101	125	}
0100 1110	78	N	0111 1110	126	～
0100 1111	79	O	0111 1111	127	删除

ASCII 扩展字符

十进制	十六进制	字符	十进制	十六进制	字符
128	80	Ç	192	C0	└
129	81	ü	193	C1	┴
130	82	é	194	C2	┬
131	83	â	195	C3	├
132	84	ä	196	C4	─
133	85	à	197	C5	┼
134	86	å	198	C6	╞
135	87	ç	199	C7	╟
136	88	ê	200	C8	╚
137	89	ë	201	C9	╔
138	8A	è	202	CA	╩
139	8B	ï	203	CB	╦
140	8C	î	204	CC	╠
141	8D	ì	205	CD	═
142	8E	Ä	206	CE	╬
143	8F	Å	207	CF	╧
144	90	É	208	D0	╨
145	91	æ	209	D1	╤
146	92	Æ	210	D2	╥
147	93	ô	211	D3	╙
148	94	ö	212	D4	Ô
149	95	ò	213	D5	╒
150	96	û	214	D6	╓
151	97	ù	215	D7	╫
152	98	ÿ	216	D8	╪
153	99	Ö	217	D9	┘
154	9A	Ü	218	DA	┌

续表

十进制	十六进制	字符	十进制	十六进制	字符
155	9B	¢	219	DB	█
156	9C	£	220	DC	▄
157	9D	¥	221	DD	▌
158	9E	?	222	DE	?
159	9F	*f*	223	DF	?
160	A0	á	224	E0	α
161	A1	í	225	E1	ß
162	A2	ó	226	E2	Γ
163	A3	ú	227	E3	π
164	A4	ñ	228	E4	Σ
165	A5	Ñ	229	E5	σ
166	A6	ª	230	E6	µ
167	A7	º	231	E7	τ
168	A8	¿	232	E8	Φ
169	A9	?	233	E9	Θ
170	AA	¬	234	EA	Ω
171	AB	½	235	EB	δ
172	AC	¼	236	EC	∞
173	AD	¡	237	ED	φ
174	AE	«	238	EE	ε
175	AF	»	239	EF	∩
176	B0	?	240	F0	≡
177	B1	?	241	F1	±
178	B2	▓	242	F2	≥
179	B3	│	243	F3	≤
180	B4	┤	244	F4	?
181	B5	╡	245	F5	?
182	B6	╢	246	F6	÷
183	B7	╖	247	F7	≈
184	B8	╕	248	F8	≈
185	B9	╣	249	F9	?
186	BA	║	250	FA	·
187	BB	╗	251	FB	√
188	BC	╝	252	FC	?
189	BD	╜	253	FD	²
190	BE	╛	254	FE	■
191	BF	┐	255	FF	ÿ

附录Ⅱ　C 语言中的 32 个关键字及其意义

序号	关键字	意义	序号	关键字	意义
1	auto	声明自动变量	17	static	声明静态变量
2	short	声明短整型变量或函数	18	volatile	说明变量在程序执行中可被隐含地改变
3	int	声明整型变量或函数	19	void	声明函数无返回值或无参数， 声明无类型指针
4	long	声明长整型变量或函数	20	else	条件语句否定分支
5	float	声明浮点型变量或函数	21	switch	用于开关语句
6	double	声明双精度变量或函数	22	case	开关语句分支
7	char	声明字符型变量或函数	23	for	一种循环语句
8	struct	声明结构体变量或函数	24	do	循环语句的循环体
9	union	声明共用数据类型	25	while	循环语句的循环条件
10	enum	声明枚举类型	26	goto	无条件跳转语句
11	typedef	用以给数据类型取别名	27	continue	结束当前循环，开始下一轮循环
12	const	声明只读变量	28	break	跳出当前循环
13	unsigned	声明无符号类型变量或函数	29	default	开关语句中的“其他”分支
14	signed	声明有符号类型变量或函数	30	sizeof	计算数据类型长度
15	extern	声明它为全局变量	31	return	子程序返回语句(可以带参数，也可不带参数)循环条件
16	register	声明寄存器变量	32	if	条件语句

附录Ⅲ　Turbo C 2.0 常用库文件

C 语言系统提供了丰富的系统文件，称为库文件。在“.h”文件中包含了常量定义、类型定义、宏定义、函数原型以及各种编译选择设置等信息。

下面给出 Turbo C 的全部库文件。

名称	意　义
alloc.h	说明内存管理函数(分配、释放等)
assert.h	定义 assert 调试宏
bios.h	说明调用 IBM PC ROM BIOS 子程序的各个函数
conio.h	说明调用 DOS 控制台 I/O 子程序的各个函数
ctype.h	包含有关字符分类及转换的各类信息(如 isalpha 和 toascii 等)
dir.h	包含有关目录和路径的结构、宏定义和函数

续表

名称	意 义
dos.h	定义和说明 MSDOS 和 8086 调用的一些常量和函数
erron.h	定义错误代码的助记符
fcntl.h	定义在与 open 库子程序连接时的符号常量
float.h	包含有关浮点运算的一些参数和函数
graphics.h	说明有关图形功能的各个函数，图形错误代码的常量定义，针对不同驱动程序的各种颜色值，及函数用到的一些特殊结构
io.h	包含低级 I/O 子程序的结构和说明
limit.h	包含各环境参数、编译时间限制、数的范围等信息
math.h	说明数学运算函数，还定了 HUGE VAL 宏，说明了 matherr 和 matherr 子程序用到的特殊结构
mem.h	说明一些内存操作函数(其中大多数也在 string.h 中说明)
process.h	说明进程管理的各个函数，spawn 和 exec 函数的结构说明
setjmp.h	定义 longjmp 和 setjmp 函数用到的 jmp buf 类型，说明这两个函数
share.h	定义文件共享函数的参数
signal.h	定义 SIG[ZZ(Z] [ZZ])]IGN 和 SIG[ZZ(Z] [ZZ])]DFL 常量，说明 rajse 和 signal 两个函数
stdarg.h	定义读函数参数表的宏(如 vprintf,vscarf 函数)
stddef.h	定义一些公共数据类型和宏
stdio.h	定义 Kernighan 和 Ritchie 在 Unix System V 中定义的标准和扩展的类型与宏。还定义标准 I/O 预定义流：stdin，stdout 和 stderr，说明 I/O 流子程序
stdlib.h	说明一些常用的子程序：转换子程序、搜索/排序子程序等
string.h	说明一些串操作和内存操作函数
sys\stat.h	定义在打开和创建文件时用到的一些符号常量
sys\types.h	说明 ftime 函数和 timeb 结构
sys\time.h	定义时间的类型 time[ZZ(Z] [ZZ])]T。
time.h	定义时间转换子程序 asctime、localtime 和 gmtime 的结构，ctime、difftime、gmtime、localtime 和 stime 用到的类型，并提供这些函数的原型
value.h	定义一些重要常量，包括依赖于机器硬件的和为与 Unix System V 相兼容而说明的一些常量，包括浮点和双精度值的范围

附录Ⅳ　Turbo C 2.0 常用库函数

C 语言提供了 400 多个库函数，供用户在程序中调用。通常在程序中调用一个库函数时，要在调用之前包含该函数原型所在的“.h”文件。

1. 数学函数

调用数学函数时，要求在源文件中包含以下命令行：

```
#include <math.h>
```

函数原型说明	功　能	返回值	说　明
int abs(int x)	求整数 x 的绝对值	计算结果	
double fabs(double x)	求双精度实数 x 的绝对值	计算结果	
double acos(double x)	计算 cos-1(x)的值	计算结果	x 在-1～1 范围内
double asin(double x)	计算 sin-1(x)的值	计算结果	x 在-1～1 范围内
double atan(double x)	计算 $\tan^{-1}(x)$的值	计算结果	
double atan2(double x)	计算 $\tan^{-1}(x/y)$的值	计算结果	
double cos(double x)	计算 cos(x)的值	计算结果	x 的单位为弧度
double cosh(double x)	计算双曲余弦 cosh(x)的值	计算结果	
double exp(double x)	求 e^x 的值	计算结果	
double fabs(double x)	求双精度实数 x 的绝对值	计算结果	
double floor(double x)	求不大于双精度实数 x 的最大整数		
double fmod(double x,double y)	求 x/y 整除后的双精度余数		
double frexp(double val,int *exp)	把双精度 val 分解尾数和以 2 为底的指数 n，即 val=x*2^n，n 存放在 exp 所指的变量中	返回位数 x 0.5≤x<1	
double log(double x)	求 lnx	计算结果	x>0
double log10(double x)	求 $\log_{10}x$	计算结果	x>0
double modf(double val, double *ip)	把双精度 val 分解成整数部分和小数部分，整数部分存放在 ip 所指的变量中	返回小数部分	
double pow(double x, double y)	计算 x^y 的值	计算结果	
double sin(double x)	计算 sin(x)的值	计算结果	x 的单位为弧度
double sinh(double x)	计算 x 的双曲正弦函数 sinh(x)的值	计算结果	
double sqrt(double x)	计算 x 的开方	计算结果	x≥0
double tan(double x)	计算 tan(x)	计算结果	
double tanh(double x)	计算 x 的双曲正切函数 tanh(x)的值	计算结果	

2. 字符函数

调用字符函数时，要求在源文件中包含以下命令行：

```
#include <ctype.h>
```

函数原型说明	功　能	返回值
int isalnum(int ch)	检查 ch 是否为字母或数字	是，返回 1；否则返回 0
int isalpha(int ch)	检查 ch 是否为字母	是，返回 1；否则返回 0

续表

函数原型说明	功 能	返回值
int iscntrl(int ch)	检查 ch 是否为控制字符	是，返回 1；否则返回 0
int isdigit(int ch)	检查 ch 是否为数字	是，返回 1；否则返回 0
int isgraph(int ch)	检查 ch 是否为 ASCII 码值在 ox21～ox7e 的可打印字符(即不包含空格字符)	是，返回 1；否则返回 0
int islower(int ch)	检查 ch 是否为小写字母	是，返回 1；否则返回 0
int isprint(int ch)	检查 ch 是否为包含空格符在内的可打印字符	是，返回 1；否则返回 0
int ispunct(int ch)	检查 ch 是否为除了空格、字母、数字之外的可打印字符	是，返回 1；否则返回 0
int isspace(int ch)	检查 ch 是否为空格、制表或换行符	是，返回 1；否则返回 0
int isupper(int ch)	检查 ch 是否为大写字母	是，返回 1；否则返回 0
int isxdigit(int ch)	检查 ch 是否为十六进制数	是，返回 1；否则返回 0
int tolower(int ch)	把 ch 中的字母转换成小写字母	返回对应的小写字母
int toupper(int ch)	把 ch 中的字母转换成大写字母	返回对应的大写字母

3. 字符串函数

调用字符串函数时，要求在源文件中包含以下命令行：

```
#include <string.h>
```

函数原型说明	功 能	返回值
char *strcat(char *s1, char *s2)	把字符串 s2 接到 s1 后面	s1 所指地址
char *strchr(char *s, int ch)	在 s 所指字符串中，找出第一次出现字符 ch 的位置	返回找到的字符的地址，找不到返回 NULL
int strcmp(char *s1, char *s2)	对 s1 和 s2 所指字符串进行比较	s1<s2，返回负数；s1= =s2，返回 0；s1>s2，返回正数
char *strcpy (char *s1,char *s2)	把 s2 指向的串复制到 s1 指向的空间	s1 所指地址
unsigned strlen(char *s)	求字符串 s 的长度	返回串中字符(不计最后的'\0')个数
char *strstr(char *s1, char *s2)	在 s1 所指字符串中，找出字符串 s2 第一次出现的位置	返回找到的字符串的地址，找不到返回 NULL

4. 输入输出函数

调用输入输出函数时，要求在源文件中包含以下命令行：

```
#include <stdio.h>
```

函数原型说明	功 能	返回值
void clearer(FILE *fp)	清除与文件指针 fp 有关的所有出错信息	无
int fclose(FILE *fp)	关闭 fp 所指的文件，释放文件缓冲区	出错返回非 0，否则返回 0

续表

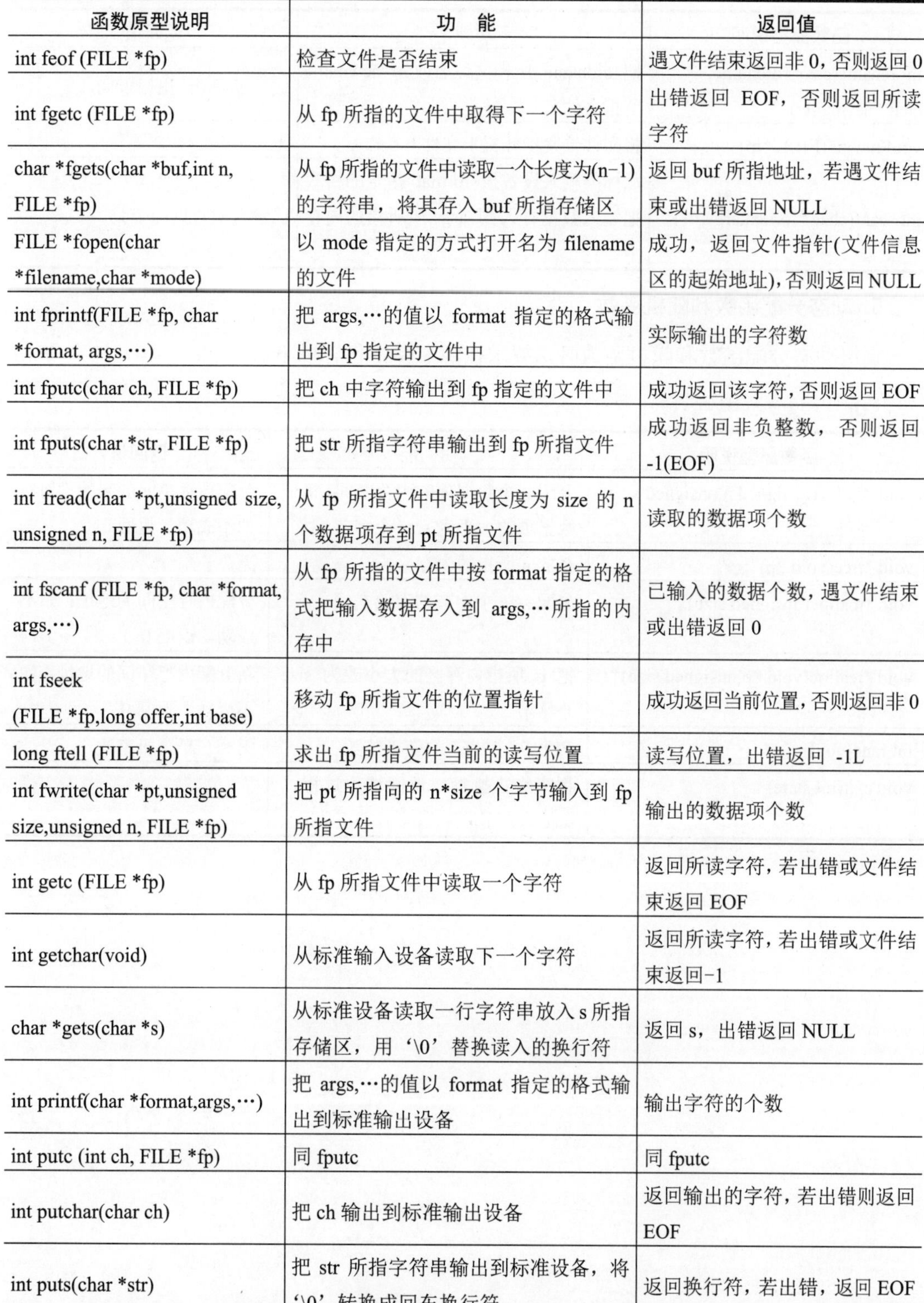

函数原型说明	功　能	返回值
int feof (FILE *fp)	检查文件是否结束	遇文件结束返回非 0，否则返回 0
int fgetc (FILE *fp)	从 fp 所指的文件中取得下一个字符	出错返回 EOF，否则返回所读字符
char *fgets(char *buf,int n, FILE *fp)	从 fp 所指的文件中读取一个长度为(n−1)的字符串，将其存入 buf 所指存储区	返回 buf 所指地址，若遇文件结束或出错返回 NULL
FILE *fopen(char *filename,char *mode)	以 mode 指定的方式打开名为 filename 的文件	成功，返回文件指针(文件信息区的起始地址)，否则返回 NULL
int fprintf(FILE *fp, char *format, args,…)	把 args,…的值以 format 指定的格式输出到 fp 指定的文件中	实际输出的字符数
int fputc(char ch, FILE *fp)	把 ch 中字符输出到 fp 指定的文件中	成功返回该字符，否则返回 EOF
int fputs(char *str, FILE *fp)	把 str 所指字符串输出到 fp 所指文件	成功返回非负整数，否则返回 -1(EOF)
int fread(char *pt,unsigned size, unsigned n, FILE *fp)	从 fp 所指文件中读取长度为 size 的 n 个数据项存到 pt 所指文件	读取的数据项个数
int fscanf (FILE *fp, char *format, args,…)	从 fp 所指的文件中按 format 指定的格式把输入数据存入到 args,…所指的内存中	已输入的数据个数，遇文件结束或出错返回 0
int fseek (FILE *fp,long offer,int base)	移动 fp 所指文件的位置指针	成功返回当前位置，否则返回非 0
long ftell (FILE *fp)	求出 fp 所指文件当前的读写位置	读写位置，出错返回 -1L
int fwrite(char *pt,unsigned size,unsigned n, FILE *fp)	把 pt 所指向的 n*size 个字节输入到 fp 所指文件	输出的数据项个数
int getc (FILE *fp)	从 fp 所指文件中读取一个字符	返回所读字符，若出错或文件结束返回 EOF
int getchar(void)	从标准输入设备读取下一个字符	返回所读字符，若出错或文件结束返回−1
char *gets(char *s)	从标准设备读取一行字符串放入 s 所指存储区，用‘\0’替换读入的换行符	返回 s，出错返回 NULL
int printf(char *format,args,…)	把 args,…的值以 format 指定的格式输出到标准输出设备	输出字符的个数
int putc (int ch, FILE *fp)	同 fputc	同 fputc
int putchar(char ch)	把 ch 输出到标准输出设备	返回输出的字符，若出错则返回 EOF
int puts(char *str)	把 str 所指字符串输出到标准设备，将‘\0’转换成回车换行符	返回换行符，若出错，返回 EOF

续表

函数原型说明	功能	返回值
int rename(char *oldname, char *newname)	把 oldname 所指文件名改为 newname 所指文件名	成功返回 0，出错返回-1
void rewind(FILE *fp)	将文件位置指针置于文件开头	无
int scanf(char *format,args,…)	从标准输入设备按 format 指定的格式把输入数据存入到 args,…所指的内存中	已输入的数据的个数

5. 动态分配函数和随机函数

调用动态分配函数和随机函数时，要求在源文件中包含以下命令行：

```
#include <stdlib.h>
```

函数原型说明	功　能	返回值
void *calloc(unsigned n,unsigned size)	分配 n 个数据项的内存空间，每个数据项的大小为 size 个字节	分配内存单元的起始地址；如不成功，返回 0
void *free(void *p)	释放 p 所指的内存区	无
void *malloc(unsigned size)	分配 size 个字节的存储空间	分配内存空间的地址；如不成功，返回 0
void *realloc(void *p,unsigned size)	把 p 所指内存区的大小改为 size 个字节	新分配内存空间的地址；如不成功，返回 0
int rand(void)	产生 0～32767 的随机整数	返回一个随机整数
void exit(int state)	程序终止执行，返回调用过程，state 为 0 正常终止，非 0 非正常终止	无

习 题 答 案

第 1 章

一、简答

1. (1) C 语言是一个特殊的高级语言。

(2) 简洁紧凑，使用方便灵活。

(3) 运算符丰富，表达能力强。

(4) 数据类型丰富。

(5) 语法限制不太严格，程序设计自由度大。

(6) 生成的目标代码质量高。

(7) 可移植性好。

2. 用 Turbo 2.0 编写的 C 程序源文件的扩展名是.c，用 Visual C++ 6.0 编写 C 程序源文件的扩展名是.cpp。

3. (1)编辑；(2)编译；(3)链接，生成 EXE 文件；(4)执行。

4. 函数是构成 C 语言程序的基本单位。一个完整的 C 程序一般由文件包含、宏定义、函数说明、变量和一个或若干个函数组成。

二、上机练习

1. s=350

2. x=10,y=20

z=200

三、编写程序

1.

```
#include <stdio.h>
main()
{
    printf("*******\n");
    printf(" *****\n");
    printf("  ***\n");
    printf("   *\n");
}
```

2.

```
#include <stdio.h>
main()
{
    printf("*******************\n");
    printf("  I love C programs! \n");
    printf("*******************\n");
}
```

3.

```
#include <stdio.h>
#define PI 3.14
main()
{
    float  r,a,s;
    printf("Please input the radius
          r:\n");
    scanf("%f",&r);
    s=PI*r*r;
    a=2*PI*r;
printf("S=%.2f\tA=%.2f\n",s,a);
}
```

4.

```
#include <stdio.h>
main()
{
    float a,b,c,sum;
    printf("Please input a,b,c:\n");
    scanf("%f%f%f",&a,&b,&c);
    sum=a+b+c;
    printf("sum=%f\n",sum);
}
```

5.

```
#include <stdio.h>
main()
{
    int a,b,c;
    printf("Please input a,b:\n");
    scanf("%d%d",&a,&b);
    c=a*b;
```

```
    printf("c=%d\n",c);
}
```

第2章

一、简答

1.

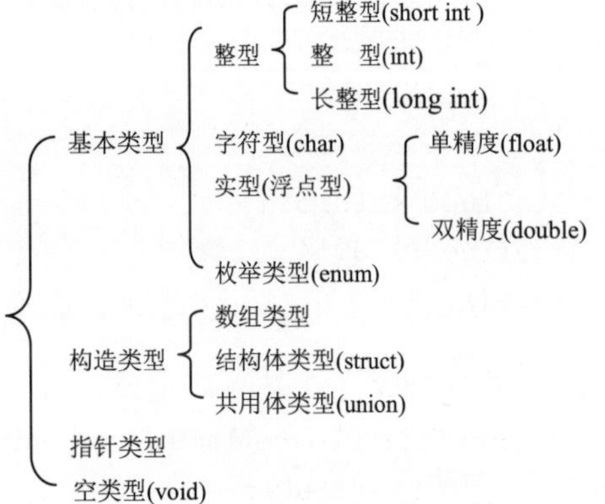

2. 常见标识符有以下几类：char，short，int，int，unsigned int，long int，float，double

3. 定义整型变量使用 int 或 short int、long int，定义实型变量用 float 或 doule。为变量赋初值用赋值符号=，例如 int a=5。

4. 实型变量又称为浮点型变量，按能够表示小数点后的精度，可分为三类。

(1) 单精度型：用 float 表示，在内存占用 4 个字节，有效数字 6～7 位。

(2) 双精度型：用 double 表示，在内存占用 8 个字节，有效数字 15～16 位。

(3) 长双精度型：用 long double 表示，在内存占用 16 个字节，有效数字 18～19 位。

5. C 语言用关键字 const 来定义不可变变量，例如 const float PI=3.14。定义的不可变变量，在定义的时候必须赋初值。它们和正常变量一样，占有固定的内存空间，但内存空间的值是不可以改变的。

6. 不可变的变量和 define 定义的常量不同，常量不占用内存空间，没有类型问题，只是在编译的时候用字符简单代替而已。用 const 定义的变量严谨、明确，不会引起不必要的混乱，但是需要占用内存空间。

7. 基本的算术运算符有 5 个，全部是双目运算符，分别是：+、-、*、/、%。*、/、%的优先级优于+、-。

8. (1)6.000，(2)5E+2，(3)0.3e1，(6)1.234e-4，(7)-0.0，(10)6.0E+2.0，(11)7.e+0。

9. SADE，MAIN，ZZAP，dele，sin，s6a，_float。

10. 0xtty，2.6e-6.34 不合法。0xtty 不是字符串也不是字符。2.6e-6.34 的 E 后面必须为整数。

11.

(1) char c1；int a1；语句后必须用分号。

(2)int a，b；float x，y；定义变量必须用小写。

(3) char a，b；定义变量必须标识符在前，变量在后。

(4) char a；if 不能用作用户标识符。

(5) int x，y ；语句之后必须有分号。

(6) int a，b，c；同时定义多个变量，中间用逗号。

(7) int a，b；float d，c；定义的变量不能重名。

12. 表达式 11/4 的结果是 2，表达式 11%4 的结果是 3。

13. 2，2，2

14. 12，6

15.

(1) -3*a*b+d-7*a*c

(2) 6*x+8*x-2*x+89

(3) 5*x*y/(-x+1/(y+2*(x+1))

(4) -(a-b)/(((a-b)-(a+b+1)*(a+b+1))/2a)

16.

(1)6　(2)3.56　(3)5　(4)10

(5)-3　(6)-4.3　(7)5　(8)2.7

(9)0　(10)18　(11)3.7　(12)-2

(13)6　(14)2　(15)11

17.

(1) 不正确。每个语句都必须有分号，但是有些句子后面不必有。

(2) 正确。

(3) 不正确。C 语言中，严格区分大小写，大小写不同的单词代表不同的意义。

(4) 不正确。经过赋值运算后，是将 6 放入存储单元中。

(5) 不正确，用 const 定义的变量其值不能修改。

18．(1)10，10 (2)9，-9 (3)8，9 (4)10，9

19．x=3，y=8

二、上机练习

1. 10,10
2. a=0
3. Goon
4. x1=124
   x2=7
   x3=0
5. 57,9
   57,9,71
6. x=-4
7. a=25
8. a=1067,b=954

三、编写程序

1.

```
#include<stdio.h>
main()
{
    int x,v;
    x=5;
    v=x*x*x;
    printf("x=%d,v=%d\n",x,v);
}
```

2.

```
#include<stdio.h>
main()
{
    int x,y,z;
    scanf("%d,%d",&x,&y);
    z=180-x-y;
    printf("x=%d,y=%d,z=%d\n",x,y,z);
}
```

3.

```
#include<stdio.h>
main()
{
    float x,y,h,s;
    scanf("%f,%f,%f",&x,&y,&h);
    s=(x+y)*h/2;
    printf("x=%.2f,y=%.2f,h=%.2f,
    s=%.2f\n",x,y,h,s);
}
```

第 3 章

一、简答

1. 顺序结构、选择结构和循环结构。

2. C 语句可分为以下五类：表达式语句、函数调用语句、控制语句、复合语句和空语句。其中表达式语句与表达式的区别在于表达式语句是表达式加上“；”组成。

3. 地址，变量 a 的内存地址。

4. C 语言中的空语句是一个分号。

5. scanf 函数中的“格式字符”后面应该是变量地址。

6. 若想输出字符%，则应该在“格式字符”的字符串中用连续 2 个%号表示。

7．-10

8．x=20,y=10

二、上机练习

1. 11
2. 6 6 6.000000 6.000000
3. 23，27，17
4. A
     B
       C
         D

5. AB↙

   c1=A,c2=A,c3=65,c4=66

6. B,C↙

   c1=C,c2=B

7. (1)a=100,a=d,ch=97,ch=a

   (2)b=1000

   (3)c=123456789

   (4)x=3.140000, y=1.234568

   (5)x=3.14000e+00,y=1.23457e+00

   (6)y=1.23

8. 2,2↙

   1.000000

9. 12345,97

三、编写程序

1.

```
#include<stdio.h>
main()
{
    float x,y,a,b,c,d;
    printf("please input x,y:");
    scanf("%f,%f",&x,&y);
    a=x+y;
    b=x-y;
    c=x*y;
    d=x/y ;
    printf("x=%.2f,y=%.2f\n",x,y);
    printf("x+y=%.2f\nx-y=%.2f\
    nx*y=%.2f\nx/y=%.2f\n
    ",a,b,c,d);
}
```

2.

```
#include <stdio.h>
#include <math.h>
 main()
{
    int chang,kuan,gao;
    printf("Please input 3 numbers:");
    scanf("%d%d%d",&chang,&kuan,
    &gao);
    printf("Tiji :%d\n",chang*
    kuan*gao);
    printf("Bioamianji :%d\n",
    2*(chang*kuan+kuan*gao+gao*
    chang));
    printf("Duijiaoxian :%f\n",
    (float)sqrt(chang*chang+kuan*
    kuan+gao*gao));
}
```

3.

```
#include <stdio.h>
main()
{
    double  mile,k;
    printf("enter mile:");
    scanf("%lf",&mile);
    k=mile*5380*12*2.54/100000;
    printf(" %lf mile is %lf kilometer
    \n",mile,k);
}
```

第 4 章

一、简答

1. 真—1，假—0。

2. ！，关系运输符，&&和||。

3. 出现多个 if 和 else 语句时，else 不能单独使用，它总是与离它最近的、尚未与其他 if 配对的 if 语句配对。

4. 首先计算 switch 后面表达式的值，若此值等于某个 case 后面的常量表达式的值，则执行该 case 后面的语句；若表达式的值不等于任何 case 后面的常量表达式的值，则执行 default 后面的语句；如果没有 default 部分，则不执行 switch 语句中的任何语句，直接转到 switch 语句后面的语句去执行。

5.

(1) 1

(2) 1

(3) 1

二、上机练习

1. Min is2
2. 74，35
3. s=2,b=1
4. s=1,t=2
5. 66778878

三、编写程序

1.

```
#include<stdio.h>
main()
{int year;
printf("input year:");
scanf("%d",&year);
if(year%4==0&&year%100!=0
   ||year%400==0)
  printf("It's a leap yaer.\n");
else
  printf("It's not a leap
         yaer.\n");
}
```

2.

```
#include<stdio.h>
main()
{int a,b,c;
printf("please inputa,b,c:");
scanf("%d,%d,%d",&a,&b,&c);
if(a+b==c) printf("right.\n");
else  printf("error.\n");
}
```

3.

```
#include<stdio.h>
main()
{
int a,b,c,min;
printf("please inputa,b,c:");
scanf("%d,%d,%d",&a,&b,&c);
min=((min=a<b?a:b)<c?min:c);
printf("min=%d\n",min);
}
```

4.

```
#include<stdio.h>
main()
{int a,b,c,t;
printf("please inputa,b,c:");
scanf("%d,%d,%d",&a,&b,&c);
if(a>b)
   {t=a;a=b;b=t;}
if(a>c)
   {t=a;a=c;c=t;}
if(b>c)
   {t=b;b=c;c=t;}
printf("The order of the number
         is:%d,%d,%d\n",a,b,c);
}
```

5.

```
#include<stdio.h>
main( )
{
    float  x,y;
    printf("please input x:\n") ;
    scanf("%f", &x);
    if(x>0)  y=3*x+1;
    else if(x==0)  y=x;
    else y=3*x-1;
    printf("x=%6.2f,y=%6.2f",x,y);
}
```

6.

```
#include <stdio.h>
main()
{
 int x;
 printf("input 1～7:");
 scanf("%d",&x);
 switch(x)
 {
  case 1: printf("Monday\n");
          break;
  case 2: printf("Tuseday\n");
          break;
  case 3: printf("Wednesday\n");
          break;
  case 4: printf("Thursday\n");
```

```
        break;
  case 5: printf("Friday\n");
        break;
  case 6: printf("Saturday\n");
        break;
  case 7: printf("Sunday\n");
        break;
  default:printf("error");
 }
}
```

7.

```
#include <stdio.h>
main()
{
 int x;
 printf("input 1～12:");
 scanf("%d",&x);
 switch(x)
 {
  case 1: printf("January\n");
          break;
  case 2: printf("February\n");
          break;
  case 3: printf("March\n"); break;
  case 4: printf("April\n"); break;
  case 5: printf("May\n"); break;
  case 6: printf("June\n"); break;
  case 7: printf("July\n"); break;
  case 8: printf("Aguest\n");
          break;
  case 9: printf("September\n");
          break;
  case 10: printf("October\n");
           break;
  case 11: printf("November\n");
           break;
  case 12: printf("December\n");
           break;
  default:printf("error");
 }
}
```

8.

```
#include <stdio.h>
#include "math.h"
main()
{
float a, b, c, delta, x1, x2,
      realpart, imagepart;
printf("please a, b, c:");
scanf("%f, %f, %f",&a,&b,&c);
if( fabs(a)<=1e-6)
printf("this is a equation
      x=%f\n",-c/b);
else
{
delta=b*b-4*a*c;
if( fabs(delta)<= 1e-6)
printf("the equation has two equal
        real roots: x1,x2=%8.4f\n",
        -b/(2*a));
else if(delta>1e-6)
{
x1=(-b+sqrt( delta))/(2*a);
x2=(-b-sqrt( delta))/(2*a);
printf("the equation has two
        unequal real roots: x1=%8.4f
        和 x2=%8.4f\n",x1,x2);
}
else
{
realpart=-b/(2*a);
imagepart=sqrt(-delta)/(2*a);
printf("the equation has two
       imaginary roots:");
printf("%8.4f+8.4fi\n", realpart,
       imagepart);
printf("%8.4f-%8.4fi\n",realpart,
       imagepart);
   }
  }
}
```

第 5 章

一、简答

1. while，do while，for 三种循环语句都

可以用来处理同一个问题，一般可以互相代替。但是它们都有各自的适合情况，在处理不同的问题时，要相应选择不同的循环语句。

(1) for 语句功能最强，编写的程序结构简洁、清晰，凡用 while 和 do while 循环能完成的，用 for 循环都能实现。

(2) 不知道确切的执行次数时，使用 do while 循环。

(3) 对于那种某些语句可能要反复执行多次，也可能一次都不执行的问题，使用 while 循环。

(4) 用 while 和 do while 循环时，循环变量初始化的操作应在while和do while语句之前完成，for 语句的初始化可以放在 for 语句的前面，也可在“表达式 1”中实现。

(5) while 和 for 循环是先判断表达式的值，后执行循环体各语句，而 do while 循环是先执行循环体各语句，后判断表达式的值。

(6) 无论是哪种循环语句，循环体中都应包括使循环趋于结束的语句，避免出现死循环。

2. “表达式 1”是一个赋值语句，它用来给循环控制变量赋初值；“表达式 2”是一个关系表达式，它决定什么时候退出循环；“表达式 3”定义循环控制变量每循环一次后按什么方式变化。若“表达式 1”省略，可在循环之前为变量赋初值。“表达式 2”“表达式 3”可以省略。

3. continue 语句只结束本次循环，而不是终止整个循环的执行。

break 语句则是结束整个循环，不再判断执行循环的条件是否成立。在多重循环中表示结束所在层循环。

break 语句还能应用在 switch 语句中。

4. 不能，只能结束所在层循环。

5. (1)、(3)、(4)

6.

(1)

```
#include <stdio.h>
main()
{
int i,x=1;
for(i=1;i<=5;i++)
{x*=i;
}
printf("x=%4d\n",x);
}
```

结果：

```
x=120
```

(2)

```
#include <stdio.h>
main()
{
int k,s;
s=0;
while(k!=-1)
{scanf("%d",&k);
s+=k;}
printf("k=%d,s=%d\n",k, s);
}
```

结果：

```
k=-1,s=9
```

7. (1)3 次，(2)2 次，(3)10 次，(4)4 次

二、上机练习

1. 0
2. 程序不执行
3. 5
4. 5,74,0
5. 2 1
6. **0**
   2

三、编写程序

1.

```
#include <stdio.h>
main()
{
int i;
```

```
long int s=1,t=0;
for(i=1;i<=10;i++)
 {s=s*i;
  t=t+s;
 }
   printf("t=1!+2!+3!+...
          +10!=%ld\n",t);
}
```

2.

```
#include <stdio.h>
main()
{
 float a=1,b=2,s=0;
 while (a<=21)
 { s=s+b/a;
   a++;
   b++;
 }
   printf("s=2/1+3/2+4/3+...
          +22/21=%8.3f\n",s);
 }
```

3.

```
#include"stdio.h"
main()
{
int i,s=100,f=1;
for (i=1;i<=100;i+=2)
{
s=s+i*f;
   f=-f;
}
   printf("%d",s);
}
```

4.

```
#include<stdio.h>
void main( )
{  int s=1 ;
   double e=1,t=1;
   while(t>=1e-6)
   {
        e=e+t;
        s=s+1;
        t=t/s;
   }
   printf("e=%10.6lf\n",e);
 }
```

5.

```
#include"stdio.h"
main( )
{
int  n,s=0;
for(n=1;n<=100;n++)
if(n%3==0||n%7==0)
{  s=s+n;
   printf("%4d",n);
}
printf("\ns=%d\n",s);
}
```

6.

```
#include <stdio.h>
main()
{
int n;
int m;
for(n=1;n<1000;n++)
{
    m=n*n;
    if(m/10<10 && m%10==n)
    printf("%d %d\n",n,m);
    if(m/10>=10 &&m/10<100
       &&m%100==n)
    printf("%d %d\n",n,m);
if(m/100>=10&&m/100<100)
{
    if(m%100==n||m%1000==n)
    printf("%d %d\n",n,m);
}
if(m/1000>=10&&m/1000<100&&m%1000
    ==n)
    printf("%d %d\n",n,m);
if(m/10000>=10&&m/10000<100&&m%10
    00==n)
    printf("%d %d\n",n,m);
  }
}
```

7.

```
#include <stdio.h>
main( )
{
    int  i,j,k,n;
    for(n=100;n<1000;n++)
    {i=n/100;
    j=n/10-i*10;
    k=n%10;
    if(n==i*i*i+j*j*j+k*k*k)
    printf("%5d",n);
    }
    printf("\n");
}
```

8.

(1)

```
#include <stdio.h>
main()
{ int i,j;
for(i=1;i<=4;i++)
{for(j=1;j<=4;j++)
    printf("*");
    printf("\n");
}
}
```

(2)

```
#include <stdio.h>
main()
{int i,j,k;
for(i=1;i<=4;i++)
{ for(k=1;k<=8-2*i;k++)
   printf(" ");
 for(j=1;j<=2*i-1;j++)
 printf("*");
 printf("\n");
}}
```

(3)

```
#include <stdio.h>
main()
{ int i,j;
 for(i=1;i<=4;i++)
{ for(j=1;j<i;j++)
  printf(" ");
  printf("* * * *\n");
}}
```

(4)

```
#include <stdio.h>
main()
{int i,j,k;
for(i=1;i<=4;i++)
{ for(k=1;k<=4-i;k++)
  printf(" ");
 for(j=1;j<=2*i-1;j++)
 printf("*");
 printf("\n");
}}
```

(5)

```
#include <stdio.h>
main()
{int i,j,k;
for(i=1;i<=4;i++)
{ for(k=1;k<=4-i;k++)
  printf(" ");
 for(j=1;j<=2*i-1;j++)
 printf("*");
 printf("\n");
}
for(i=1;i<=3;i++)
{for(k=1;k<=i;k++)
printf(" ");
 for(j=1;j<=7-2*i;j++)
 printf("*");
 printf("\n");
}
}
```

9.

```
#include  "stdio.h"
main( )
{
char c;
int letters=0,space=0,digit=0,other=0;
printf("please input a string:\n");
while((c=getchar())!='\n')
```

```
{ if(c>='a'&&c<='z'||
  c>='A'&&c<='Z')
letters++;
else if(c==' ')
space++;
else if(c>='0'&&c<='9')
digit++;
else  other++;
}
printf("letter=%d space= %d
      digit=%d other=%d\n",
      letters,space,digit,other);
}
```

10.

```
#include<stdio.h>
main()
{
     int x,y,z;
     for(x=0;x<=20;x++)
          for(y=0;y<=33;y++)
          {
               z=100-x-y;

if(z!=0&&150*x+90*y+10*z==3000)

printf("x=%d,y=%d,z=%d\n",x,y,z);
          }
}
```

11.

```
#include<stdio.h>
#include<stdlib.h>
main()
{
int i=5,j=6,k=7,m;
int m1=0,m2=0,m3=0,sum=0;
for(m=1;m<=21;m++)
{
m1=m1+i;
m2=m2+j;
m3=m3+k;
if(m1==m2||m2==m3||m1==m3)
{
sum++;
}
i=i+5;
j=j+6;
k=k+7;
}
printf("%d",21*3-sum);
printf("\n");
}
```

第 6 章

一、简答

1. 地址

2.

(1)

```
char *p=c
char *s;
s=p;
```

(2)

```
scanf("%c",p);
```

(3)

```
char *p,*s;
*p=c;
s=p;
scanf("%c",s)
```

(4)

```
*p='A';
```

(5)

```
char *p,*s;
*p=c;
s=p;
*s='a';
```

(6)

```
printf("%c",*p);
```

(7)

```
char *p,*s;
*p=c;
s=p;
printf("%c",*s);
```

二、选择

1. D　　2. C　　3. B　　4. B

三、上机练习

1. 1，2，2，1
2. 3
3. 0

4. 67
5. a=16,b=7
   *p1=18,*p2=7
   c=4
6. a=25
7. a=76,b=7

四、编写程序

```
#include<stdio.h>
main()
{
    char c[20];
    char *p=c;
    gets(c);
    while(*p){*p=*p+2;p++;}
    printf("%s",c);
}
```

第7章

一、简答

1. 数组是有序的且具有相同性质类型的数据集合。引用数组可实现成批地处理数据。

2. 0 2
3. 20
4. 4 12
5. 5
6. 9
7. 2

二、上机练习

1. 6 4 2
2. 0
3. 8,7,7,8
4. 11,11,11,12,12,20,20,20
5. 5 2 1 1
6. 1 2 3 4
   5 6 7 8
   9 10 11 12
7. 3
8. 1 1 1 0
9. 1 3 7 15

三、编写程序

1.

```
main()
{
int  i;
float a[5],sum=0,ave;
 printf("输入 5 个学生的成绩：");
 for(i=0;i<5;i++)
 {
scanf("%f",&a[i]);
sum=sum+a[i];
}
ave=sum/5;
 printf("5 个学生的平均成绩是%5.2f。",
          ave);
 }
```

2.

```
#include <stdio.h>
main()
{
int a[10];
int i,m=0,n=0;
printf("input 10 digits:\n");
for(i=0;i<=9;i++)
{
scanf("%d",&a[i]);
if(a[i]>0)
   m++;
else
   if(a[i]==0)
      n++;
}
printf("Positive numbers:%d,0: %d,
         negative numbers:%d",m,n,
         (10-m-n));
return 0;
}
```

3.

```
#include <stdio.h>
#define N 10
main()
{
int a[N],i,n,f=1;
printf("input 10 digits:");
for(i=0;i<N;i++)
scanf("%d",&a[i]);
printf("input 1 digits:");
scanf("%d",&n);
for(i=0;i<20;i++)
if(a[i]==n){
printf("%din this array
        No.%d\n",n,i+1);
f=0;
break;
}
if(f) printf("NO DATA。。。\n");
}
```

4.

```
#include<stdio.h>
main()
{
int i,n,d,a[10];
printf("input 10 digits\n");
for(i=0;i<10;i++)scanf("%d",&a[i]);
d=a[2];
for(i=2;i<9;i++)
a[i]=a[i+1];
a[9]=d;
for(i=0; i<10; i++)
printf("%d ",a[i]);
}
```

5.

```
#include<stdio.h>
#include<stdlib.h>
main()
{
inti,j;
intarr[10];
for(i=0;i<10;i++)scanf("%d",&arr[i]);
intmax=arr[0];
for(i=0;i<10;i++)if(arr[i]>max)
   max=arr[i];
intsecondMax=arr[0];
for(j=0;j<10;j++)
   if(arr[j]>secondMax&&arr[j]
   <max)secondMax=arr[j];
printf("%d,%d",max,secondMax);
}
```

6.

```
#include "stdio.h"
#define N 10
int main()
{
int a[N],b[N];
int i,n=0;
printf("please input 10 digits:");
for(i=0;i<N;i++)
{scanf("%d",&a[i]);
if(a[i]%2!=0)
{
   b[n]=a[i];
   n++;
}
}
for(i=0;i<n;i++)printf("%d ",b[i]);
}
```

7.

```
#include "stdio.h"
#define N 10
int main()
{
int a[N],b[N];
int i,n=0;
printf("please input 10 digits:");
for(i=0;i<N;i++)
{scanf("%d",&a[i]);
if(i%2==0)
{
b[n]=a[i];
n++;
}
}
```

```
for(i=0;i<n;i++)printf("%d ",b[i]);
}
```

8.

```
#include "stdio.h"
main()
{
int n,i,j,x,t,a[13]={1,3,4,6, 9,12,
                     14,17,23,44};
for(i=0;i<10;i++)
printf("%5d",a[i]);
for(n=0;n<3;n++)
{
printf("\nplease input one number:");
    scanf("%d",&x);
    for(i=0;i<13;i++)
    if(a[i]>x)
    break;
    t=i;
    for(j=12;j>=t;j--)
    a[j+1]=a[j];
    a[t]=x;
}
for(i=0;i<13;i++)
printf("%5d",a[i]);
}
```

9.

```
#include<stdio.h>
main()
{
inti=0,j=0,k=0;
inta[5]={11,23,46,65,74},b[5]={31,
         44,85,85,97},c[10];
for(i=0;i<5;i++)printf("%d",a[i]);
    printf("\n");
for(i=0;i<5;i++)printf("%d",b[i]);
    printf("\n");
for(i=0;i<10;i++)
{
if(j>=5)c[i]=b[k++];
elseif(k>=5)c[i]=a[j++];
elsec[i]=a[j]<=b[k]?a[j++]:b[k++];
}
for(i=0;i<10;i++)
printf("%d",c[i]);
printf("\n");
}
```

10.

```
#include<stdio.h>
main()
{
int i,n,k,x[10];
scanf("%d",&n);
for(i=0;n!=0;i++)//n不等于0时.....
{
x[i]=n%2;
n=n/2;
}
for(k=i-1;k!=(-1);k--)
//k初始值为i-1，k的条件为不等于-1
printf("%d",x[k]);
//输出x[k]，而不是x[i]
}
```

11.

```
#include <stdio.h>
#include <stdlib.h>
main()
{
int num[20];
int tmp;
unsigned char i,j;
for(i=0;i<20;i++)
num[i]=rand()%200;
for(i=0;i<20;i++)
for(j=0;j<20-i;j++)
if(num[j]>num[j+1]){
tmp=num[j];
num[j]=num[j+1];
num[j+1]=tmp;
}
for(i=0;i<20;i++)
printf("%4d",num[i]);
}
```

第 8 章

一、简答

1. 定义二维数组时可以省略第一维长

度。可以根据定义时初值的个数，除以列下标的长度，得到行下标的值。

2. 数组元素在数组内的顺序号。

3. *(*(p+i)+j)

4. p[i][j]

5. 第一种定义为二维字符数组，第二种定义为指针数组。

6. 0

7. 8，8

二、上机练习

1. 0650

2. 3　6　9

3. 3

4. 6

5. i=j+1;　found=1;

6. 19

7. 6937　8254

三、编写程序

1.

```
#include<stdio.h>
main()
{
inta[3][3],i,j,s1,s2,s3=0,s4=0;
for(i=0;i<9;i++)scanf
    ("%d",&a[i/3][i%3]);
for(i=0;i<3;i++)
{
s1=s2=0;
s3+=a[i][i];
s4+=a[i][2-i];
for(j=0;j<3;++j)
{
s1+=a[i][j];
s2+=a[j][i];
}
printf("the%dline:%d\n",i+1,s1);
printf("the%drow:%d\n",i+1,s2);
}
printf("leftdiagonal:%d\nrightdia
         gonal:%d\n",s3,s4);
}
```

2.

```
#include<stdio.h>
main()
{
int a[3][3]={12,56,78,14,56,32,85,45,
    25},b[3][3]={41,89,56,25,31,52,
    45,25,58}, sum[3][3],i,j;
printf("array a:\n");
for(i=0;i<3;i++)
{for(j=0;j<3;j++)
     printf("%4d",a[i][j]);
printf("\n");
}
printf("array b:\n");
for(i=0;i<3;i++)
{for(j=0;j<3;j++)
     printf("%4d",b[i][j]);
printf("\n");
}
for(i=0;i<3;++i)
for(j=0;j<3;++j)
sum[i][j]=a[i][j]+b[i][j];
printf("array a+array b::\n");
for(i=0;i<3;i++)
{for(j=0;j<3;j++)
printf("%4d",sum[i][j]);
printf("\n");
}
}
```

3.

```
#include<stdio.h>
main()
{
int a[3][3]={15,89,63,85,74,68,95, 82,87,
             i,j,max,maxi;
printf("array a:\n");
for(i=0;i<3;i++)
{for(j=0;j<3;j++)
     printf("%4d",a[i][j]);
printf("\n");
}
max=a[0][0];
maxi=0;
for(i=0;i<3;i++)
```

```
for(j=0;j<3;j++)
if(max<a[i][j])
{
max=a[i][j];
maxi=i;
}
printf("the max value is:%d,the
        line is:%d.\n",max,maxi);
}
```

4.

```
#include <stdio.h>
main() {
int i,j;
for(i=1;i<=9;i++) {
for(j=1;j<=9;j++)
printf("%3d", i*j);
printf("\n");
}
}
```

5.

```
#include <stdio.h>
#define N 5
main()
{
int i,j,k,a[N][N];
for(i=0;i<N;i++)
for(j=0;j<N;j++)
a[i][j]=0;
j=N/2;
a[0][j]=1;
for(k=2;k<=N*N;k++)
{
i--;
j++;
if(i<0)
i=N-1;
else if(j>N-1)
j=0;
if(a[i][j]==0)
a[i][j]=k;
else
{
i=(i+2)%N;
j=(j-1+N)%N;
a[i][j]=k;
}
}
printf("\n\n");
for(i=N-1;i>=0;i--)
{
printf("\t");
for(j=0;j<N;j++)
printf("%4d",a[i][j]);
printf("\n\n");
}
}
```

6.

```
#include <stdio.h>
#define N 9
main()
{
int s[N][N];
int t=5;
int i,j;
for(i=2;i<=t;i++)
for(j=1;j<=N;j++)
{if(j<=i)
s[i][j]=j;
if(j>=N+1-i)
s[i][j]=N+1-j;
}
for(i=N-1;i>t;i--)
for(j=1;j<=N;j++)
{if(j<=N+1-i)
s[i][j]=j;
if(j>=i)
s[i][j]=N+1-j;
}
for(i=1;i<=t;i++)
for(j=i;j<=N+1-i;j++)
s[i][j]=i;
for(i=N;i>=t;i--)
for(j=i;j>=N+1-i;j--)
s[i][j]=N+1-i;
for(i=1;i<=N;i++)
{
printf("\n");
```

```
for(j=1;j<=N;j++)
printf("%3d",s[i][j]);
}
}
```

7.

```
#include<stdio.h>
main()
{
int i,j,k,s;
int a[5][5];
k=1;s=0;i=0;
while (k<=5*5)
{
for (j=s;j<5-s;j++)a[i][j]=k++;
j--;
for (i=s+1;i<5-s;i++)a[i][j]=k++;
i--;
for (j=5-s-2;j>=s;j--)a[i][j]=k++;
j++;
for (i=5-s-2;i>=s+1;i--)a[i][j]=k++;
i++;
s++;
}
for (i=0;i<5;i++)
{
for (j=0;j<5;j++)
     printf("%4d",a[i][j]);
printf("\n");
}
}
```

第 9 章

一、简答

1. 7
2. 7
3. 6
4. strcmp()
5. a[]="string";
   b="string";

二、上机练习

1. NTENCEP
2. 123456789
3. day day
   n i
4. rer
5. feryfunny
6. 3
7. 5
8.
```
*****
 *****
  *****
   *****
    *****
```
9. Hello,World
   ello,World

三、编写程序

1.

```
#include"stdio.h"
#include"string.h"
main()
{
char s1[10],s3[10]="";
gets(s1);
int i=0,j=0;
while(s1[i]!='\0'){s3[i]=s1[i];i++;}
printf("%s",s3);
}
```

2.

```
# include <stdio.h>
# include <string.h>
main()
{
char a[5][80],*sp;
int i;
for(i=0;i<5;i++)
{
gets(a[i]);
sp=a[i];
```

```
}
for(i=0;i<5;i++)
if(strlen(sp)<strlen(a[i]))sp=a[i];
printf("the longest string is %s",
       sp);
}
```

3.

```
#include<stdio.h>
main()
{
char a[100];
char b[100];
printf("input father string: ");
scanf("%s",a);
printf("input son string: ");
scanf("%s",b);
int count=0;
for(int i=0; a[i]!='\0';i++)
{
int j=0;
for(j=0; a[i+j]!='\0'&&b[j]!='\ 0';
    j++)
{
if(a[i+j]!=b[j])
break;
}
if(b[j]=='\0')
count++;
}
printf("%d\n", count);
}
```

4.

```
#include"stdio.h"
#include"string.h"
main()
{
char s1[]="abcdef",s2[]="123456",
     s3[20]="";
int i=0,j=0;
while(s1[i]!='\0'){s3[i]=s1[i];i++;}
j=0;
i=strlen(s1);
while(s2[j]!='\0'){s3[i]=s2[j];j++;
      i++;}
printf("%s",s3);
}
```

5.

```
#include "stdio.h"
#include "string.h"
main()
{
char ch[80];
printf("input a string:");
gets(ch);
int i,length;
char tmp;
length=strlen(ch);
for(i=0;i<length/2;i++)
{
tmp=ch[i];
ch[i]=ch[length-1-i];
ch[length-1-i]=tmp;
}
printf("ni xu:");
puts(ch);
}
```

6.

```
#include<stdio.h>
#include<string.h>
main()
{
char ch[100];
int a=0,b=0,c=0,d=0,i=0;
printf("input a string :");
gets(ch);
while(ch[i]!='\0')
{
if(ch[i]>='A'&&ch[i]<='Z')a++;
else if(ch[i]>='a'&&ch[i]<='z')
       b++;
else if(ch[i]>='0'&& ch[i]<= '9')
       c++;
else d++;
i++;
}
printf("capital: %d\n",a);
printf("upper: %d\n",b);
```

```
printf("digit: %d\n",c);
printf("other: %d\n",d);
}
```

第 10 章

一、简答

1. C 语言程序是由函数构成的。

2. 函数之间可以互相调用，主函数可以调用函数，任何函数不能调用主函数。

3. 通过传送地址值。

4. 实参和形参在数量、类型、顺序上应严格一致，否则会发生类型不匹配的错误。函数调用中发生的数据传送是单向的，即只能把实参的值传送给形参，而不能把形参的值反向地传送给实参。因此在函数调用过程中，形参的值发生改变，而实参的值不会变化。

5. 通过指针变量的传递，可以实现形参改变实参，得到多个返回值。

二、上机练习

1. 60
2. 10
3. b,Bb,A
4. 3　5
5. -2　6　8　9　11
6. 3,5
   3,5
   5,3
7. k=13
8. 3
9. 10,20,40,40
10. 5,25

三、编写程序

1.

```
#include <stdio.h>
void dele(char *str)
{
char *p1,*p2;
for(p1=p2=str;*p1!='\0';p1++)
if(*p1==' ')  continue;
else *p2++=*p1;
*p2='\0';
}
main( )
{
char str[100];
gets(str);
dele(str);
puts(str);
}
```

2.

```
#include <stdio.h>
int fun(int);
main()
{
int i;
float e ,n;
e=1.0;
i=1;
n=1.0;
while (n>1.0e-6)
{n=1.0/fun(i);
i++;
e=e+n ;
}
printf ("%f\n" ,e);
}
int fun( int i)
{ int j,k;
k=1;
for (j=1;j<=i ;j++)
k=k*j;
return(k);
}
```

3.

```
#include<stdio.h>
double sum(int n)
{
double s=0 , a=2,b=1;
```

```
for (int i = 0; i < n; ++i)
{
printf("%.f/%.f%c",a,b,i<n-1?'+':
      '=');
s+=a/b;
a=a+b;
b=a-b;
}
return s;
}
main()
{
int n;
scanf("%d",&n);
printf("%.2f\n",sum(n));
}
```

4.

```
#include<stdio.h>
long sum(int a,int n)
{
long  s=0,t=0;
for(;n>0;n--)
{
t=t*10+a;
s+=t;
}
return s;
}
main()
{
int a,n;
printf("input a  and  n: ");
scanf("%d %d",&a,&n);
printf("s=%ld\n",sum(a,n));
}
```

5.

```
#include <stdio.h>
int sum( int n );
main()
{
int n;
scanf("%d", &n);
printf ("%d\n", sum(n));
}
int sum( int n )
{
int a;
if(n==0)
a=0;
else
a=sum(n-1)+n;
return a;
}
```

第 11 章

一、简答

1. 结构体类型是复合数据类型，定义结构体类型要用简单类型定义结构体的变量。

2. (1) 结构体和共用体都是构造数据类型，使用它们都可存储多种类型的数据，可以方便地组织不同类型的数据。

(2) 结构体占用的空间是所有成员所占用空间的和，而共用体则是最大成员所占据的空间。结构体重在组织多种类型的数据，从而构造一个复杂的数据类型，而共用体重在强调内存的共享与重复使用。

3. 在枚举列表中列出所有可用值，枚举元素都是常量。

4. 使用动态存储分配内存空间，可以让程序适应用户对内存变化的需要，及事先不能确定内存用量的场合。它以小的牺牲(定义的指针也占用空间)换来了内存使用效率的提高。

5. 类型定义不可以创建新的数据类型，它只是给已有的数据类型起一个别名，可以简化变量的定义，也可以使变量的意义更直观。

二、上机练习

1. a,100

2. 21　87　zhang
   21　87　zhang

zhang

3. wang wei   95.50

4.

```
January    31
February   28
March      31
April      30
May        31
June       30
July       31
August     31
September  30
October    31
November   30
December   31
```

5.

```
Beijing=0,Tianjin=1,Shanghai=2,Chongqing=3,Liaonin=5,
Heilongjiang=6,Jilin=7,Shandong=10,Hebei=11,Henan=12

Address is 0.
```

三、编写程序

1.

```
#include <stdio.h>
struct emp
{
char name[10];
char  title;
long salary;
};
main()
{
struct emp data[3]={{"Mike",'A',
    6300},{"Tom",'C',4200},{"Lily",
    'B',5800}};
int i;
printf("\nname\ttitle\tsalary");
for (i=0;i<3;i++)
printf("\n%s\t%c\t%ld",data[i].name,
        data[i].title,data[i].sala
        ry);
}
```

2.

```
#include <stdio.h>
#include <math.h>
#define N 3
struct student
{
long studno;
char name[10];
float score[4];
/* 三科成绩及平均成绩 */
}stud[N];
main()
{
int i,j;
float
average=0,sum,maxave=0,temp;
for (i=0;i<N;i++)/* 输入各学生的数据 */
{
printf("\nPlease input the %d
        student\'s score:\n",i+1);
printf("Student number:");scanf("%ld",
      &stud[i].studno);
getchar();
printf("Student
name:");gets(stud[i].name);
sum=0;
/* 保存每个学生总分的变量清 0 */
for (j=0;j<3;j++)
/* 输入的同时直接计算平均值并保存 */
{
printf("Student score[%d]=",j+1);
scanf("%f",&temp);
stud[i].score[j]=temp;
sum+=temp;
}
stud[i].score[j]=sum/3;
/* 保存每个人的平均分 */
average+=stud[i].score[j];
/* 累计所有人平均分之和 */
maxave=(stud[i].score[j]>maxave)?
          stud[i].score[j]:maxave;
          /*求最大平均分*/
}
    average/=N; /*计算并输出所有学生全
                   部课程的平均分 */
    printf("\nThe average of %d
            students\' is %6.1f
            \n",N,average);
    printf("\nThe best student\'
            list:\nstudent No.\tst
            udent name\tscore1\
            tscore2\tscore3\tsum\
            taver");
```

```
    for (i=0;i<N;i++)
    /* 输出所有平均分最高学生的完整信息 */
    {
if (fabs(maxave-stud[i].score[3])
    <1e-6)
    /* 只输出平均分最高的学生信息 */
{
printf("\n%ld\t\t%s",stud[i].
        studno,stud[i].name);
for (j=0;j<3;j++) printf("%8.1f",
      stud[i].score[j]);
printf(" %6.1f %6.1f",stud[i].
        score[j]*3,stud[i].score[j]);
}
}
}
```

第 12 章

一、简答

1.

位运算符	功能	优先级
~	取反	最高
<<	左移	↓
>>	右移	
&	按位与	
^	按位异或	
|	按位或	最低

2. (4)a=a&00　　(5)a=~1　　(8)a=a^a

3. (1)　a| 1111111100000000

(2) int a=012500;

　a=a>>2;

(3) x=*a>>8;

　y=*a<<8;

　*a=x|y;

(4)c=c+ 0010 0000;

二、编写程序

1.

```
#include <stdio.h>
#include <assert.h>
#include <string.h>
void severse(char *p,char *q)
//字符串翻转
{
    char temp;
    assert(p);
    assert(q);
    while(p<q)
    {
        temp=*p;
        *p=*q;
        *q=temp;
        p++;
        q--;
    }
}
void RightLoopMove(char *pstr,
     unsigned short steps)
{
    int len=strlen(pstr);
    severse(pstr,pstr+len-steps-1);
    //前部分翻转
    severse(pstr+len-steps,pstr+len-1);
    //后部分翻转
   severse(pstr,pstr+len-1);
   //整体翻转
}
int main()
{
    char arr[20];
    gets(arr);
    RightLoopMove(arr,2);
    printf("%s\n",arr);
    return 0;
}
```

2.

```
#include <stdio.h>
main()
{
unsigned x;
scanf("%ld",&x);
x=x&49152;
/*49152 为二进制 1100 0000 0000 0000*/
```

```
x=x>>14;
x=x&3;
/*3 的二进制为 0000 0000 0000 0011*/
printf("x=%d\n",x);
}
```

第 13 章

一、简答

1. 所谓文件，是指存储在外部存储介质上数据的集合，一般可分为程序文件和数据文件。程序文件由若干个指令语句组成；数据文件则是程序操作的一些数值和文字。

2. 文件可分为缓冲文件与非缓冲文件、普通文件与设备文件、ASCII 码文件和二进制码文件。

3. 文本文件和二进制文件。

4. 使位置指针重新返回文件的开头。

5. 字符。

二、编写程序

1.

```
#include <stdio.h>
main( )
{
int i,flag;
char str[80],c;
FILE *fp;
fp=fopen("text","w+");
for(flag=1;flag;)
{ printf("\nplease input a
        string:\n");
gets(str);
fprintf(fp,"%s",str);
flag=0;
}
fseek(fp,0,0);
while(fscanf(fp,"%s",str)!=EOF)
{
for(i=0;str[i]!='\0';i++)
if((str[i]>='a')&&(str[i]<='z'))
str[i]-=32;
printf("\n%s\n",str);
}
fclose(fp);
}
```

2.

```
struct student
{
char id[10];
float chinese;
float maths;
float english;
float ave;
}stu[3];
#include<stdio.h>
void main()
{
FILE *fp;
int i;
for(i=0;i<3;i++)
{
printf("input num %d:",i+1);
fflush(stdin); //清空函数
gets(stu[i].id);
printf("No.%d chinese
        score :",i+1);
scanf("%f",&stu[i].chinese);
printf("No.%d maths score  :",i+1);
scanf("%f",&stu[i].maths);
printf("No.%d english score :",i+1);
scanf("%f",&stu[i].english);
stu[i].ave=(stu[i].chinese+stu[i].
        maths+stu[i].english)/3;
}
fp=fopen("chengji.txt","w");
 //写入文件
for(i=0;i<5;i++)
fwrite(&stu[i],sizeof(struct
        student),1,fp);
fclose(fp);

printf("the average:\n");
for(i=0;i<3;i++)
{
printf("%.1f\n",stu[i].ave);
}
```

```
}
```

3.

(1)

```
# include<stdio.h>
# define N 20
main()
{
FILE *fp;
int data[N],i;
printf("please input 20 digits: ");
for(i=0;i<N;i++)
scanf("%d",&data[i]);
if((fp=fopen("data.dat","w+"))==NULL)
printf("Can not open file data.dat!");
else
{ fwrite(data,2,N,fp); fclose(fp);}
if((fp=fopen("data.dat","r"))==NULL)
printf("File data.dat has not been
        found!");
else
{fread(data,2,N,fp); fclose(fp);}
for(i=0;i<N;i++)
{
printf(" %d",data[i]);
if((i+1)%4==0)printf("\n");}
}
```

(2)

```
# include<stdio.h>
# define N 20
main()
{
FILE *fp;
int data[N],i;
printf("please input 20 digits: ");
for(i=0;i<N;i++)
scanf("%d",&data[i]);
if((fp=fopen("data.dat","w+"))==NULL)
printf("Can not open file data.dat!");
else
{ fwrite(data,2,N,fp); fclose(fp);}
if((fp=fopen("data.dat","r"))==NULL)
printf("File data.dat has not been
        found!");
else
{fread(data,2,N,fp); fclose(fp);}
for(i=0;i<N;i++)
{data[i]=data[i]+2;
printf(" %d",data[i]);
if((i+1)%4==0)printf("\n");}
}
```

(3)

```
# include<stdio.h>
# define N 20
main()
{
FILE *fp;
int data[N],i;
printf("please input 20 digits: ");
for(i=0;i<N;i++)
scanf("%d",&data[i]);
if((fp=fopen("data.dat","w+"))==NULL)
printf("Can not open file data.dat!");
else
{ fwrite(data,2,N,fp); fclose(fp);}
if((fp=fopen("data.dat","r"))==NULL)
printf("File data.dat has not been
        found!");
else
{fread(data,2,N,fp); fclose(fp);}
int x,y,z,j;
for(i=0;i<N;i++)
{
x=i;y=data[i];
for(j=i+1;j<10;j++)
if(y<data[j])
{
x=j;y=data[j]; }
if(i!=x)
{
z=data[i];
data[i]=data[x];
data[x]=z;
}
{
printf(" %d",data[i]);
if((i+1)%4==0)printf("\n");}
}
}
```

参考文献

[1] 谭浩强. C 程序设计[M]. 2 版. 北京：清华大学出版社，2003.

[2] 田淑清，周海燕，赵重敏，林昱. C 程序设计[M]. 北京：电子工业出版社，2002.

[3] 董汉丽. C 语言程序设计[M]. 6 版. 大连：大连理工大学出版社，2013.